系统辨识在建筑热湿过程中的应用

陈友明　王盛卫　张　泠　著

中国建筑工业出版社

图书在版编目（CIP）数据

系统辨识在建筑热湿过程中的应用/陈友明等著．
北京：中国建筑工业出版社，2004
ISBN 7－112－06779－0

Ⅰ．系…　Ⅱ．陈…　Ⅲ．系统辨识－应用－建筑物
－围护结构－建筑热工
Ⅳ．TU111.4

中国版本图书馆 CIP 数据核字（2004）第 076193 号

系统辨识在建筑热湿过程中的应用
陈友明　王盛卫　张　泠　著
*
中国建筑工业出版社出版、发行（北京西郊百万庄）
新　华　书　店　经　销
北京建筑工业印刷厂印刷
*
开本：787×1092 毫米　1/16　印张：10¼　字数：250 千字
2004 年 10 月第一版　　2004 年 10 月第一次印刷
印数：1—3,500 册　　定价：**19.00** 元
ISBN 7-112-06779-0
TU·6026(12733)

本社网址：http://www.china-abp.com.cn
网上书店：http://www.china-building.com.cn

本书是作者吸收现代系统理论，在多年科研所取得的研究成果的基础上撰写而成的，较为详细、系统地介绍了系统辨识理论在建筑热湿过程中应用的最新研究成果。全书分七章：系统辨识基本知识、系统辨识算法、建筑围护结构动态热特性辨识、建筑墙体表面换热过程辨识、基于系统辨识的围护结构非稳定传热计算方法、围护结构动态吸放湿过程的理论基础及建筑表面吸放湿特性辨识。本书内容翔实，既有全面的理论知识和实验系统介绍，又有相当丰富的实验数据和研究实例。

本书可供建筑环境与设备工程、采暖通风空调工程、建筑物理和建筑技术等相关专业和领域的科学研究人员、工程技术人员和师生参考。

* * *

责任编辑：姚荣华　齐庆梅

责任设计：崔兰萍

责任校对：刘　梅　刘　瑛

前　言

建筑围护结构热湿传递对空调负荷、建筑能耗和居住环境热舒适性有着极其重要的影响。对建筑围护结构动态热湿特性的研究是开展空调负荷计算方法、建筑能耗分析技术、建筑节能技术及居住环境热舒适性研究的基础。影响围护结构的动态热湿特性的因素较复杂，采用理论建模方法，有时难以准确分析不同环境条件下围护结构的热湿特性。通过试验系统进行动态测试和采用适当的系统辨识算法，可以获得建筑围护结构在不同条件下动态热湿特性模型，为围护结构热湿特性分析提供符合实际条件的信息。基于现代系统理论的建筑热湿特性试验和辨识研究，可为建筑热湿特性的改善寻找有效的措施和方法，促进我国建筑热湿特性研究和建筑节能实验技术的发展，加快我国建筑节能目标的实现，改善居住环境热舒适性，有利于建筑可持续技术的进步。

作者经过几年的尝试和努力，将系统辨识方法应用到建筑热湿过程分析和研究中，建立一些实验测试和辨识系统，获得了一些研究成果，同时也丰富了系统辨识方法和内容。本书详细、系统地介绍了系统辨识理论在建筑热湿过程中应用的最新研究成果。全书由七章组成。第1章介绍了系统辨识的基本概念和知识。第2章介绍了在建筑热湿过程研究中使用的一些开环离散系统辨识算法。第3章详细地介绍了建筑围护结构动态热特性模型、辨识实验系统和研究实例。第4章详细地介绍了建筑墙体表面换热过程辨识实验系统、墙体表面换热系数推定方法及辨识得到的墙体表面换热系数。第5章介绍了基于系统辨识理论的计算围护结构非稳定传热的方法，并翔实地给出了算例。第6章介绍了建筑围护结构吸放湿过程的基础理论，包括吸放湿范围内的围护结构热湿同时传导方程的推导与线性化、线性方程的频率解及其性质、墙体表面吸放湿过程的传递函数分析方法。第7章介绍了墙体室内表面吸放湿特性辨识的实验方法和辨识实例。其中，第1、2、3、6章由陈友明完成，第4章由陈友明、张泠和邓宁华完成，第5章由陈友明和王盛卫完成，第7章由陈友明和裴清清完成。

本书在研究和撰写过程中得到了湖南大学博士生导师陈在康教授的热心指导和建议，在此向先生致以崇高的敬意和衷心的感谢。本书的工作得到了国家自然科学基金项目(50378033，59708004，59578004)、国家留学回国人员科研基金项目、湖南大学拔尖人才计划——“撷英计划”项目、香港理工大学研究基金项目的资助，在此表示衷心感谢。

限于作者水平，书中难免有错误和不妥之处，恳请专家和读者批评指正。

陈友明

目　录

第 1 章　系统辨识的基本知识

系统辨识源于现代控制论，它与状态估计和控制理论是现代控制论三个互相渗透的领域。控制理论的实际应用不能脱离被控对象或系统的数学模型。有些复杂的被控对象或系统是很难或不可能用理论分析的方法推导出数学模型的。系统辨识就是一门对已经存在的系统进行试验测试获得观测数据，并通过分析处理观测数据来获得系统模型的学科。系统辨识理论正在日趋成熟，其实际应用已遍及很多领域，已成为一门应用范围很广的学科。目前不仅工程控制对象需要建立数学模型，在其他领域，如生物学、生态学、医学、天文学、社会经济学等领域也常常需要建立数学模型，并根据数学模型确定最优控制与决策，作更深入的分析和研究。这些领域，由于系统比较复杂，人们对于其结构和支配其运动的机理，往往了解不多，甚至不了解，因此不可能用理论分析的方法得到数学模型，只能利用观测数据来确定数学模型，所以系统辨识受到了人们重视。目前，系统辨识的理论研究愈来愈深入，在航空、航天、海洋工程、工程控制与模拟、生物学、医学、水文学及社会经济等方面的应用愈来愈广泛。本书主要介绍系统辨识在建筑热湿过程中的应用研究成果。本章首先介绍系统辨识的一些基本知识，包括系统的数学模型与建模方法、辨识的定义与分类、动态系统的表示法、误差准则及辨识的步骤等。

1.1　系统的数学模型

1.1.1　模型的含义

所谓模型（model）就是把关于实际系统的本质的部分信息简缩成有用的描述形式。它可以用来描述系统的运动规律，是系统的一种客观写照或缩影，是分析系统和预测、控制系统行为特性的有力工具。实际系统到底哪些部分是本质的，哪些部分是非本质的，这要取决于所研究的问题。例如，对于寒冷地区的采暖负荷计算，建筑围护结构传热可以采用稳态模型；而对于夏热冬冷地区的空调负荷计算、建筑能耗和空调系统模拟分析，建筑围护结构传热应该采用动态模型。模型所反映的内容将因其使用目的和情形的不同而不同。

对于实际系统而言，模型一般不可能考虑到所有因素。在这种意义上来说，所谓模型是根据使用目的对实际系统所作的近似描述。当然，如果要求模型越精确，模型就会变得越复杂；相反，如果降低模型的精度要求，只考虑主要因素而忽略次要因素，模型就可以简单一些。因而在建立实际系统的模型时，存在着精确性和复杂性的矛盾，找出这两者的折衷解决办法往往是建立实际系统模型的关键。

1.1.2　模型的形式

通常，模型有如下一些形式：

(1) 直觉模型。它指系统的特性以非解析形式直接储存在人的大脑中，靠人的直觉控制系统的变化。例如：司机对汽车的驾驶，指挥员对战斗的指挥，依靠的就是这类直觉模型。

(2) 物理模型。它是根据相似原理把实际过程加以缩小的复制品，或是实际过程的一种物理模拟。比如：风洞、水力学模型、传热学模型和电力系统动态模拟等，均是物理模型。

(3) 图表模型。它以图形或表格的形式来表现系统的特性。如：系统的阶跃响应、脉冲响应、频率特性等。图表模型也称为非参数模型。

(4) 数学模型。它以数学结构的形式来反映实际过程的行为特性。常用的数学模型有代数方程、微分方程、差分方程、状态方程、传递函数、非线性微分方程及分布参数方程等。这些数学模型又称为参数模型。例如：

①代数方程

例如：空气含湿量的表示形式可写为：

$$d = 0.622\frac{P_q}{B - P_q} \tag{1.1}$$

式中，d 为空气含湿量，B 为大气压力，P_q 为水蒸气分压力。

②微分方程

$$\begin{aligned} &y^{(n)}(t) + a_1 y^{(n-1)}(t) + \cdots + a_{n-1}y^{(1)}(t) + a_n y(t) \\ &= b_0 u^{(m)}(t) + b_1 u^{(m-1)}(t) + \cdots + b_{m-1}u^{(1)}(t) + b_m u(t) + e(t) \end{aligned} \tag{1.2}$$

其中，$u(t)$为输入量，$y(t)$为输出量，$e(t)$为噪声项。

③差分方程

$$\begin{aligned} &y(k) + a_1 y(k-1) + \cdots + a_{n_a} y(k - \mathrm{n}_a) \\ &= b_0 u(k) + b_1 u(k-1) + \cdots + b_{n_b} u(k - \mathrm{n}_b) + e(t) \end{aligned} \tag{1.3}$$

或

$$A(z^{-1})y(k) = B(z^{-1})u(k) + e(k) \tag{1.4}$$

式中，

$$A(z^{-1}) = 1 + a_1 z^{-1} + a_2 z^{-2} + \cdots + a_{n_a} z^{-n_a}$$

$$B(z^{-1}) = b_0 + b_1 z^{-1} + b_2 z^{-2} + \cdots + b_{n_a} z^{-n_b}$$

其中，$u(k)$为输入量，$y(k)$为输出量，$e(k)$为噪声项，z^{-1}表示单位时延算子，即$z^{-1}x(k) = x(k-1)$。

④状态方程

$$\begin{cases} \boldsymbol{x}(t) = \boldsymbol{A}\boldsymbol{x}(t) + \boldsymbol{B}\boldsymbol{u}(t) + \boldsymbol{F}\boldsymbol{\omega}(t) \\ \boldsymbol{y}(t) = \boldsymbol{C}\boldsymbol{x}(t) + \boldsymbol{h}\boldsymbol{w}(t) \end{cases} \tag{1.5}$$

或

$$\begin{cases} \boldsymbol{x}(k+1) = \boldsymbol{A}\boldsymbol{x}(k) + \boldsymbol{B}\boldsymbol{u}(k) + \boldsymbol{F}\boldsymbol{\omega}(k) \\ \boldsymbol{y}(k) = \boldsymbol{C}\boldsymbol{x}(k) + \boldsymbol{h}\boldsymbol{w}(k) \end{cases} \tag{1.6}$$

其中，$\boldsymbol{u}(\cdot)$和 $\boldsymbol{y}(\cdot)$为输入输出量，$\boldsymbol{x}(\cdot)$为状态变量，$\boldsymbol{\omega}(\cdot)$和 $\boldsymbol{w}(\cdot)$为噪声项。

1.1.3 数学模型的分类

数学模型的分类方法很多，常见的是按连续与离散、定常与时变、集中参数与分布参数来分类。关于这些分类的定义在有关线性系统分析的书中都有介绍，这里不多述。还可按线性与非线性、动态与静态、确定性与随机性、宏观与微观来进行分类。

(1) 线性模型。线性模型用来描述线性系统。它的显著特点是满足叠加原理和均匀性。线性输入用$u(t)$表示，输出用$y(t)$表示，即满足下列算子运算：

若 $$u_1(t)\rightarrow y_1(t) \quad u_2(t)\rightarrow y_2(t)$$

则 $$a\cdot u_1(t)+b\cdot u_2(t)\rightarrow a\cdot y_1(t)+b\cdot y_2(t)$$

式中，a、b为任意常数。

(2) 非线性模型。非线性模型用来描述非线性系统，一般不满足叠加原理。

(3) 动态模型。动态模型用来描述系统处于过渡过程时的各状态变量之间的关系，一般为时间的函数。

(4) 静态模型。静态模型用来描述系统处于稳态时（各状态变量的各阶的时间导数均为零）的各状态变量之间的关系，一般不是时间的函数。

(5) 确定性模型。由确定性模型所描述的系统，当状态确定之后，其输出响应是惟一确定的。

(6) 随机性模型。由随机性模型所描述的系统，当状态确定之后，其输出响应仍然是不确定的。

(7) 宏观模型。宏观模型用来研究事物的宏观现象，一般用联立方程或积分方程描述。

(8) 微观模型。微观模型用来研究事物内部微小单元的运动规律，一般用微分方程或差分方程描述。

另外，在讨论线性和非线性问题时，需要注意以下两点区别。

(1) 系统线性与关于参数空间线性的区别：如果模型的输出关于输入变量是线性的，称之为系统线性；如果模型的输出关于参数空间是线性的，称之为关于参数空间线性。例如，对于模型$y=a+bx+cx^2$来说，输出y关于输入x是非线性的，但关于参数a，b，c却是线性的，即模型是系统非线性的，但却是关于参数空间线性的。

(2) 本质线性与非本质线性的区别：如果模型经过适当的数学变换可将本来是非线性的模型转变成线性模型，则原来的模型称作本质线性，否则原来的模型称作本质非线性。

1.1.4 建立数学模型的基本方法与原则

一般来说，建立数学模型常采用理论分析和测试两种基本方法。

1. 理论分析法

理论分析法又称为机理分析法或理论建模。这种方法主要是通过分析系统的运动规律，运用一些已知的定律、定理和原理，例如质量守恒原理、能量平衡方程、化学动力学原理、力学原理、生物学定律、牛顿定理、传热传质原理等，利用数学方法进行推导，建立起系统的数学模型。

理论分析法只能用于较简单系统的建模，并且对系统的机理要有较清楚的了解。对于比较复杂的实际系统，这种建模方法有很大的局限性。这是因为在理论建模时，对所研究的对象必须提出合理的简化假定，否则会使问题过于复杂。但是，要使这些简化假设都符合实际情况，往往是相当困难的。系统内部因素可能在不断变化，这时的简化和假设难以准确描述问题。

2. 测试法

系统的输入输出信号一般总是可以测量的。由于系统的动态特性必然表现于这些输入输出数据中，故可以利用输入输出数据所提供的信息来建立系统的数学模型。这种建模方法就是系统辨识。

与理论分析法相比，测试法的优点是不需深入了解系统的机理，不足之处是必须设计一个合理的试验以获取所需的最大信息量，而设计合理的试验往往是困难的。因而在具体建模时，常常将理论分析法和测试法两种方法结合起来使用，机理已知部分采用理论分析法，机理未知部分采用测试法。

在建立数学模型时应遵循如下基本原则：

(1) 建模的目的要明确，因为不同的建模目的可能需要采用不同的建模方法。

(2) 模型的物理概念要明确。

(3) 系统具有可辨识性，即模型结构合理，输入信号持续激励，数据量充足。

(4) 符合节省原理，即被辨识模型参数的个数要尽量少。

1.2 系统辨识及其分类

1.2.1 系统辨识的定义

1. Zadeh 的定义

L.A.Zadeh 于 1962 年曾给系统辨识下过这样的定义[1]："辨识就是在输入和输出数据的基础上，从一组给定的模型类中，确定一个与所测系统等价的模型。"这个定义明确了辨识的三大要素：①输入输出数据；②模型类；③等价准则。其中，数据是辨识的基础；准则是辨识的优化目标；模型类是寻找模型的范围。当然，按照 Zadeh 的定义，寻找一个与实际过程完全等价的模型无疑是非常困难的。从实用观点来看，对模型的要求并不需如此苛刻。

2. Eykhoff 的定义

P.Eykhoff 于 1974 年给系统辨识下了一个比较实用的定义[2]："辨识问题可以归结为用一个模型来表示客观系统（或将要构造的系统）本质特征的一种演算，并用这个模型把对客观系统的理解表示成有用的形式"。V.Strejc 对 P.Eykhoff 的定义做了如下解释："这个辨识定义强调了一个非常重要的概念，最终模型只应表示动态系统的本质特征，并且把它表示成适当的形式。这就意味着，并不期望获得一个物理实际的确切的数学描述，所要的只是一个适合于应用的模型"。

3. Ljung 的定义

L.Ljung 于 1978 年给系统辨识下了一个更加实用的定义[3]："辨识有三个要素——数据、模型类和准则。辨识就是按照一个准则在一组模型类中选择一个与数据拟合得最好的模型"。

总而言之，辨识的实质就是从一组模型类中选择一个模型，按照某种准则，使之能最好地拟合所关心的实际过程的动态特性。例如，一个太阳加热的房间，如图 1.1 所示，用太阳加热太阳板中的空气，太阳板填充有透明软管，加热的空气用风扇送至填充蓄热材料的储热器中，储存的热量再逐渐传递给房间的空气。太阳加热房间系统描述如图 1.2 所示。欲建立房间空气温度 y 与风机转速 u、太阳辐射强度 I 之间的模型，来模拟房间温度受风机转速及太阳辐射的影响的变化情况。经观测得到一组输入输出数据，记作 $\{y(k)\}$ 和 $\{u(k)\}$、$\{I(k)\}$，$k=1, 2, 3, \cdots, N$。同时，选定一组模型类

$$
\begin{aligned}
y(k) + a_1 y(k-1) + \cdots + a_n y(k-n) \\
= b_0 u(k) + \cdots + b_m u(k-m) + c_0 I(k) + \cdots + c_r I(k-r) + e(k)
\end{aligned} \tag{1.7}
$$

和一个等价准则

$$
\begin{aligned}
J &= \sum_{k=1}^{N} e^2(k) \\
&= \sum_{k=1}^{N} [y(k) + a_1 y(k-1) + \cdots + a_n y(k-n) - b_0 u(k) - \cdots - b_m u(k-m) \\
&\quad - c_0 I(k) - \cdots - c_r I(k-r)]^2
\end{aligned} \tag{1.8}
$$

那么，太阳加热房间的温度 y、风机转速 u 和太阳辐射强度 I 的数学模型辨识问题就是根据所观测到的数据 $\{y(k)\}$、$\{u(k)\}$ 和 $\{I(k)\}$，从模型类(1.7)式中，寻找一个模型，也就是确定（1.7）式的未知参数 m、n、r 及 α_j（$j=1, 2, \cdots, n$）、b_j（$j=1, 2, \cdots, m$）、c_j（$j=1, 2, \cdots, r$），使准则 $J=\min$ 满足。

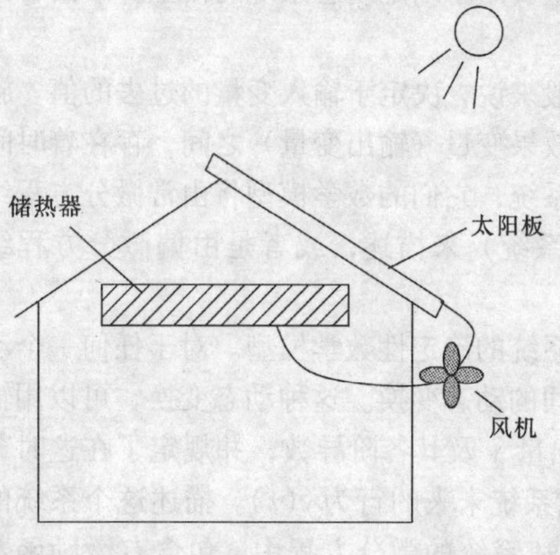

图 1.1　太阳加热房间示意图

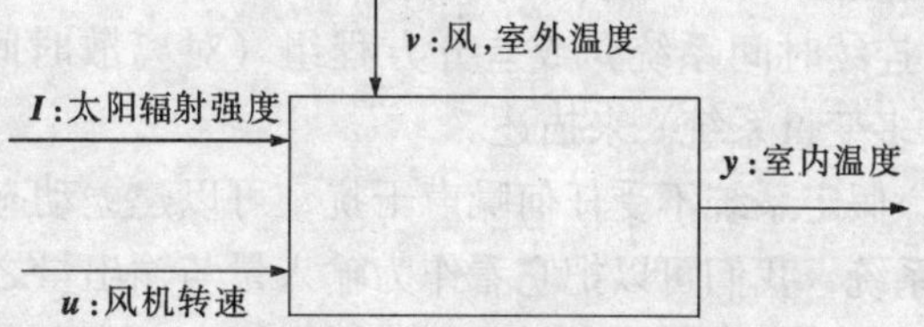

输入：u；测量干扰：I；
未测量干扰：v；输出：y

图 1.2　太阳加热房间系统

值得注意的是，由于观测到的数据一般都含有噪声，因此辨识建模实际上是一种实验统计的方法，它所获得的模型只不过是与实际过程外特性等价的一种近似描述。

1.2.2　系统辨识的分类

系统辨识的分类方法很多，根据描述系统数学模型的不同可分为线性系统和非线性系统辨识、集中参数系统和分布参数系统辨识；根据系统的结构可分为开环系统与闭环系统辨识；根据参数估计方法可分为离线辨识和在线辨识等。另外还有经典辨识与近代辨识、系统结构辨识与系统参数辨识等分类。由于离线辨识与在线辨识是系统辨识中常用的两个基本概念，下面将对这两个基本概念加以解释。

1. 离线辨识

在经过试验测试获得全部记录数据之后，选好系统的模型结构，确定模型阶数，用最小二乘法等参数估计方法，对数据进行集中处理，得到模型参数的估值，这种辨识方法称为离线辨识。

离线辨识的优点是参数估值的精度比较高，缺点是需要存储大量数据，要求计算机有较大的存储量，辨识时运算量也比较大；而且可以反复调整模型的结构和阶次以获得最准确的模型。对于建筑热湿过程的研究，一般采用离线辨识。

2. 在线辨识

对于在线辨识，系统的模型结构和阶数是事先确定好的。当获得一部分输入和输出数据后，马上用最小二乘法等参数估计方法进行处理，得到模型参数的不太准确的估值。在获得新的输入和输出数据后，用递推算法对原来的参数估值进行修正，得到新的参数估值。所以在线辨识要用到递推、最小二乘法等估计算法。

在线辨识的优点是所要求的计算机存储量较小，辨识计算时运算量较小，适合于进行实时控制，缺点是参数估计的精度差一些。为了实现自适应控制，必须采用在线辨识，要求在很短的时间内把参数辨识出来，参数辨识所需时间只能占一个采样周期的一小部分。

1.3 线性动态系统的表示法

系统辨识应用较多的研究对象是动态系统，主要用于确定动态系统的模型。下面将讨论线性动态系统的数学模型的表示形式。

在动态系统中，任何时刻输出变量的值，一般来说，决定于输入变量的过去的值。施加在系统上的原因变量（输入变量）和所得到的效果变量（输出变量）之间，存在着时间上的延迟，即系统具有记忆作用。对于这种动态系统，它们的数学模型将由常微分方程组（对连续时间系统）或差分方程组（对离散时间系统）来描述，或者是由偏微分方程组（对多变量系统）来描述。

假定系统不受任何噪声干扰，可以建立动态系统的确定性数学模型。对于任何一个动态系统，我们可以把它看作为输入量与输出量之间的动态变换。这种动态变换，可以用输入输出关系直接描述系统。当已知 $t=t_0$ 时的输出量 y 及其各阶导数，并规定了在这时刻以后的输入激励$u(t_0,t)$，就可以完全确定过程或系统未来的行为$y(t)$。描述这个系统的行为的一种重要方法就是微分方程表示法。在描述系统的微分方程中，包含有激励函数（输入函数） $u=u(t)$、响应函数（输出函数）$y=y(t)$以及它们对应于独立时间变量的各阶导数。微分方程就是这些函数的线性组合，即所谓的外部表示法。在已知初始条件时，微分方程可以通过拉普拉斯变换得到动态系统的传递函数表示形式。通过引进系统的一组状态变量 x 来间接地描述系统，即状态方程表示法。如果在 $t=t_0$ 时已知$x(t)=x(t_0)$，当已经确定了在 $t\geqslant t_0$ 时的输入变量$u(t)$，则在 t_0 时刻以后的状态变量$x(t)$就可惟一地确定，输出变量$y(t)$亦可由起始状态$x(t_0)$和输入变量 $u(t)$惟一确定。实际上，状态变量表征了系统的内部动态变化，它比输出变量更能本质地反映系统的内在行为。所以，状态方程表示法又称为动态系统的内部表示法。对于离散时间系统，对应的外部表示法和内部表示法分别是差分方程和离散时间状态方程。

1.3.1 线性定常系统的传递函数表示法

线性定常单输入—单输出系统的微分方程在初始条件为零的情况下，通过拉普拉斯变换得到传递函数的表示形式。

$$Y(s)=G(s)U(s)=\frac{B(s)}{A(s)}U(s) \tag{1.9}$$

式中 $Y(s)$——系统输出变量的拉普拉斯变换；

$U(s)$——系统输入变量的拉普拉斯变换；

$G(s)$——系统的传递函数；

$$A(s) = 1 + a_1 s + a_2 s^2 + \cdots + a_{n_a} s^{n_a}$$

$$B(z^{-1}) = b_0 + b_1 s + b_2 s^2 + \cdots + b_{n_b} s^{n_b}$$

如果用系统辨识方法来建立单输入—单输出系统传递函数 $G(s)$，需要辨识的参数数目为 $N = n_a + n_b + 1$。

1.3.2 线性定常系统的差分方程表示法

1. 单输入—单输出系统

线性定常单输入—单输出系统可用下列 n 阶线性差分方程描述为

$$y(k) + a_1 y(k-1) + a_2 y(k-2) + \cdots + a_{n_a} y(k-n_a)$$
$$= b_0 u(k) + b_1 u(k-1) + b_2 u(k-2) + \cdots + b_{n_b} u(k-n_b) \tag{1.10}$$

式中 k——整数，表示第 k 个取值时刻；

$y(k)$——k 时刻系统的确定性输出量；

$u(k)$——k 时刻系统的确定性输入量；

$a_j(j=1,2,\cdots,n_a)$ 和 $b_j(j=0,1\cdots,n_b)$——常系数。

或写成

$$y(k) + \sum_{j=1}^{n_a} a_j y(k-j) = \sum_{j=0}^{n_b} b_j u(k-j) \tag{1.11}$$

引入单位时延算子 z^{-1}，并定义为 $z^{-1}x(k) = x(k-1)$

设多项式

$$A(z^{-1}) = 1 + a_1 z^{-1} + a_2 z^{-2} + \cdots + a_{n_a} z^{-n_a}$$

$$B(z^{-1}) = b_0 + b_1 z^{-1} + b_2 z^{-2} + \cdots + b_{n_b} z^{-n_b}$$

则差分方程（1.10）和（1.11）可表示为

$$A(z^{-1}) y(k) = B(z^{-1}) u(k) \tag{1.12}$$

或写成

$$y(k) = \frac{B(z^{-1})}{A(z^{-1})} u(k) \tag{1.13}$$

如果用系统辨识方法来建立单输入—单输出系统差分方程模型，需要辨识的参数数目为 $N = n_a + n_b + 1$。

2. 多输入—多输出系统

设系统有 r 个输入量和 m 个输出量，定义向量

$$\boldsymbol{u}(k) = \begin{bmatrix} u_1(k) \\ u_2(k) \\ \vdots \\ u_r(k) \end{bmatrix}, \boldsymbol{y}(k) = \begin{bmatrix} y_1(k) \\ y_2(k) \\ \vdots \\ y_m(k) \end{bmatrix}$$

分别为系统的输入和输出向量，则系统可用差分方程表示为

$$y(k) + \sum_{j=1}^{n_a} A_j \; y(k-j) = \sum_{j=0}^{n_b} B_j \; u(k-j) \tag{1.14}$$

式中，A_j 为 $m \times m$ 矩阵，B_j 为 $m \times r$ 矩阵。引入单位时延算子 z^{-1}，则式（1.14）可表示为

$$A(z^{-1})y(k) = B(z^{-1})u(k) \tag{1.15}$$

式中

$$A(z^{-1}) = 1 + A_1 z^{-1} + A_2 z^{-2} + \cdots + An_a - z^{n_a}$$

$$B(z^{-1}) = 1 + B_1 z^{-1} + B_2 z^{-2} + \cdots + Bn_b z^{n_b}$$

如果用系统辨识方法来建立多输入—多输出系统差分方程模型，需要辨识的参数数目为 $N = n_a \times m \times m + (n_b + 1) \times m \times r$。

1.3.3 线性定常系统的离散状态方程表示法

一个线性定常确定性离散系统的状态方程为：

$$\begin{cases} x(k+1) = Ax(k) + Bu(k) \\ y(k) = Cx(k) + Du(k) \end{cases} \tag{1.16}$$

式中，$x(k)$为 n 维状态向量；$u(k)$为 r 维输入向量(或控制向量)；$y(k)$为 m 维输出向量（或观测向量)；A 为 $n \times n$ 系统状态矩阵；B 为 $n \times r$ 输入矩阵（或控制矩阵）；C 为 $m \times n$ 输出矩阵（或观测矩阵）；D 为 $m \times r$ 输入—输出矩阵。

如果用系统辨识方法来建立上述状态方程模型，需要辨识的参数数目为 $N = n^2 + nr + mn + mr =（n + m）\times（n + r）$。

1.3.4 线性系统的随机性方程表示法

实际系统或多或少总是受到各种干扰。在建立模型时，假定系统不受干扰，只是一种对系统进行理想化和简化的处理方法。对于现实系统更确切的描述应当考虑到它总是在受到干扰的环境下工作的。这里的干扰包括对系统本身的干扰和在对系统进行观测过程中的干扰。例如在实验观测过程中，必然会引入测量误差等随机干扰。在系统辨识过程中，我们特别关心的是系统所受的随机性干扰噪声。在随机性干扰不可忽略的情况下，描述现实动态系统的模型需要采用随机性模型。在建立系统的数学模型时，多种随机干扰因素对系统特性的影响，往往可用少量的集中的随机干扰源来替代它们。

对于线性定常系统，当系统受到噪声污染时，根据叠加原理，认为所有的随机干扰因素可以由一个等价的在输出端的随机噪声 v 来代替。这样，离散时间系统的随机性差分模型可由式（1.13）改写为

$$y(k) = \frac{B_1(z^{-1})}{A_1(z^{-1})} u(k) + v(k) \tag{1.17}$$

一般来说，$v(k)$是有色噪声。在不同时刻有色噪声过程的值是相关的。这往往给整个问题的分析带来复杂性。而由于不同时刻白噪声过程的值之间是互不相关的，离散时间情况下的白噪声就是由一串互不相关的随机变量序列所组成的随机过程。这将给整个随机系统的分析带来很大的方便。随机过程的谱分解定理和表示性定理告诉我们，对于具有有理谱密度的平稳随机过程，我们能够以白噪声作为输入，通过稳定的具有脉冲传递函数为 H 的动态系统产生出这样的随机过程。以有理函数 H 作为脉冲传递函数的动态系统被称

为是这样的随机过程的成形滤波器。这样，我们就可以把具有有理谱密度的平稳随机有色噪声的分析转化为分析一个以白噪声作为输入的动态系统，通过该动态系统的滤波作用，能够在动态系统的输出端获得具有有理谱密度的随机干扰噪声。因此，当 $v(k)$ 是具有有理谱密度的平稳随机过程，其可以写成如下形式

$$v(k)=\frac{B_2(z^{-1})}{A_2(z^{-1})}e(k) \tag{1.18}$$

这里$e(k)$是均值为零的白噪声序列，$B_2(z^{-1})$、$A_2(z^{-1})$是算子 z^{-1}的多项式，将（1.18）式代入（1.17）式中得

$$y(k)=\frac{B_1(z^{-1})}{A_1(z^{-1})}u(k)+\frac{B_2(z^{-1})}{A_2(z^{-1})}e(k) \tag{1.19}$$

设 $A=A_1A_2$，$B=B_1A_2$，$C=B_2A_1$，上式可简化为

$$A(z^{-1})y(k)=B(z^{-1})u(k)+C(z^{-1})e(k) \tag{1.20}$$

当$u(k)=0$时，就可看出，随机过程$y(k)$可以由白噪声$e(k)$通过一个具有传递特性为$C(z^{-1})/A(z^{-1})$的线性滤波器产生。

展开方程（1.20）得

$$y(k)=-\sum_{j=1}^{n_a}a_iy(k-j)+\sum_{j=0}^{n_b}b_iu(k-j)+\sum_{j=0}^{n_c}c_ie(k-j)\quad(c_0=1) \tag{1.21}$$

设 $\varepsilon(k)=\sum_{i=0}^{n_c}c_ie(k-i),c_0=1$

则有
$$y(k)=-\sum_{j=1}^{n_a}a_iy(k-j)+\sum_{j=0}^{n_b}b_ju(k-j)+\varepsilon(k) \tag{1.22}$$

其中随机序列$\varepsilon(k)$可概括为环境对系统的总的随机干扰。虽然假定序列$e(k)$是均值为零的白噪声序列，但一般来说$\varepsilon(k)$已不再是白噪声序列，而是有色噪声序列。

式（1.22）是动态系统的随机性输入输出差分方程模型，即广义回归模型，又称带外生变量的自回归滑动平均（ARMAX）模型。这是单输入—单输出的情况。对于多输入—多输出系统可得出如下随机性典型差分方程。

$$\begin{aligned}\boldsymbol{y}(k)+a_1\boldsymbol{y}(k-1)+\cdots+a_n\boldsymbol{y}(k-n)&=\boldsymbol{B}_0\boldsymbol{u}(k)+\boldsymbol{B}_1\boldsymbol{u}(k-1)+\cdots\\&+\boldsymbol{B}_n\boldsymbol{u}(k-n)+\boldsymbol{e}(k)+\boldsymbol{C}_1e(k-1)+\cdots+\boldsymbol{C}_ne(k-n)\end{aligned} \tag{1.23}$$

式中，$\boldsymbol{e}(k)$是均值为零的白噪声序列。

如果引进单位时延算子 z^{-1}，式（1.23）可写为

$$a(z^{-1})\boldsymbol{y}(k)=\boldsymbol{Bu}(k)+\boldsymbol{Ce}(k) \tag{1.24}$$

式中
$$\begin{cases}a(z^{-1})=1+\sum_{i=1}^{n}a_iz^{-i}\\\boldsymbol{B}(z^{-1})=\sum_{i=0}^{n}\boldsymbol{B}_iz^{-i}\\\boldsymbol{C}(z^{-1})=1+\sum_{i=1}^{n}\boldsymbol{C}_iz^{-i}\end{cases} \tag{1.25}$$

在许多情况下，可把式（1.24）写成

$$a(z^{-1})\boldsymbol{y}(k)=\boldsymbol{Bu}(k)+\boldsymbol{\varepsilon}(k) \tag{1.26}$$

同样地，随机序列 $\boldsymbol{\varepsilon}(k)$为环境对系统的总的随机干扰，且是有色噪声序列。

而动态系统的随机型离散状态方程模型可表示成式（1.6）的形式。

1.3.5 预测误差方程

现在讨论线性系统的更一般的数学表达式，这种表达式称为预测误差方程，其形式为：

$$\boldsymbol{y}(k)=f[\boldsymbol{y}(k-1),\boldsymbol{u}(k),k,\boldsymbol{\theta}]+\boldsymbol{\varepsilon}(k) \tag{1.27}$$

式中 $\boldsymbol{y}(k)$——k 时刻系统的输出观测值；

$\boldsymbol{y}(k-1)$——$k-1$ 时刻及以前的输出观测数据的集合，$\{\boldsymbol{y}(k-1),\boldsymbol{y}(k-2),\cdots\}$；

$\boldsymbol{u}(k)$——k 时刻及以前的控制或输入变量值的集合，$\{\boldsymbol{u}(k),\boldsymbol{u}(k-1),\cdots\}$；

$\boldsymbol{\theta}$——系统中各参数构成的向量；

$\{\boldsymbol{\varepsilon}(k)\}$——具有零均值和协方差阵 Σ 的新息序列。

这里函数 f 是在考虑到输入变量 $\boldsymbol{u}$ 的情况下，对输出观测值的最优预测器。它是过去观测值的某个函数。函数 f 的值就是在特定的 $\boldsymbol{\theta}$ 值下，由各输入量和全部过去的输出观测值所决定的 k 时刻的输出预测值。新息$\boldsymbol{\varepsilon}(k)$代表了在这种一般情况下的预测误差。

线性系统的随机形差分方程模型如式（1.24）所示，该方程可改写成以下形式：

$$\boldsymbol{y}(k)=\boldsymbol{H}_1(z^{-1})\boldsymbol{u}(k)+\boldsymbol{H}_2(z^{-1})\boldsymbol{\varepsilon}(k) \tag{1.28}$$

式中

$$\boldsymbol{H}_1(z^{-1})=\frac{\boldsymbol{B}(z^{-1})}{a(z^{-1})}$$

$$\boldsymbol{H}_2(z^{-1})=\frac{\boldsymbol{C}(z^{-1})}{a(z^{-1})}$$

多项式 $a(z^{-1})$，$\boldsymbol{B}(z^{-1})$，$\boldsymbol{C}(z^{-1})$如式(1.25)所示。对于大多数现实系统来讲，系统是可控和可观测的，因此，$a(z^{-1})$是稳定多项式，$\boldsymbol{H}_1(z^{-1})$和 $\boldsymbol{H}_2(z^{-1})$是稳定的有限脉冲传递函数矩阵。从 $a(z^{-1})$和 $\boldsymbol{\Gamma}(z^{-1})$的表达式可以看出

$$\lim_{z^{-1}\to\infty}\boldsymbol{H}_2(z^{-1})=\boldsymbol{I} \tag{1.29}$$

根据$\boldsymbol{H}_2(z^{-1})$的这一性质，式（1.28）可写成

$$\begin{aligned}\boldsymbol{H}_2^{-1}(z^{-1})\boldsymbol{H}_1(z^{-1})\boldsymbol{u}(k)+\boldsymbol{\varepsilon}(k)&=\boldsymbol{H}_2^{-1}(z^{-1})\boldsymbol{y}(k)\\&=\boldsymbol{y}(k)-[\boldsymbol{I}-\boldsymbol{H}_2^{-1}(z^{-1})]\boldsymbol{y}(k)\\&=\boldsymbol{y}(k)-z[\boldsymbol{I}-\boldsymbol{H}_2^{-1}(z^{-1})]\boldsymbol{y}(k-1)\end{aligned} \tag{1.30}$$

即

$$\boldsymbol{y}(k)=\boldsymbol{L}_1(z^{-1})\boldsymbol{y}(k-1)+\boldsymbol{L}_2(z^{-1})\boldsymbol{u}(k)+\boldsymbol{\varepsilon}(k) \tag{1.31}$$

其中，$\boldsymbol{L}_1(z^{-1})$和 $\boldsymbol{L}_2(z^{-1})$为脉冲传递函数矩阵，且

$$\boldsymbol{L}_1(z^{-1})=z[\boldsymbol{I}-\boldsymbol{H}_2^{-1}(z^{-1})]$$

$$\boldsymbol{L}_2(z^{-1})=\boldsymbol{H}_2^{-1}(z^{-1})\boldsymbol{H}_1(z^{-1})。$$

将式（1.31）与式（1.27）相比较，可知式（1.31）为预测误差方程。

如果用$S(\boldsymbol{\theta})$表示选定的一组模型类，$\boldsymbol{\theta}$ 为所选模型中各参数构成的向量，那么系统辨识就是按照某一等价准则由输入输出观测数据确定一个最佳的参数向量 $\boldsymbol{\theta}_{opt}$的过程。

1.4 系统辨识的误差准则

等价准则是辨识问题中不可缺少的三大要素之一，它是用来衡量模型接近实际过程的标准，而且它通常被表示为一个误差的泛函数。因此等价准则也叫作误差准则或损失函数，也称准则函数，记作

$$J(\boldsymbol{\theta}) = \sum_{k=1}^{N} f(e(k)) \tag{1.32}$$

其中，$f(\cdot)$ 是 $e(k)$ 的函数，用得最多的是平方函数，即

$$f(e(k)) = e^2(k) \tag{1.33}$$

$e(k)$是定义在区间（0，N）上的误差函数。这个误差函数应该广义地理解为模型与实际过程的“误差”，它可以是输出误差，也可以是输入误差或广义误差。

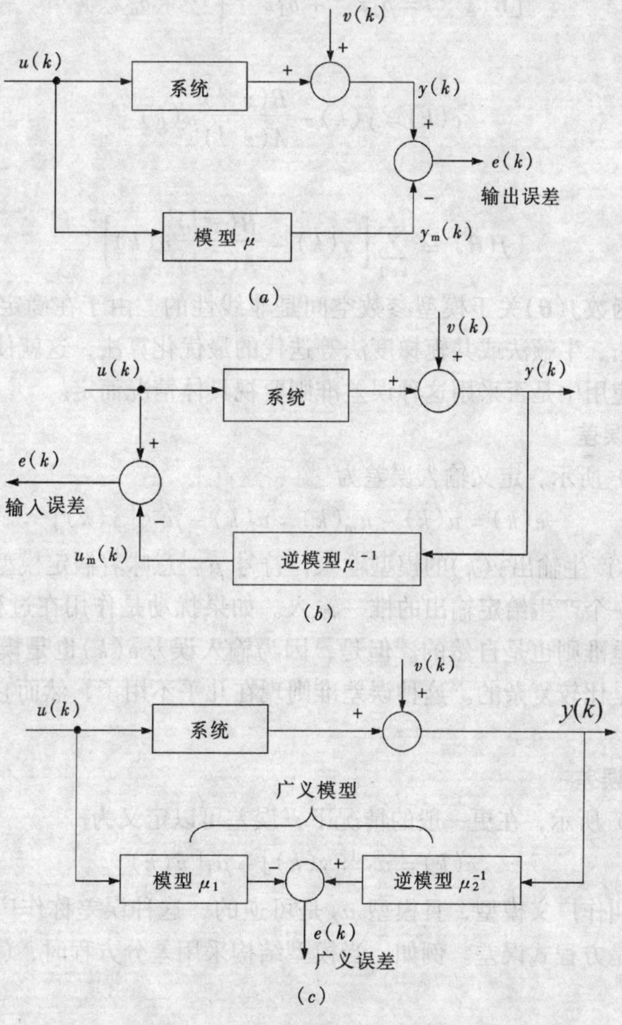

图 1.3 误差准则分类

1.4.1 输出误差

如图 1.3（a）所示，当实际系统和模型的输出分别记作$y(k)$和 $y_{\mathrm{m}}(k)$时，则

$$e(k)=y(k)-y_{\mathrm{m}}(k)=y(k)-\mu[u(k)] \tag{1.34}$$

称作输出误差。其中，$\mu[u(k)]$是当输入为$u(k)$时的模型输出。如果扰动是作用在系统输出端的白噪声，那么选用这种误差准则就是理所当然的了。但是，输出误差$\varepsilon(k)$通常是模型参数的非线性函数，因此在这种误差准则意义下，辨识问题将归结成复杂的非线性最优化问题。假若模型取脉冲传递函数形式

$$\mu: G(z^{-1})=\frac{B(z^{-1})}{A(z^{-1})} \tag{1.35}$$

其中

$$\begin{cases}A(z^{-1})=1+a_1z^{-1}+\cdots+a_{n_a}z^{-n_a}\\ B(z^{-1})=b_1z^{-1}+b_1z^{-2}+\cdots+b_{n_b}z^{-n_b}\end{cases} \tag{1.36}$$

则输出误差为

$$e(k)=y(k)-\frac{B(z^{-1})}{A(z^{-1})}u(k) \tag{1.37}$$

且误差准则为

$$J(\boldsymbol{\theta})=\sum_{k=1}^{N}\left[y(k)-\frac{B(z^{-1})}{A(z^{-1})}u(k)\right]^2 \tag{1.38}$$

显然，误差准则函数$J(\boldsymbol{\theta})$关于模型参数空间是非线性的。由于在确定这种情况的最优解时，需要用梯度法、牛顿法或共轭梯度法等迭代的最优化算法，这就使得辨识算法变得比较复杂。在实际应用中是否采用这种误差准则要视具体情况而定。

1.4.2 输入误差

如图 1.3（b）所示，定义输入误差为

$$e(k)=u(k)-u_{\mathrm{m}}(k)=u(k)-\mu^{-1}[y(k)] \tag{1.39}$$

其中，$u_{\mathrm{m}}(k)$表示产生输出$y(k)$的模型输入，符号 μ^{-1}意味着假定模型是可逆的，也就是说，总可以找到一个产生给定输出的惟一输入。如果扰动是作用在过程输入端的白噪声，那么选用这种误差准则也是自然的。但是，因为输入误差$e(k)$也是模型参数的非线性函数，辨识算法也是比较复杂的。这种误差准则现在几乎不用了，然而它的基本概念还是很重要的。

1.4.3 广义误差

如图 1.3（c）所示，在更一般的情况下，误差可以定义为

$$e(k)=\mu_2^{-1}[y(k)]-\mu_1[u(k)] \tag{1.40}$$

其中，μ_1，μ_2^{-1} 叫作广义模型，且模型 μ_2 是可逆的，这种误差称作广义误差。在广义误差中，最常用的是方程式误差。例如，当模型结构采用差分方程时，(1.40) 式中的 μ_1 和 μ_2 分别成为

$$\begin{cases}\mu_1: B(z^{-1})=b_0+b_1z^{-1}+\cdots+b_{n_b}z^{-n_b}\\ \mu_2^{-1}: A(z^{-1})=1+a_1z^{-1}+\cdots+a_{n_a}z^{-n_a}\end{cases} \tag{1.41}$$

则方程式误差为

$$e(k)=A(z^{-1})y(k)-B(z^{-1})u(k) \tag{1.42}$$

并且误差准则为

$$J(\boldsymbol{\theta})=\sum_{k=1}^{N}[A(z^{-1})y(k)-B(z^{-1})u(k)]^2 \tag{1.43}$$

显然，误差准则函数 $J(\boldsymbol{\theta})$ 关于模型参数空间是线性的。求它的最优解比较简单，因此许多辨识算法都采用这种误差准则。

1.5 辨识的内容和步骤

系统辨识的研究内容主要包括：①实验设计；②模型结构确定；③模型参数估计；④模型验证等等。辨识内容及步骤可用图 1.4 表示。

图 1.4 表明，对一种给定的辨识方法，从实验设计到获得最终模型，一般要经过如下一些步骤：根据辨识的目的，利用先验知识，初步确定模型结构；采集数据；然后进行模型参数和结构辨识；最后经过验证获得最终模型。这些步骤是密切关联而不是孤立的。下面简单介绍系统辨识的步骤。

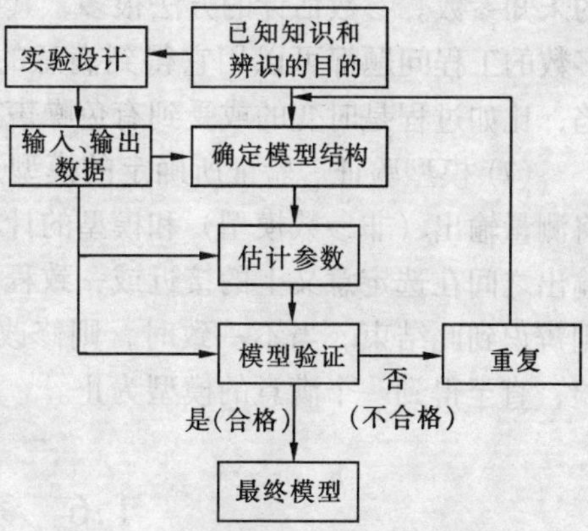

图 1.4 系统辨识的一般步骤

(1) 明确辨识目的。明确模型应用的最终目的十分重要，因为它将决定模型的类型、精度要求及所采用的辨识方法。

(2) 掌握和运用先验知识。在进行系统辨识之前，要尽可能多掌握一些系统的先验知识，如系统的非线性程度、时变或非时变、比例或积分特性、时间常数、过渡过程时间、截止频率、时滞特性、静态放大倍数、噪声特性、工作环境条件等，这些先验知识对预选系统数学模型种类和辨识实验设计将起到指导性的作用。并利用先验知识来选定和预测被辨识系统数学模型种类，确定验前假定模型。

(3) 实验设计。选择实验信号、采样间隔、数据长度等，记录输入和输出数据。如果系统是连续运行的，并且不允许加入试验信号，则只好用正常的运行数据进行辨识。如果系统难以产生和施加人工实验信号，可采用自然信号。但这种自然信号的频谱特性应当比较丰富，能持续充分地激励被辨识系统。比如，在建筑围护结构的动态热特性辨识中，可以采用室内外空气温度、室外空气综合温度等自然信号。

(4) 数据预处理。输入和输出数据中常含有直流成分或低频成分，用任何辨识方法都难以消除它们对辨识精度的影响。数据中的高频成分对辨识也有不利影响。因此，对输入和输出数据可进行零均值化和剔除高频成分的预处理。处理得好，能显著提高辨识精度。零均值化可采用差分法和平均法等方法，剔除高频成分可采用低通滤波器。

(5) 模型结构辨识。模型结构辨识包括模型验前结构的假定和模型结构参数的确定这两个内容。模型结构假定就是根据辨识的目的，利用已有的知识（定律、定理、原理等）

对具体问题进行具体分析，包括机理分析、实验研究和近似技巧，确定一个验前假定模型，再用模型鉴别方法选出可用的模型来。为此，首先要明确所要建立的模型是静态的还是动态的，是连续的还是离散的，是线性的还是非线性的，是参数模型还是非参数模型等等。然而，模型的验前结构并不一定是最终的模型形式，它必须经过模型检验后才能确认。模型结构辨识的第二个内容就是在假定模型结构的前提下，利用辨识的方法确定模型结构参数。比如，某一动态系统的模型结构决定选用差分方程的形式

$$A(z^{-1})y(k)=z^{-n_k}B(z^{-1})u(k)+\varepsilon(k) \tag{1.44}$$

其中

$$\begin{cases}A(z^{-1})=1+a_1z^{-1}+\cdots+a_nz^{-n_a}\\ B(z^{-1})=b_0+b_1z^{-1}+\cdots+b_nz^{-n_b}\end{cases} \tag{1.45}$$

那么模型结构辨识就是确定模型结构参数 n_a、n_b（阶次）和 n_k（纯时滞）。

(6) 模型参数估计。在模型结构确定之后，选择估计方法，利用测量数据估计模型中的未知参数。参数估计的方法很多，其中最小二乘法是最基本、应用最广泛的一种方法，多数的工程问题都可以用它得到满意的辨识结果。但是，最小二乘法也有一些重大的缺陷，比如过程是时变的或受到有色噪声严重污染时，它几乎不能适应。

(7) 模型验证。验证所确定的模型是否恰当地表示了被辨识的系统。一般的方法是：将测量输出（非参数模型）和模型的计算输出（参数模型）相比较，模型参数须保证两个输出之间在选定意义上的接近或一致程度。如果所确定的系统模型达到满意的一致程度，则辨识到此结束。当不一致时，则修改模型结构假定，甚至修改实验设计，重复进行实验，直至得到一个满意的模型为止。

1.6 系统辨识的应用

目前，系统辨识获得的数学模型主要用于预报预测、控制、监测与仿真。它已在很多领域得到了应用：

(1) 在预报预测方面，系统辨识用于天气、水文、人口、能源、客流量等问题预报预测。辨识用于预报的基本思想是，在模型结构确定的条件下，建立时变模型，并预测时变模型的参数，然后以此为基础对过程的状态进行预报。

(2) 在控制方面，系统辨识用于控制系统的设计和分析、自适应控制。利用辨识方法获得被控制系统的数学模型之后，以此模型为基础可以设计出比较合理的控制系统或用于分析原有控制系统的性能，以便提出改进。例如：Eykhoff 对一个蒸汽发生器的过程进行辨识，得到过程的模型，并利用得到的过程模型重新计算该蒸汽发生器的控制系统的调节器的参数，提高了原有控制系统的性能[4]。对于一些被控对象及其环境的数学模型不是完全确定的控制系统，要能修改自己的控制器的特性以适应对象和扰动特性的变化，即自适应控制。例如：大型油轮航向的控制，它靠船舵来控制船头的方向和位置。由于船的惰性很大，其动态特性又与航行中的负荷和吃水深度等因素有关，而且风、浪对船的驾驶影响也是很大的，所以一艘大型油轮的控制是比较难的。对于这种难于控制的问题，通过在线辨识建立控制对象的数学模型，不断调整控制器的参数，可以获得较好的控制效果。辨识用于工业生产系统的自适应控制的例子也有许多，如：蒸煮器和热交换器的温度控制、水

泥的配料控制、pH值的控制、造纸机的纸张基重（单位面积重量）、湿度的控制等等。

（3）在监测方面，系统辨识用于监视过程参数并实现故障诊断。许多生产过程，比如飞机、核反应堆、大型化工和动力装置以及大型转动机械等，希望经常监视和检测可能出现的故障，以便及时排除故障。这意味着必须不断地从过程中收集信息，推断过程动态特性的变化情况。然后，根据过程特性的变化情况判断故障是否发生、何时发生、故障大小、故障的位置等。这是近几年来系统辨识新的应用领域。

（4）在仿真方面，系统辨识用于建立系统中的难于用理论分析方法建模的复杂的子系统的动态模型，然后将此模型用于整个系统的仿真分析，以便获得整个系统的特性，或者对整个系统或其他子系统的性能和行为进行分析和优化。例如：在制冷系统的模拟仿真中对被冷却空间的围护结构特性的辨识，在中央空调系统的模拟中对风机模型的辨识等等。系统辨识还用于测试某一系统在不同时间和环境条件下的特性变化。

第2章 系统辨识算法

系统辨识的算法较多，根据不同的系统类型和系统辨识目的，选用不同的辨识算法。在建筑热湿过程中，一般辨识的是开环离散系统或过程。本章中介绍我们在建筑热湿过程研究中使用或提出的几种开环离散系统辨识算法。

2.1 最小二乘辨识算法

2.1.1 最小二乘辨识算法

最小二乘算法是1795年高斯在他的著名的星体运动轨道预报研究工作中提出的，后来成为了现代估计理论的基石。最小二乘算法的原理是最小二乘原理，以此为基础的参数辨识方法还包括增广最小二乘算法、广义最小二乘算法等。其中最小二乘算法是系统辨识和参数估计领域中最基本的，也是应用最广泛的一种参数估计方法。在随机的环境下采用最小二乘算法时，并不要求给出观测数据的概率统计方面的信息，而用这种算法所获得的估计结果却有很好的统计特性。

对具有纯时滞 n_k 的广义回归模型（ARMAX）模型式（1.22），在不同时刻 $k=1, 2, \cdots, N$，对被辨识系统进行 N 次观测，得到每次的输入和输出量的观测值。这些输入输出观测数据组成下面 N 个线性方程

$$\begin{aligned}y(k) = &- a_1 y(k-1) - a_2 y(k-2) - \cdots - a_{n_a} y(k-n_a) \\ &+ b_0 u(k-n_k) + b_1 u(k-n_k-1) \\ &+ \cdots + b_{n_b} u(k-n_k-n_b) + \varepsilon(k) \quad (k = 1,2,3,\cdots,N)\end{aligned} \tag{2.1.1}$$

式中，$\varepsilon(k)$——模型噪声。

定义 n_a+n_b+1 维输入输出向量 $\boldsymbol{\varphi}(k)$ 和 n_a+n_b+1 维参数向量 $\boldsymbol{\theta}$，并令

$$\begin{aligned}\boldsymbol{\varphi}^T(k) = [&-y(k-1) - y(k-2) - \cdots - y(k-n_a)\, u(k-n_k)\, u(k-n_k-1) \\ &\cdots u(k-n_k-n_b)]\end{aligned}$$

$$\boldsymbol{\theta}^T = [a_1\ a_2 \cdots a_{n_a} b_0\ b_1 \cdots b_{n_b}]$$

则上述 N 个线性方程组式（2.1.1）可写成

$$y(k) = \boldsymbol{\varphi}^T(k)\boldsymbol{\theta} + \varepsilon(k) \quad (k = 1,2,\cdots,N) \tag{2.1.2}$$

写成向量矩阵形式

$$\boldsymbol{Y} = \boldsymbol{\Phi}\boldsymbol{\theta} + \boldsymbol{\varepsilon} \tag{2.1.3}$$

其中，

$$\boldsymbol{Y}^T = [y(1)\ y(2) \cdots y(N)]$$

$$\boldsymbol{\varepsilon}^T = [\varepsilon(1)\ \varepsilon(2) \cdots \varepsilon(N)]$$

$$\boldsymbol{\Phi} = \begin{bmatrix} -y(0) & -y(-1) & \cdots & -y(1-n_a) & u(1) & \cdots & u(1-n_b) \\ \vdots & & & & & & \\ -y(N-1) & -y(N-2) & \cdots & -y(N-n_a) & u(N) & \cdots & u(N-n_b) \end{bmatrix}$$

$$=\begin{bmatrix}\boldsymbol{\varphi}^{\mathrm{T}}(1)\\ \vdots \\ \boldsymbol{\varphi}^{\mathrm{T}}(N)\end{bmatrix}$$

为了提高参数估计的精度，观测次数 N 必须远远地超过未知参数的数目 n_a+n_b+1，因此这里的问题不再是一般方程组的定解问题，而是通过多余的带有误差的数据尽可能准确地估算出参数的值。

设 $\hat{\boldsymbol{\theta}}_N$ 为 N 次采样数据所求得的参数 θ 的估计值，记作 $\hat{\boldsymbol{\theta}}_N^{\mathrm{T}}=[\hat{a}_1\hat{a}_2\cdots\hat{a}_{n_a}\hat{b}_0\ \hat{b}_0\cdots\hat{b}_{n_b}]$，使用估计参数 $\hat{\boldsymbol{\theta}}_N$ 描述的模型为：

$$y(k)=\boldsymbol{\varphi}^{\mathrm{T}}(k)\hat{\boldsymbol{\theta}}_N+e(k) \tag{2.1.4}$$

对于第 k 次观测，实际观测值 $y(k)$ 与估计参数模型的计算值之间的偏差为：

$$e(k)=y(k)-\boldsymbol{\varphi}^{\mathrm{T}}(k)\hat{\boldsymbol{\theta}}_N \quad (k=1,2,\cdots,N) \tag{2.1.5}$$

偏差 $e(k)$ 是一个随机变量，又称残差。N 个不同时刻的残差构成向量如下：

$$\boldsymbol{e}=[e(1)\ e(2)\ \cdots\ e(N)]$$

与式（2.1.5）对应的向量矩阵方程为

$$\boldsymbol{e}=\boldsymbol{Y}-\boldsymbol{\Phi}\hat{\boldsymbol{\theta}}_N \tag{2.1.6}$$

由式（2.1.3）得：

$$\boldsymbol{e}=\boldsymbol{\Phi\theta}+\boldsymbol{\varepsilon}-\boldsymbol{\Phi}\hat{\boldsymbol{\theta}}_N=\boldsymbol{\Phi}\cdot(\boldsymbol{\theta}-\hat{\boldsymbol{\theta}}_N)+\boldsymbol{\varepsilon}$$

由此可见，残差包含两方面的误差，即参数拟合误差和随机干扰噪声带来的误差。

设 $l(\boldsymbol{\theta},\boldsymbol{k})=|e(k)|^2$，准则函数 $\boldsymbol{J}(\boldsymbol{\theta})$ 取为

$$\begin{aligned}J(\boldsymbol{\theta})&=\sum_{k=1}^{N}l=\sum_{k=1}^{N}|e(k)|^2=\boldsymbol{e}^{\mathrm{T}}\boldsymbol{e}\\&=(\boldsymbol{Y}-\boldsymbol{\Phi}\hat{\boldsymbol{\theta}}_N)^{\mathrm{T}}(\boldsymbol{Y}-\boldsymbol{\Phi}\hat{\boldsymbol{\theta}}_N)=\|\boldsymbol{Y}-\boldsymbol{\Phi}\hat{\boldsymbol{\theta}}_N\|^2\end{aligned} \tag{2.1.7}$$

系统辨识中的最小二乘准则，就是指找出一个参数向量为 $\hat{\boldsymbol{\theta}}_N$ 的模型，使各残差 $e(k)$ 的平方和 $\boldsymbol{J}(\boldsymbol{\theta})$ 达到最小值。

将式(2.1.7)对各参数求导，并令其结果为零，即 $\dfrac{\partial J(\boldsymbol{\theta})}{\partial\hat{\boldsymbol{\theta}}}=-\boldsymbol{Y}\boldsymbol{\Phi}^{\mathrm{T}}(\boldsymbol{Y}-\boldsymbol{\Phi}\hat{\boldsymbol{\theta}}_N)=\boldsymbol{0}$，

有

$$\boldsymbol{\Phi}^{\mathrm{T}}(\boldsymbol{Y}-\boldsymbol{\Phi}\hat{\boldsymbol{\theta}}_N)=\boldsymbol{0} \tag{2.1.8}$$

式（2.1.8）为由含有 n_a+n_b+1 个未知参数的 n_a+n_b+1 个线性方程式组成。式（2.1.8）称为以向量—矩阵表示的正规方程。

若矩阵 $\boldsymbol{\Phi}^{\mathrm{T}}\boldsymbol{\Phi}$ 是非奇异的，其逆阵存在。于是可解出

$$\hat{\boldsymbol{\theta}}_N=(\boldsymbol{\Phi}^{\mathrm{T}}\boldsymbol{\Phi})^{-1}\boldsymbol{\Phi}^{\mathrm{T}}\boldsymbol{Y} \tag{2.1.9}$$

准则函数 $J(\boldsymbol{\theta})$ 的二阶导数为：$\dfrac{\partial}{\partial\hat{\boldsymbol{\theta}}}\left(\dfrac{\partial\boldsymbol{J}(\boldsymbol{\theta})}{\partial\hat{\boldsymbol{\theta}}}\right)^{\mathrm{T}}=2\boldsymbol{\Phi}^{\mathrm{T}}\boldsymbol{\Phi}$。因此，只要矩阵 $\boldsymbol{\Phi}$ 满秩，则矩阵 $\boldsymbol{\Phi}^{\mathrm{T}}\boldsymbol{\Phi}$ 正定，即满足准则函数取极小的充分条件，而且式（2.1.8）的解是惟一的。由于选用的准则函数是误差的平方准则，所以称 $\hat{\boldsymbol{\theta}}_N$ 为最小二乘估计量，用符号 $\hat{\boldsymbol{\theta}}_N^{\mathrm{LS}}$ 表示，

$\hat{\boldsymbol{\theta}}_N^{LS}$是被观测数据$y(k)$的线性函数，所以最小二乘估计是一种线性估计。

由于输出值是随机的，一般来说最小二乘估计量$\hat{\boldsymbol{\theta}}_N^{LS}$是随机的。但要注意到系统的真实值 $\boldsymbol{\theta}$ 不是随机值。$\hat{\boldsymbol{\theta}}_N^{LS}$具有以下统计特性。

将式（2.1.3）代入式（2.1.9），有

$$\hat{\boldsymbol{\theta}}_N^{LS} = (\boldsymbol{\Phi}^T\boldsymbol{\Phi})^{-1}\boldsymbol{\Phi}^T(\boldsymbol{\Phi}\boldsymbol{\theta} + \boldsymbol{\varepsilon}) = \boldsymbol{\theta} + (\boldsymbol{\Phi}^T\boldsymbol{\Phi})^{-1}\boldsymbol{\Phi}^T\boldsymbol{\varepsilon}$$

$$\begin{aligned} E[\hat{\boldsymbol{\theta}}_N^{LS}] &= E[\boldsymbol{\theta} + (\boldsymbol{\Phi}^T\boldsymbol{\Phi})^{-1}\boldsymbol{\Phi}^T\boldsymbol{\varepsilon}] \\ &= \boldsymbol{\theta} + E[(\boldsymbol{\Phi}^T\boldsymbol{\Phi})^{-1}\boldsymbol{\Phi}^T\boldsymbol{\varepsilon}] \end{aligned}$$

假设噪声向量 $\boldsymbol{\varepsilon}$ 的各分量的均值为零，即$E(\boldsymbol{\varepsilon})=0$，而且假定矩阵 $\boldsymbol{\Phi}$ 和噪声向量 $\boldsymbol{\varepsilon}$ 是相互独立的，此时有

$$E[\hat{\boldsymbol{\theta}}_N^{LS}] = \boldsymbol{\theta} + E[(\boldsymbol{\Phi}^T\boldsymbol{\Phi})^{-1}\boldsymbol{\Phi}^T]\cdot E(\boldsymbol{\varepsilon}) = \boldsymbol{\theta}$$

这时，最小二乘估计量$\hat{\boldsymbol{\theta}}_N^{LS}$是无偏估计量，广义回归模型参数的最小二乘估计是无偏的。

同样可以证明，最小二乘估计是最小方差估计，它是有效估计量，也是一致估计量。即当观测次数 $N\to\infty$，参数误差的协方差为零，即 $N\to\infty$时，有$\hat{\boldsymbol{\theta}}_N^{LS} = \boldsymbol{\theta}$。

2.1.2 最小二乘递推辨识算法

如前所述，在进行最小二乘辨识计算时，每次新增测试数据后需重新求解方程(2.1.9)。增添一组新的观测数据，就要逐次扩大矩阵 $\boldsymbol{\Phi}$ 的行数，需要完成 $\boldsymbol{\Phi}^T\boldsymbol{\Phi}$ 的求逆运算。运算繁琐且浪费时间。为此，在大量试验测试数据的情况下采用参数递推估算方法。也就是，在取得一组新的观测数据后，在前次参数估计结果的基础上，利用新引入的观测数据对前次估计的结果进行修正，从而估计出新的参数估值，如此这样随着新数据的逐次引入，一步步地进行参数估计，直到估计值达到满意的精度。

设利用 N 次观测数据，根据最小二乘原理得到的参数 $\boldsymbol{\theta}$ 的最小二乘估计为

$$\hat{\boldsymbol{\theta}}_N = (\boldsymbol{\Phi}_N^T\boldsymbol{\Phi}_N)^{-1}\boldsymbol{\Phi}_N^T\boldsymbol{Y}_N$$

式中，

$$\boldsymbol{Y}_N^T = [y(1)\ y(2)\ \cdots\ y(N)]$$

$$\boldsymbol{\Phi}_N = \begin{bmatrix} -y(0) & -y(-1) & \cdots & -y(1-n_a) & u(1) & \cdots & u(1-n_b) \\ \vdots & & & & & & \\ -y(N-1) & -y(N-2) & \cdots & -y(N-n_a) & u(N) & \cdots & u(N-n_b) \end{bmatrix}$$

在 N 次观测数据的基础上，又进行了一次新的观测$(y(N+1), u(N+1))$，记

$$y_{N+1} = y(N+1), u_{N+1} = u(N+1)$$

$$\boldsymbol{Y}_{N+1}^T = [\boldsymbol{Y}_N^T \vdots y_{N+1}]$$

$$\boldsymbol{\Phi}_{N+1} = \begin{bmatrix} \boldsymbol{\Phi}_N \\ \cdots \\ \boldsymbol{\phi}_{N+1}^T \end{bmatrix}$$

$$\boldsymbol{P}_N = (\boldsymbol{\Phi}_N^T\boldsymbol{\Phi}_N)^{-1}$$

这里 $\boldsymbol{P}_N$ 是一个方阵，其维数为（n_a+n_b+1）×（n_a+n_b+1），与观测次数无关。

有：$$P_{N+1}=(\Phi_{N+1}^{T}\Phi_{N+1})^{-1}=\left\{[\Phi_{N}^{T}\vdots\varphi_{N+1}]\begin{bmatrix}\Phi_{N}\\ \cdots\\ \varphi_{N+1}\end{bmatrix}\right\}^{-1}$$
$$=\{\Phi_{N}^{T}\Phi_{N}+\varphi_{N+1}\varphi_{N+1}^{T}\}^{-1}$$
$$=\{P_{N}^{-1}+\varphi_{N+1}\varphi_{N+1}^{T}\}^{-1} \tag{2.1.10}$$

根据矩阵反演公式，

有 $$P_{N+1}=[P_{N}^{-1}+\varphi_{N+1}\varphi_{N+1}^{T}]^{-1}$$
$$=P_{N}+P_{N}\varphi_{N+1}[I+\varphi_{N+1}^{T}P_{N}\varphi_{N+1}]^{-1}\varphi_{N+1}^{T}P_{N}$$

注意到，$[I+\varphi_{N+1}^{T}P_{N}\varphi_{N+1}]$ 项是一个标量，它的求逆只是一个简单的除法。为此，令
$$\gamma_{N+1}=[I+\varphi_{N+1}^{T}P_{N}\varphi_{N+1}]^{-1},$$

γ_{N+1}是一个标量，于是 $$P_{N+1}=[I-\gamma_{N+1}P_{N}\varphi_{N+1}\varphi_{N+1}^{T}]P_{N} \tag{2.1.11}$$

而 $$\hat{\theta}_{N}=P_{N}\Phi_{N}^{T}Y_{N}$$
$$\hat{\theta}_{N+1}=P_{N+1}\Phi_{N+1}^{T}Y_{N+1}$$
$$=P_{N+1}[\Phi_{N}^{T}\vdots\varphi_{N+1}]\begin{bmatrix}Y_{N}\\ \cdots\\ y_{N+1}\end{bmatrix}$$
$$=P_{N+1}[\Phi_{N}^{T}Y_{N}+\varphi_{N+1}y_{N+1}]$$
$$=P_{N+1}[P_{N}^{-1}\hat{\theta}_{N}+\varphi_{N+1}y_{N+1}]$$

由（2.1.10）式有 $$P_{N}^{-1}=P_{N+1}^{-1}-\varphi_{N+1}\varphi_{N+1}^{T}$$

于是有 $$\hat{\theta}_{N+1}=P_{N+1}\{[P_{N+1}^{-1}-\varphi_{N+1}\varphi_{N+1}^{T}]\hat{\theta}_{N}+\varphi_{N+1}y_{N+1}\}$$
$$=\hat{\theta}_{N}+P_{N+1}\varphi_{N+1}[y_{N+1}-\varphi_{N+1}^{T}\hat{\theta}_{N}]$$
$$\hat{\theta}_{N+1}=\hat{\theta}_{N}+K_{N+1}(y_{N+1}-\varphi_{N+1}^{T}\hat{\theta}_{N}) \tag{2.1.12}$$

这里 $$K_{N+1}=P_{N+1}\varphi_{N+1}=[P_{N}-\gamma_{N+1}P_{N}\varphi_{N+1}\varphi_{N+1}^{T}P_{N}]\varphi_{N+1}$$
$$=P_{N}\varphi_{N+1}[I-\gamma_{N+1}\varphi_{N+1}^{T}P_{N}\varphi_{N+1}]$$
$$=P_{N}\varphi_{N+1}\gamma_{N+1}\left[\frac{I}{\gamma_{N+1}}-\varphi_{N+1}^{T}P_{N}\varphi_{N+1}\right]$$
$$=\gamma_{N+1}P_{N}\varphi_{N+1}[I+\varphi_{N+1}^{T}P_{N}\varphi_{N+1}-\varphi_{N+1}^{T}P_{N}\varphi_{N+1}]$$
$$=\gamma_{N+1}P_{N}\varphi_{N+1} \tag{2.1.13}$$

$$K_{N+1}=\frac{P_{N}\varphi_{N+1}}{I+\varphi_{N+1}^{T}P_{N}\varphi_{N+1}} \tag{2.1.14}$$

由式（2.1.11）和（2.1.13），有
$$P_{N+1}=[I-K_{N+1}\varphi_{N+1}^{T}]P_{N} \tag{2.1.15}$$

由式（2.1.12）、（2.1.14）、（2.1.15），即可实现递推算法。也就是，根据 P_{N}及新的观测数据 φ_{N+1}、y_{N+1}等直接计算出 K_{N+1}，再根据$\hat{\theta}_{N}$计算出$\hat{\theta}_{N+1}$。而下次递推计算所需

的 $\boldsymbol{P}_{N+1}$，可据 $\boldsymbol{P}_N$和 $\boldsymbol{K}_{N+1}$等计算出来，而不再需要求逆矩阵的运算。

2.1.3 模型结构参数的确定

1. 模型阶次的确定

确定模型的结构参数，在单变量系统中，就是确定模型的阶次。前面所述的辨识方法，给出了差分方程中系数的估计，而系数的个数即模型的阶，假定是验前已知的。实际上系统的阶很难确切地知道。为了找到合适的系统模型参数的个数，我们采用试算的方法，先从参数较小的模型开始，然后逐步增加参数的数目。在逐步增加阶次的系统连续辨识过程中，随时检验模型阶的恰当程度。这个恰当程度可以通过数据拟合的优良度来表示。

取不同的模型阶 n（$n = n_a + n_b$），比较该模型对观测数据拟合的优良度。拟合优良度通过误差平方和函数来测定。

$$J = (\boldsymbol{Y} - \boldsymbol{\Phi}\hat{\boldsymbol{\theta}}_N)^T (\boldsymbol{Y} - \boldsymbol{\Phi}\hat{\boldsymbol{\theta}}_N) \tag{2.1.16}$$

其中，$\hat{\boldsymbol{\theta}}_N$是已给定的模型阶 n 的最小二乘参数的估计值。

计算各阶次下的误差函数 J 值。通常 J 随着 n 增加而减小。但当 n 大于真阶 n_0 时，J 不再显著减小。J 不再显著减小时的阶数即为恰当的模型阶次。误差函数下降是否显著可以利用数理统计中的统计检验的方法来表示。引入统计量 t 作为检验的准则，有

$$t(n_1, n_2) = \frac{J_1 - J_2}{J_2} \cdot \frac{N - 2n_2}{2(n_2 - n_1)} \tag{2.1.17}$$

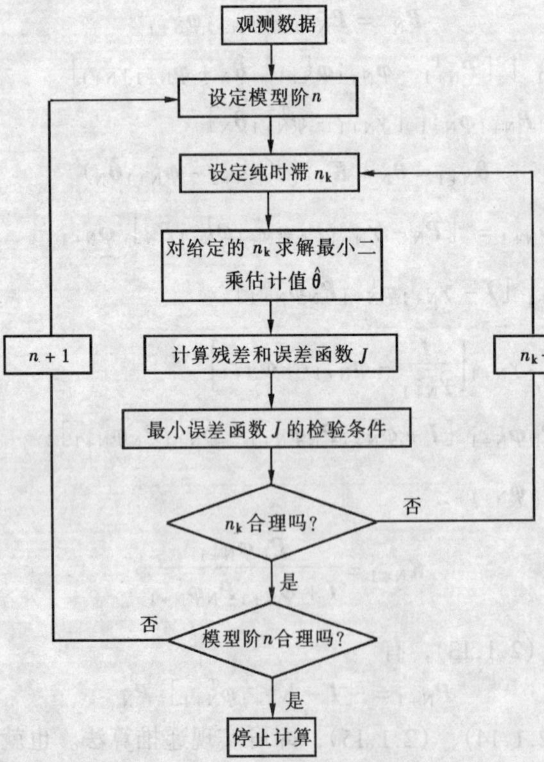

图 2.1　最小二乘辨识算法框图

式中，n_1 和 n_2 是模型阶的两次取值；J_1 和 J_2 分别为对应于 n_1 和 n_2 的误差平方和函数值。在置信度 $\alpha=0.05$ 下，当 $N>100$ 时，若模型阶次增加 1，则 $t(n,n+1)>3$，J 下降才是显著的。

2. 纯时滞估计

在模型方程式（2.1.1）中有纯时滞 n_k，其估计类似于模型阶确定的方式。对给定的模型阶 n 与 n_k 的序列（$n_k=1,2\ldots$），反复求解该最小二乘参数估计问题，给出误差函数 J 的最小值时，n_k 即是最好的估计值。纯时滞和阶次的确定可以结合起来进行。辨识算法框图见图 2.1。

2.2 辅助变量辨识算法

2.2.1 相关方程

对被辨识系统的输入输出进行 N 次观测，得到观测数据组 $\{[u(1),y(1)],[u(2),y(2)],\cdots,[u(N),y(N)]\}$。记为：$\boldsymbol{Z}^N=[\boldsymbol{Y}\ \boldsymbol{U}]$，$\boldsymbol{Y}=[y(1)\ y(2)\cdots y(N)]^{\mathrm{T}}$，$\boldsymbol{U}=[u(1)\ u(2)\cdots\ u(N)]^{\mathrm{T}}$。

该系统可用式（2.2.1）的广义回归模型（ARMAX）描述。

$$A(z)y(k)=z^{-n_k}B(z)u(k)+\varepsilon(k) \tag{2.2.1}$$

式中 $y(k)$——k 时刻系统的输出；

$u(k)$——k 时刻系统的输入；

$\varepsilon(t)$——k 时刻测量系统的干扰噪声；

z^{-1}——单位时延算子；

n_k——纯时滞阶次；

n_{a}——模型自回归部分的阶次；

n_{b}——模型外部输入的阶次。

$$A(z)=1+a_1z^{-1}+a_2z^{-2}+\cdots+a_{n_{\mathrm{a}}}z^{-n_{\mathrm{a}}} \tag{2.2.2}$$

$$B(z)=b_0+b_1z^{-1}+b_2z^{-2}+\cdots+b_{n_{\mathrm{b}}}z^{-n_{\mathrm{b}}} \tag{2.2.3}$$

定义模型参数矢量 $\boldsymbol{\theta}^{\mathrm{T}}=[a_1\ a_2\cdots\ a_{n_{\mathrm{a}}}\ b_0\ b_1\cdots b_{n_{\mathrm{b}}}]$，$k$ 时刻系统的输出的模型预估器为：

$$\hat{y}(k\mid\boldsymbol{\theta})=(1-A(z))y(k)+z^{n_k}B(z)u(k) \tag{2.2.4}$$

预估误差为：

$$e(k,\boldsymbol{\theta})=y(k)-\hat{y}(k\mid\boldsymbol{\theta}) \tag{2.2.5}$$

一个较好的模型参数，其预估误差 $e(k,\boldsymbol{\theta})$ 与观测数据 $\boldsymbol{Z}^{k-1}$ 之间是独立无关的。如果 $e(k,\boldsymbol{\theta})$ 与观测数据 $\boldsymbol{Z}^{k-1}$ 之间是相关的，说明 $y(k)$ 比 $\hat{y}(k\mid\boldsymbol{\theta})$ 从 $\boldsymbol{Z}^{k-1}$ 获取了更多的信息，那么预估器就不是最理想的。这就意味着有更好的模型参数能使预估误差与过去的数据独立无关。在实际辨识计算中，要求测试预估误差 $e(k,\boldsymbol{\theta})$ 与所有的观测数据 $\boldsymbol{Z}^{k-1}$ 独立无关是不可行的。因此，在实际辨识时选择某一从 $\boldsymbol{Z}^{k-1}$ 导出的有限维矢量序列 $\boldsymbol{\zeta}(k)$，并要求 $e(k,\boldsymbol{\theta})$ 的某一变换 $\alpha(e(k,\boldsymbol{\theta}))$ 与这个序列是无关的。它们之间的相关方程为：

$$f_N(\boldsymbol{\theta}, \boldsymbol{Z}^N) = \frac{1}{N}\sum_{k=1}^{N}\boldsymbol{\zeta}(k)\alpha(e(k,\boldsymbol{\theta})) = 0 \tag{2.2.6}$$

满足式（2.2.6）的 e（k，$\boldsymbol{\theta}$）值，就是基于观测到的输入输出数据的最佳估计值。

2.2.2 关于最小二乘（LS）算法的相关性讨论

在最小二乘辨识算法中，引入了“线性回归状态矢量”$\boldsymbol{\varphi}(k)$：

$$\boldsymbol{\varphi}(k)^{\mathrm{T}} = [-y(k-1),\cdots,-y(k-n_{\mathrm{a}}),u(k-n_{\mathrm{k}}-1),\cdots,u(k-n_{\mathrm{k}}-n_{\mathrm{b}})] \tag{2.2.7}$$

则：
$$e(k,\boldsymbol{\theta}) = y(k) - \boldsymbol{\theta}^{\mathrm{T}}\boldsymbol{\varphi}(k) \tag{2.2.8}$$

$$\hat{y}(k|\boldsymbol{\theta}) = \boldsymbol{\theta}^{\mathrm{T}}\boldsymbol{\varphi}(k) = \boldsymbol{\varphi}^{\mathrm{T}}(k)\boldsymbol{\theta} \tag{2.2.9}$$

并选择：$\zeta(k) = \boldsymbol{\varphi}(k), \alpha(e(k,\boldsymbol{\theta})) = e(k,\boldsymbol{\theta})$，则由相关方程（2.2.6）得到最小二乘估计：

$$\hat{\boldsymbol{\theta}}_N^{\mathrm{LS}} = \mathrm{sol}\left\{\frac{1}{N}\sum_{k=1}^{N}\boldsymbol{\varphi}(k)[y(k) - \boldsymbol{\varphi}^{\mathrm{T}}(k)\boldsymbol{\theta}] = 0\right\} \tag{2.2.10}$$

或
$$\hat{\boldsymbol{\theta}}_N^{\mathrm{LS}} = \left[\frac{1}{N}\sum_{k=1}^{N}\boldsymbol{\varphi}(k)\boldsymbol{\varphi}^{\mathrm{T}}(k)\right]^{-1}\frac{1}{N}\sum_{k=1}^{N}\boldsymbol{\varphi}(k)y(k) \tag{2.2.11}$$

式中 sol 表示“求解”。

记 $R^{\mathrm{LS}}(N) = \frac{1}{N}\sum_{k=1}^{N}\boldsymbol{\varphi}(k)\boldsymbol{\varphi}^{\mathrm{T}}(k)$，并假设真实系统应描述为式（2.2.12），实际系统的观测数据是由真实系统模型产生的。

$$y(k) = \boldsymbol{\varphi}^{\mathrm{T}}(k)\boldsymbol{\theta}_0 + \varepsilon_0(k) \tag{2.2.12}$$

式中 $\boldsymbol{\theta}_0$——系统的真实参数；

ε_0（k）——系统的真实干扰噪声。

由式（2.2.11）有：

$$\begin{aligned}\hat{\boldsymbol{\theta}}_{\mathrm{N}}^{\mathrm{LS}} &= [\boldsymbol{R}^{\mathrm{LS}}(N)]^{-1}\frac{1}{N}\sum_{k=1}^{N}\boldsymbol{\varphi}(k)[\boldsymbol{\varphi}^{\mathrm{T}}(k)\boldsymbol{\theta}_0 + \varepsilon_0(k)] \\ &= \boldsymbol{\theta}_0 + [\boldsymbol{R}^{\mathrm{LS}}(N)]^{-1}\frac{1}{N}\sum_{k=1}^{N}\boldsymbol{\varphi}(k)\varepsilon_0(k)\end{aligned} \tag{2.2.13}$$

当 $N\rightarrow\infty$ 时，记 $\boldsymbol{R}^{\mathrm{LS}}(N)\rightarrow\boldsymbol{R}^{*\mathrm{LS}} = \frac{1}{N}E(\boldsymbol{\varphi}(k)\boldsymbol{\varphi}^{\mathrm{T}}(k))$；

记$\frac{1}{N}\sum_{k=1}^{N}\boldsymbol{\varphi}(k)\varepsilon_0(k)\rightarrow\boldsymbol{h}^{*\mathrm{LS}} = E(\boldsymbol{\varphi}(k)\varepsilon_0(k))$，则：

$$\hat{\boldsymbol{\theta}}_{\mathrm{N}}^{\mathrm{LS}} = \boldsymbol{\theta}_0 + (\boldsymbol{R}^{*\mathrm{LS}})^{-1}\boldsymbol{h}^{*\mathrm{LS}} \tag{2.2.14}$$

要使最小二乘估计是一致的；或者说，当 $N\rightarrow\infty$ 时，$\hat{\boldsymbol{\theta}}_{\mathrm{N}}^{\mathrm{LS}}\rightarrow\boldsymbol{\theta}_0$，必须满足以下条件：

(1) $\boldsymbol{R}^*$ 是非奇异的。也就是说，$\{\varepsilon_0(k)\}$与$\{u(k)\}$是独立的；

(2) $\boldsymbol{h}^* = 0$。也就是说，以下两个条件必须满足其中之一：

①$\{\varepsilon_0(k)\}$为独立的具有零均值的随机变量序列，且$\{\varepsilon_0(k)\}$与过去时刻 $k-1$ 无关，则：$E(\boldsymbol{\varphi}(k)\varepsilon_0(k)) = 0$。

②零均值序列$\{\varepsilon_0(k)\}$与输入序列$\{u(k)\}$无关，且 $n_{\mathrm{a}} = 0$，那么$\boldsymbol{\varphi}(k)$只含有一个 u，则：$E(\boldsymbol{\varphi}(k)\varepsilon_0(k)) = 0$。

一般情况下，最小二乘估计$\hat{\boldsymbol{\theta}}_N^{LS}$不能$\rightarrow\boldsymbol{\theta}_0$，就是因为$\boldsymbol{\varphi}(k)$与$\{\varepsilon_0(k)\}$是相关的。在本书的研究范围内，从分析观测到的数据来看，上述条件不能全部满足，且$\boldsymbol{\varphi}(k)$与$\{\varepsilon_0(k)\}$是相关的。因而用最小二乘法估计本文的ARMAX模型是不一致的，也是不够准确的，需要采用新的辨识方法。下面给出的辅助变量辨识方法能满足ARMAX模型辨识的一致性要求，因此对建筑热湿过程的研究对象是一种适用的辨识算法。

2.2.3 辅助变量辨识算法（Instrument Variables Method）

1. 辅助变量$\boldsymbol{\zeta}(k)$

在辅助变量（IV）方法中应用相关方程式（2.2.6），则$\boldsymbol{\zeta}(k)$称为辅助变量（Instrument Variables），有：

$$\hat{\boldsymbol{\theta}}_N^{IV} = \text{sol}\left\{\frac{1}{N}\sum_{k=1}^{N}\boldsymbol{\zeta}(k)[y(k) - \boldsymbol{\varphi}^T(k)\boldsymbol{\theta}] = 0\right\} \tag{2.2.15}$$

式中，sol表示“求解”。

只要矩阵的逆存在，则有：

$$\hat{\boldsymbol{\theta}}_N^{IV} = \left[\frac{1}{N}\sum_{k=1}^{N}\boldsymbol{\zeta}(k)\boldsymbol{\varphi}^T(k)\right]^{-1}\frac{1}{N}\sum_{k=1}^{N}\boldsymbol{\zeta}(k)y(k) \tag{2.2.16}$$

当$N\rightarrow\infty$时，要使$\hat{\boldsymbol{\theta}}_N^{IV}\rightarrow\boldsymbol{\theta}_0$，也就是说，要成功地应用式（2.2.15）去辨识系统（2.2.12），要求辅助变量$\boldsymbol{\zeta}(k)$必须具有如下性能：

$$E(\boldsymbol{\zeta}(k)\boldsymbol{\varphi}^T(k))\text{非奇异} \tag{2.2.17}$$

$$E(\boldsymbol{\zeta}(k)\varepsilon_0(k)) = \boldsymbol{0} \tag{2.2.18}$$

换句话说，辅助变量$\boldsymbol{\zeta}(k)$与回归变量有关，而与干扰噪声无关。下面讨论满足式(2.2.17)和(2.2.18)的辅助变量$\boldsymbol{\zeta}(k)$的选择。

2. 辅助变量的选择

假设式(2.2.9)为式(2.2.1)的ARMAX模型的预测计算式,对应于式(2.2.1)的真实系统的参数用下标“0”表示,自然会想到产生一个类似于式(2.2.7)的辅助变量来满足式(2.2.17),同时使辅助变量不受$\{\varepsilon_0(k)\}$的影响，其结果有：

$$\boldsymbol{\zeta}(k) = K(z)[-x(k-1)\cdots -x(k-n_a)\ u(k-n_k)\ u(k-n_k-1)\cdots$$
$$u(k-n_k-n_b)]^T \tag{2.2.19}$$

式中$K(z)$为一线性滤波器，$x(k)$由如下线性系统产生。

$$N(z)x(k) = M(z)u(k) \tag{2.2.20}$$

$$N(z) = 1 + A_1z^{-1} + A_2z^{-2} + \cdots + A_{n_A}z^{-n_A} \tag{2.2.21}$$

$$M(z) = B_0 + B_1z^{-1} + B_2z^{-2} + \cdots + B_{n_B}z^{-n_B} \tag{2.2.22}$$

显然，$\boldsymbol{\zeta}(k)$是由过去的输入通过线性滤波得到的，可写为：

$$\boldsymbol{\zeta}(k) = \boldsymbol{\zeta}(k, u^{k-1}) \tag{2.2.23}$$

如果输入是开环作用的，$\boldsymbol{\zeta}(k)$与系统中的噪声$\{\varepsilon_0(k)\}$是无关的，显然式（2.2.18）成立。既然，矢量$\boldsymbol{\varphi}$和矢量$\boldsymbol{\zeta}$是由相同的输入产生的（$\boldsymbol{\varphi}$含有额外$\{\varepsilon_0(k)\}$的影响），式(2.2.17)一般是满足的。

为了选择简单而又有效的辅助变量，首先应用最小二乘法估计式（2.2.9）中的$\boldsymbol{\theta}$，再用最小二乘法估计式（2.2.20）中的$N(z)$，$M(z)$，并选择$K(z) = 1$。

3. 依赖于模型的辅助变量

$\hat{\boldsymbol{\theta}}_N^{IV}$的估计质量与$\boldsymbol{\zeta}(t)$的选择有关。在 2.2.3 的4. 中将给出$\hat{\boldsymbol{\theta}}_N^{IV}$的渐近方差表达式，并将进一步说明式（2.2.20）的滤波器的理想选择是使它们等于真实系统的模型，即：$N(z)=A_0(z), M(z)=B_0(z)$，显然它们是未知的。可用如下显性表达式使辅助变量依赖于参数：

$$\boldsymbol{\zeta}(k,\boldsymbol{\theta})=K(z)[-x(k-1,\boldsymbol{\theta}),\cdots,$$
$$-x(k-n_a,\boldsymbol{\theta}),u(k-n_k-1),\cdots,u(k-n_k-n_b)]^T$$
$$A(z)x(k)=B(z)u(k) \tag{2.2.24}$$

一般地，$\boldsymbol{\zeta}(k,\boldsymbol{\theta})$记作：

$$\boldsymbol{\zeta}(k,\boldsymbol{\theta})=K_u(z,\boldsymbol{\theta})u(k) \tag{2.2.25}$$

预估误差选择线性滤波器$L(z)=1$和形状函数$\alpha(\cdot)$，则 IV 方法可归纳如下：

$$e_F(k,\boldsymbol{\theta})=L(z)[y(k)-\boldsymbol{\varphi}^T\boldsymbol{\theta}]=y(k)-\boldsymbol{\varphi}^T\boldsymbol{\theta} \tag{2.2.26a}$$

$$\hat{\boldsymbol{\theta}}_N^{IV}=\mathrm{sol}\{f_N(\boldsymbol{\theta},\boldsymbol{Z}^N)=0\} \tag{2.2.26b}$$

式中

$$f_N(\boldsymbol{\theta},\boldsymbol{Z}^N)=\frac{1}{N}\sum_{k=1}^{N}\boldsymbol{\zeta}(k,\boldsymbol{\theta})\alpha(e_F(k,\boldsymbol{\theta})) \tag{2.2.26c}$$

$$\boldsymbol{\zeta}(k,\boldsymbol{\theta})=K_u(z,\boldsymbol{\theta})u(k) \tag{2.2.26d}$$

4. 辅助变量方法的收敛性及最优辅助变量

(1) 一致性

如果数据 $\boldsymbol{Z}^\infty$由如下等价于式（2.2.12）的真实系统产生，

$$y(k)=G_0(z)u(k)+H_0(z)e_0(k) \tag{2.2.27}$$

$e_0(k)$为独立于$\{u(k)\}$的零均值、方差为 λ_0 的随机变量。只要对应于$A_0(z),B_0(z)$的$\boldsymbol{\theta}_0$存在，则有：

$$G_0(z)=\frac{B_0(z)}{A_0(z)} \tag{2.2.28}$$

$$y(k)=\frac{B_0(z)}{A_0(z)}u(k)+H_0(z)e_0(k) \tag{2.2.29}$$

或

$$y(k)=\boldsymbol{\varphi}^T(k)\boldsymbol{\theta}_0+w_0(k) \tag{2.2.30}$$

式中 $w_0(k)=A_0(z)H_0(z)e_0(k)$

只要系统的输入是开环的，基于模型（2.2.1）的辅助变量式（2.2.25）与$\{w_0(k)\}$是无关的，那么由式（2.2.15）有：

$$\hat{\boldsymbol{\theta}}_N^{IV}=[\boldsymbol{R}^{IV}(N)]^{-1}\frac{1}{N}\sum_{k=1}^{N}\boldsymbol{\zeta}(k,\boldsymbol{\theta})[\boldsymbol{\varphi}^T(k)\,\boldsymbol{\theta}_0+w_0(k)]$$

$$=\boldsymbol{\theta}_0+[\boldsymbol{R}^{IV}(N)]^{-1}\frac{1}{N}\sum_{k=1}^{N}\boldsymbol{\zeta}(k,\boldsymbol{\theta})w_0(k)$$

其中 $\boldsymbol{R}^{IV}(N)=\frac{1}{N}\sum_{k=1}^{N}\boldsymbol{\zeta}(k,\boldsymbol{\theta})\boldsymbol{\varphi}^T(k)$

当 $N\to\infty$时，记 $\boldsymbol{R}^{IV}(N)\to\boldsymbol{R}^{*IV}=\frac{1}{N}E(\boldsymbol{\zeta}(k,\boldsymbol{\theta})\boldsymbol{\varphi}^T(k)),\frac{1}{N}\sum_{k=1}^{N}\boldsymbol{\zeta}(k,\boldsymbol{\theta})w_0(k)\to\boldsymbol{h}^{*IV}$

$= E(\boldsymbol{\zeta}(k,\boldsymbol{\theta})w_0(k))$,则:$\hat{\boldsymbol{\theta}}_N^{IV} = \boldsymbol{\theta}_0 + (\boldsymbol{R}^{*IV})^{-1}\boldsymbol{h}^{*IV}$。

显然，$\boldsymbol{h}^{*IV}=\boldsymbol{0}$；另外，只要选择滤波器$N(z)$，$M(z)$的阶次至少与$n_a$，$n_b$一般大，则$\boldsymbol{R}^{*IV}$是非奇异的[5]。所以，IV 估计是一致的。或者说，当$N\to\infty$时，$\hat{\boldsymbol{\theta}}_N^{IV}\to\boldsymbol{\theta}_0$。

(2) 渐近方差

对于式（2.2.27）或（2.2.30）描述的系统，有：

$$e_F(t,\theta) = L(z)A_0(z)H_0(z)e_0(k) \tag{2.2.31}$$

并引入首项为 1 的滤波器：

$$F(z) = L(z)A_0(z)H_0(z) = \sum_{i=0}^{\infty} f_i z^{-i} \tag{2.2.32}$$

对于得到的 IV 估计$\hat{\boldsymbol{\theta}}_N^{IV}$，有如下渐近协方差矩阵：

$$P_\theta = \lambda_0[E(\boldsymbol{\zeta}(k,\boldsymbol{\theta}_0)\boldsymbol{\varphi}_F^T(k))]^{-1}[E(\boldsymbol{\zeta}_F(k,\boldsymbol{\theta}_0)\boldsymbol{\zeta}_F^T(k,\boldsymbol{\theta}_0))]$$
$$[E(\boldsymbol{\zeta}(k,\boldsymbol{\theta}_0)\boldsymbol{\varphi}_F^T(k))]^{-1} \tag{2.2.33}$$

其中

$$\boldsymbol{\varphi}_F^T(k) = L(z)\boldsymbol{\varphi}^T(k)$$

$$\boldsymbol{\zeta}_F(k,\boldsymbol{\theta}) = \sum_{i=0}^{\infty} f_i\boldsymbol{\zeta}\ (k+i,\ \boldsymbol{\theta})$$

(3) 方差最优辅助变量

要估计传递函数$G_0(z)$[见式(2.2.28)]，就得用适当的模型阶次使之参数化如下：

$$G(z,\theta) = \frac{B(z)}{A(z)} \tag{2.2.34}$$

对于任何 N 组观测数据且具有白噪声 e_0（k）的参数 $\boldsymbol{\theta}$，要得到无偏估计$\hat{\boldsymbol{\theta}}_N$，必须服从 Cramer－Rao 约束条件[6,7]：

$$P_\theta = \lambda_0 E(\boldsymbol{\Psi}(k,\boldsymbol{\theta}_0)\boldsymbol{\Psi}^T(k,\boldsymbol{\theta}_0)) \tag{2.2.35a}$$

$$\boldsymbol{\Psi}(k,\boldsymbol{\theta}_0) = \left[-\frac{d\hat{y}(k|\boldsymbol{\theta})}{d\boldsymbol{\theta}}\right]^T$$
$$= \frac{1}{H_0(z)A_0(z)}[-G_0(z)u(k-1)\cdots$$
$$-G_0(z)u(k-n_a)\ u(k-1)\cdots u(k-n_b)] \tag{2.2.35b}$$

在辅助变量方法中，如果选择如下滤波器和辅助变量：

$$L^{opt}(z) = \frac{1}{H_0(z)A_0(z)} \tag{2.2.36a}$$

$$\boldsymbol{\zeta}^{opt} = \boldsymbol{\Psi}(k,\boldsymbol{\theta}_0) \tag{2.2.36b}$$

则$\boldsymbol{\varphi}_F(k) = L^{opt}(z)\boldsymbol{\varphi}(k) = \boldsymbol{\Psi}(k,\boldsymbol{\theta}) + \widetilde{\boldsymbol{\varphi}}_e(k)$，$\widetilde{\boldsymbol{\varphi}}_e(k)$只与$\{e_0(k)\}$有关，而$\boldsymbol{\Psi}(k,\theta_0)$只与$\{u(k)\}$有关；且$E(\boldsymbol{\Psi}(k,\boldsymbol{\theta}_0)\boldsymbol{\varphi}_F^T(k)) = E(\boldsymbol{\Psi}(k,\boldsymbol{\theta}_0)\boldsymbol{\Psi}^T(k,\boldsymbol{\theta}_0))$。因此，只要系统工作在开环情况下，式（2.2.33）就可简化为式（2.2.35a）。那么对于 IV 方法，式（2.2.36）给出的变量就是最优辅助变量。

2.2.4 辅助变量方法的多步算法

由 2.2.3 中 4. 的分析可见，在 IV 方法中辅助变量和预滤波器的选择主要影响渐近方差，而一致性一般都能满足。由式（2.2.36）给出的最优辅助变量所产生的偏差仅对最终精度产生二次影响，这对于动态系统及其噪声的一致性估计已经足够了。按照上述 IV 方法的原理，且为了简化 IV 方法和进一步提高辨识的准确性，应用线性回归结果来实现这一辨识方法，可导出如下四步 IV 估计算法。

第 1 步，将模型结构（2.2.34）用线性回归形式表示如下：

$$\hat{y}(k,\boldsymbol{\theta})=\boldsymbol{\varphi}^{\mathrm{T}}(k)\boldsymbol{\theta} \tag{2.2.37}$$

用 LS 方法估计 $\boldsymbol{\theta}$，并记为 $\hat{\boldsymbol{\theta}}_{\mathrm{N}}^{(1)}$，对应的传递函数记为 $\hat{G}_{\mathrm{N}}^{(1)}$；

第 2 步，生成辅助变量式（2.2.19）和（2.2.20），

$$x^{(1)}(k)=\hat{G}_{\mathrm{N}}^{(1)}(z)u(k) \tag{2.2.38}$$

$$\boldsymbol{\zeta}^{(1)}(k)=[-x^{(1)}(k-1)\cdots-x^{(1)}(k-n_{\mathrm{a}})\ u(k-n_{\mathrm{k}}-1)\cdots\ u(k-n_{\mathrm{k}}-n_{\mathrm{b}})]^{\mathrm{T}} \tag{2.2.39}$$

并用式（2.2.15）确定式（2.2.37）中 $\boldsymbol{\theta}$ 的 IV 估计，并记为 $\hat{\boldsymbol{\theta}}_{\mathrm{N}}^{(2)}$，对应的传递函数估计为：

$$\hat{G}_{\mathrm{N}}^{(2)}(z)=\frac{\hat{B}_{\mathrm{N}}^{(2)}(z)}{\hat{A}_{\mathrm{N}}^{(2)}(z)};$$

第 3 步，令

$$\hat{w}_{\mathrm{N}}^{(2)}(k)=\hat{A}_{\mathrm{N}}^{(2)}(z)y(k)-z^{-n_k}\hat{B}_{\mathrm{N}}^{(2)}(z)u(k)$$

并假设 $\hat{w}_{\mathrm{N}}^{(2)}(k)$ 有 $n_{\mathrm{a}}+n_{\mathrm{b}}$ 阶的自回归（AR）模型：$L(z)\hat{w}_{\mathrm{N}}^{(2)}(k)=e(k)$，

用 LS 方法估计 $L(z)$，并记为 $\hat{L}_{\mathrm{N}}(z)$；

第 4 步，类似于式（2.2.38），作 $x^{(2)}(k)=\hat{G}_{\mathrm{N}}^{(2)}(z)w(k)$，并令

$$\boldsymbol{\zeta}^{(2)}(k)=[-x^{(2)}(k-1)\cdots\ \ -x^{(2)}(k-n_{\mathrm{a}})u(k-n_{\mathrm{k}}-1)\cdots\ \ u(k-n_{\mathrm{k}}-n_{\mathrm{b}})]^{\mathrm{T}} \tag{2.2.40}$$

在式（2.2.40）中用这些辅助变量和预滤波器 $\hat{L}_{\mathrm{N}}(z)$，且取 $\alpha(x)=x$，确定式（2.2.37）中 $\boldsymbol{\theta}$ 的 IV 估计，最终估计为：

$$\hat{\boldsymbol{\theta}}_{\mathrm{N}}=\left[\frac{1}{N}\sum_{k=1}^{N}\boldsymbol{\zeta}^{(2)}(k)\boldsymbol{\varphi}_{\mathrm{F}}^{\mathrm{T}}(k)\right]^{-1}\frac{1}{N}\sum_{k=1}^{N}\boldsymbol{\zeta}^{(2)}(k)y_{\mathrm{F}}(k) \tag{2.2.41a}$$

$$\boldsymbol{\varphi}_{\mathrm{F}}(k)=\hat{L}_{\mathrm{N}}(z)\boldsymbol{\varphi}(k) \tag{2.2.41b}$$

$$y_{\mathrm{F}}(k)=\hat{L}_{\mathrm{N}}(z)y(k) \tag{2.2.41c}$$

2.3 谱 分 析 方 法

一般的单输入单输出时不变系统可用线性离散模型描述如下：

$$y(k)=G(z^{-1})u(k)+\varepsilon(k) \tag{2.3.1}$$

式中 $G(z^{-1})$ 称为系统的 z 传递函数，写成如下形式：

$$G(z)=\frac{b_0+b_1z^{-1}+b_2z^{-2}+\cdots+b_{\mathrm{m}}z^{-m}}{1+a_1z^{-1}+a_2ze^{-2}+\cdots+a_{\mathrm{n}}z^{-n}} \tag{2.3.2}$$

这类系统也可以用谱分析方法来进行 z 传递函数的模型参数的辨识估计。

2.3.1 频域分析方法

频域分析方法，即用快速傅里叶变换（FFT）将实验数据变换到频域中，应用线性回归方法将频率响应拟合为 z 传递函数。在频域分析方法中，确定 z 传递函数的模型参数的准则是使模型的频率响应和由实验数据得到的频率响应之间的平方差最小。设有 N 组被辨识系统输入输出的观测数据$\{[u(1),y(1)],\cdots,[u(N),y(N)]\}$,频率响应的实验估计$\hat{G}_N(e^{j\omega})$由输出信号和输入信号的快速傅里叶变换在各个频率点的比值得到，即：

$$\hat{G}_N(e^{j\omega})=\frac{Y_N(\omega)}{U_N(\omega)} \tag{2.3.3}$$

式中 $Y_N(\omega)$——输出信号$y(k)$的离散傅里叶变换（DFT）在频率 ω 上的值，

$$Y_N(\omega)=\frac{1}{\sqrt{N}}\sum_{k=1}^{N}y(k)e^{j\omega k} \tag{2.3.4}$$

$U_N(\omega)$——输出信号$u(k)$的离散傅里叶变换（DFT）在频率 ω 上的值，

$$U_N(\omega)=\frac{1}{\sqrt{N}}\sum_{k=1}^{N}u(k)e^{j\omega k} \tag{2.3.5}$$

N——系统输入输出观测数据组数。

$\hat{G}_N$（$e^{j\omega}$）称为频率传递函数的实验估计（ETFE）[8]，这是因为除了系统为线性的假设外，没有任何别的假设，频率函数的估计完全建立在实验数据的基础上。$\hat{G}_N(e^{j\omega})$包含 N 个估计点($\omega_k=2\pi k/N,k=1,2,\cdots,N$)。

在输入信号为随机信号时，周期$|U_N(\omega)|^2$是 ω 的无规律函数，它在输入信号的谱函数$\Phi_u(\omega)$的周围波动且是有界的，那么 ETFE 具有如下特性：

(1) 随着估计点 N 的增加，ETFE 是频率传递函数的渐近无偏估计；

(2) 随着估计点 N 的增加，ETFE 的方差不衰减，且等于对应频率的信噪比；

(3) 在不同频率点的估计是渐近无关的。

2.3.2 ETFE 的光滑

ETFE 的性质（2）表明：ETFE 在绝大多数的实际情况下是一种较粗糙的估计。造成这种情况的原因是容易理解的。这是因为只假设真实系统是线性的，结果使系统在不同频率的特性总是无关的，而且所得到的独立的频率估计与实验数据个数一样多。因此，提高每个估计点的方差特性的惟一可能方法就是假设系统在某一频率的特性与其他频率是相关的。习惯上，假设真实系统的传递函数是 ω 的光滑函数。

如果频率间距$2\pi/N$与$G(e^{j\omega})$的变化大小相比是很小的，那么，$\hat{G}_N(e^{2\pi jk/N})$(k 为整数,$2\pi k/N\approx\omega$)是 $G(e^{j\omega})$的无偏且无关的估计，且有方差$\frac{\Phi_\varepsilon(2\pi k/N)}{|U_N(2\pi k/N)|^2}(N\to\infty)$,$\Phi_\varepsilon(2\pi k/N)$为干扰噪声变量$\varepsilon(k)$的谱函数。

如果在频率间隔

$$\frac{2\pi k_1}{N}=\omega_0-\Delta\omega<\omega_0<\omega_0+\Delta\omega=\frac{2\pi k_2}{N} \tag{2.3.6}$$

上 $G(e^{j\omega})$为常数，估计这一常数的最好方法是求$\hat{G}_N(e^{2\pi jk/N})$在这个频率间隔上由方差的倒数 β_k 加权的平均值，即：

$$G_N(e^{j\omega_0}) = \frac{\sum_{k=k_1}^{k_2} \beta_k \hat{G}_N(e^{2\pi jk/N})}{\sum_{k=k_1}^{k_2} \beta_k} \tag{2.3.7}$$

$$\beta_k = \frac{|U_N(2\pi k/N)|^2}{\Phi_\varepsilon(2\pi k/N)} \tag{2.3.8}$$

对于较大的 N，式（2.3.7）可用积分式得到十分准确的近似计算：

$$G_N(e^{j\omega_0}) = \frac{\int_{\xi=\omega_0-\Delta\omega}^{\omega_0+\Delta\omega} \beta(\xi) \hat{G}_N(e^{j\xi}) d\xi}{\int_{\xi=\omega_0-\Delta\omega}^{\omega_0+\Delta\omega} \beta(\xi) d\xi} \tag{2.3.9}$$

$$\beta(\xi) = \frac{|U_N(\xi)|^2}{\Phi_\varepsilon(\xi)} \tag{2.3.10}$$

如果频率传递函数 $G(e^{j\omega})$ 在该频率间隔上不为常数，引入一个辅助权函数$W_\gamma(\xi)$，该函数使$G(e^{j\omega_0})$的加权估计集中于 ω_0 附近的频率里，则（2.3.9）式可改写为：

$$G_N(e^{j\omega_0}) = \frac{\int_{-\pi}^{\pi} W_\gamma(\xi-\omega_0)\beta(\xi) \hat{G}_N(e^{j\xi}) d\xi}{\int_{-\pi}^{\pi} W_\gamma(\xi-\omega_0)\beta(\xi) d\xi} \tag{2.3.11}$$

$W_\gamma(\xi)$ 就是频率窗函数，它是一个以 $\xi=0$ 为中心的权函数，γ 是一个形状参数。显然，式（2.3.8）对应的频率窗函数为：

$$W_\gamma(\xi) = \begin{cases} 1 & |\xi| \leqslant \Delta\omega \\ 0 & |\xi| > \Delta\omega \end{cases} \tag{2.3.12}$$

如果干扰噪声谱$\Phi_\varepsilon(\omega)$是已知的，可以按式（2.3.11）的表达形式来实现$G(e^{j\omega})$的加权估计。否则，可假定噪声谱$\Phi_\varepsilon(\omega)$在窗函数$W_\gamma(\xi)$的频率宽度内变化不大，即：

$$\int_{-\pi}^{\pi} W_\gamma(\xi-\omega_0) \left| \frac{1}{\Phi_e(\xi)} - \frac{1}{\Phi_e(\omega_0)} \right| d\xi = \text{“small”} \tag{2.3.13}$$

那么，式（2.3.10）中的$\beta(\xi)$可以用 $\beta(\xi) = \frac{|U_N(\xi)|^2}{\Phi_\varepsilon(\omega_0)}$代替，这就意味着可以从式（2.3.11）中消去常量$\Phi_\varepsilon(\omega_0)$。基于式（2.3.13）可以得到$G(e^{j\omega})$的如下估计：

$$G_N(e^{j\omega_0}) = \frac{\int_{-\pi}^{\pi} W_\gamma(\xi - \omega_0) \mid Y_N(\xi) \mid^2 \hat{G}_N(e^{j\xi}) d\xi}{\int_{-\pi}^{\pi} W_\gamma(\xi - \omega_0) \mid U_N(\xi) \mid^2 d\xi} \tag{2.3.14}$$

式（2.3.14）是式（2.3.10）和式（2.3.11）的一个较佳的逼近。

当然，如果式（2.3.13）不成立，最好是先估计出$\Phi_\varepsilon(\omega)$，再用式（2.3.11）对 G_N 进行估计。

2.3.3 频率窗函数

权函数$W_\gamma(\xi)$又称为频率窗函数。如果该函数的频率窗是宽的，那么，式（2.3.6）中的许多不同频率的$\hat{G}_N$在式（2.3.7）和式（2.3.14）中被加权在一起，这就使$\hat{G}(e^{j\omega_0})$的方差变小；同时，一个宽的频率窗包含远离 ω_0 的频率估计$\hat{G}_N$，而这些频率估计值或许与$\hat{G}_N(e^{j\omega_0})$显著不同，就会产生大的估计偏差。权衡估计偏差与方差之间的取舍由频率窗的宽度控制。为了使这种取舍比较合理，一般用比例因子 γ 来描述这个宽度。大的 γ 值对应于窄的频率窗。随着 γ 的增加，式（2.3.11）和（2.3.12）是渐近的。对于给定的一组观测数据，存在一个最优的 γ，但这个最优的 γ 很难求得。在实际应用中，取 $\gamma >> 5$，对于给定的较大的 N，一般取 $\gamma = N/20$。

频率窗$W_\gamma(\xi)$的特征用下列数量来表示：

$$\left.\begin{aligned} &\int_{-\pi}^{\pi} W_\gamma(\xi) d\xi = 1, \qquad \int_{-\pi}^{\pi} \xi W_\gamma(\xi) d\xi = 0 \\ &\int_{-\pi}^{\pi} \xi^2 W_\gamma(\xi) d\xi = M(\gamma), \qquad \int_{-\pi}^{\pi} W_\gamma^2(\xi) d\xi = \frac{1}{2\pi}\overline{W}(\gamma) \end{aligned}\right\} \tag{2.3.15}$$

随着 γ 的增加，频率窗变得愈窄，$M(\gamma)$数减少，而$\overline{W}(\gamma)$数增加。较典型的频率窗函数有：Hamming 窗，Parzen 窗，Bartlett 窗。下面介绍本书的研究中用到的 Hamming 窗。

Hamming 窗的函数为：

$$W_\gamma(\omega) = \left[\frac{1}{2}D_\gamma(\omega) + \frac{1}{4}D_\gamma\left(\omega - \frac{\pi}{\gamma}\right) + \frac{1}{4}D_\gamma\left(\omega + \frac{\pi}{\gamma}\right)\right] \tag{2.3.16}$$

其中，$D_\gamma(\omega) = \sin\left[\left(\gamma + \frac{1}{2}\right)\omega\right] \Big/ \sin\left(\frac{\omega}{2}\right)$。

Hamming 窗的两个特征数为：

$$M(\gamma) \approx \frac{\pi^3}{\gamma^2} = \frac{31.01}{\gamma^2}, \overline{W}(\gamma) = 3\pi^2\gamma = 29.60\gamma \tag{2.3.17}$$

$\gamma = 5$ 时的 Hamming 窗图形如图 2.2 所示。

2.3.4 z 传递函数的辨识计算

用谱分析法得到的系统频率传递函数为各个频率点的频率响应值，必须通过拟合方法才能得到如式（2.3.2）所示的系统 z 传递函数。由于 $z = e^{\Delta s}$，式（2.3.2）可表示为拉普拉斯函数形式：

$$G(s) = \frac{b_0 + b_1 e^{-\Delta s} + b_2 e^{-2\Delta s} + \cdots + b_m e^{-m\Delta s}}{1 + a_1 e^{-\Delta s} + a_2 e^{-2\Delta s} + \cdots + a_n e^{-n\Delta s}} \tag{2.3.18}$$

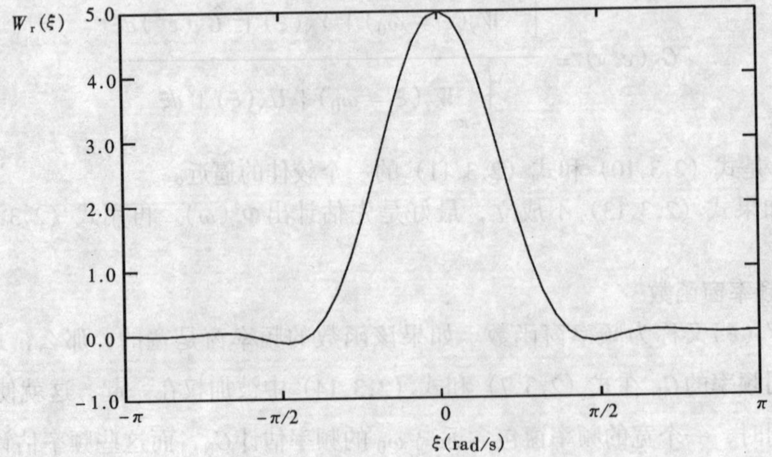

图 2.2 Hamming 频率窗函数

式中 Δ 为采样时间间隔，s 为拉氏变量。将 $s=j\omega$ 代入（2.3.18）得：

$$G(\omega)=\frac{b_0+b_1e^{-j\omega\Delta}+b_2e^{-2j\omega\Delta}+\cdots+b_m e^{-mj\omega\Delta}}{1+a_1e^{-j\omega\Delta}+a_2e^{-2j\omega\Delta}+\cdots+a_n e^{-nj\omega\Delta}} \tag{2.3.19}$$

再将 $e^{-j\omega\Delta}=\cos(\omega\Delta)-j\sin(\omega\Delta)$ 代入式（2.3.19）可得：

$$G(\omega)=\frac{b_0+b_1[\cos(\omega\Delta)-j\sin(\omega\Delta)]+b_2[\cos(2\omega\Delta)-j\sin(2\omega\Delta)]+\cdots+b_m[\cos(m\omega\Delta)-j\sin(m\omega\Delta)]}{1+a_1[\cos(\omega\Delta)-j\sin(\omega\Delta)]+a_2[\cos(2\omega\Delta)-j\sin(2\omega\Delta)]+\cdots+a_n[\cos(n\omega\Delta)-j\sin(n\omega\Delta)]} \tag{2.3.20}$$

系统频率传递函数的实验估计为 $G'_N(j\omega)$。记 $G'_N(j\omega)=G'$，由于系统的频率传递函数 G' 是一复函数，它可以写成实部 G'_R 和虚部 G'_I，即：

$$G'(\omega)=G'_R(\omega)+jG'_I(\omega) \tag{2.3.21}$$

由方程（2.3.20）和（2.3.21）可得：

$$\begin{aligned}G'_R(\omega)&=b_0+b_1\cos(\omega\Delta)+\cdots+b_m\cos(m\omega\Delta)-a_1[G'_R(\omega)\cos(\omega\Delta)\\&\quad+G'_I(\omega)\sin(\omega\Delta)]-\cdots-a_n[G'_R(\omega)\cos(n\omega\Delta)+G'_I(\omega)\sin(n\omega\Delta)]\end{aligned} \tag{2.3.22a}$$

$$\begin{aligned}G'_I(\omega)&=-b_1\sin(\omega\Delta)-\cdots-b_m\sin(m\omega\Delta)+a_1[G'_R(\omega)\sin(\omega\Delta)\\&\quad-G'_I(\omega)\cos(\omega\Delta)]+\cdots+a_n[G'_R(\omega)\sin(n\omega\Delta)-G'_I(\omega)\cos(n\omega\Delta)]\end{aligned} \tag{2.3.22b}$$

因此，对于 N 个频率点，可得到 $2N$ 个方程，将 $2N$ 个方程用矩阵形式表示如下：

$$\begin{bmatrix}1 & \cos(\omega_1) & \cdots & \cos(m\omega_1) & -[G'_R\cos(\omega_1)+G'_I\sin(\omega_1)] & \cdots & -[G'_R\cos(n\omega_1)+G'_I\sin(n\omega_1)]\\ 0 & -\sin(\omega_1) & \cdots & -\sin(m\omega_1) & [G'_R\sin(\omega_1)-G'_I\cos(\omega_1)] & \cdots & [G'_R\sin(n\omega_1)-G'_I\cos(n\omega_1)]\\ 1 & \cos(\omega_2) & \cdots & \cos(m\omega_2) & -[G'_R\cos(\omega_2)+G'_I\sin(\omega_2)] & \cdots & -[G'_R\cos(n\omega_2)+G'_I\sin(n\omega_2)]\\ 0 & -\sin(\omega_2) & \cdots & -\sin(m\omega_2) & [G'_R\sin(\omega_2)-G'_I\cos(\omega_2)] & \cdots & [G'_R\sin(n\omega_2)-G'_I\cos(n\omega_2)]\\ & \vdots & & & & \vdots & \\ 1 & \cos(\omega_N) & \cdots & \cos(m\omega_N) & -[G'_R\cos(\omega_N)+G'_I\sin(\omega_N)] & \cdots & -[G'_R\cos(n\omega_N)+G'_I\sin(n\omega_N)]\\ 0 & -\sin(\omega_N) & \cdots & -\sin(m\omega_N) & [G'_R\sin(\omega_N)-G'_I\cos(\omega_N)] & \cdots & [G'_R\sin(n\omega_N)-G'_I\cos(n\omega_N)]\end{bmatrix}\begin{bmatrix}b_0\\ b_1\\ \vdots\\ b_m\\ a_1\\ \vdots\\ a_m\end{bmatrix}$$

$$
=\begin{bmatrix} G'_{R}(\omega_1) \\ G'_{I}(\omega_1) \\ G'_{R}(\omega_2) \\ G'_{I}(\omega_2) \\ \vdots \\ G'_{R}(\omega_N) \\ G'_{I}(\omega_N) \end{bmatrix} \tag{2.3.23}
$$

用线性回归方法求解矩阵方程，可求得系统的 z 传递函数系数 a_1，a_2，…，a_n，b_0，b_1，…，b_m。用线性回归方法确定这些系数最优值的准则，实质上就是使 z 传递函数模型与由测量数据估计的频率响应值的平方差最小。由于频率响应 G 是一个复数，频率响应函数的平方误差定义为：

$$
e^2=[G'_{R}(\omega)-G_{R}(\omega)]^2+[G'_{I}(\omega)-G_{I}(\omega)]^2 \tag{2.3.24}
$$

式中 $G_{R}(\omega)$——频率 ω 上的模型频率响应的实部；

$G'_{R}(\omega)$——频率 ω 上的实验估计频率响应的实部；

$G_{I}(\omega)$——频率 ω 上的模型频率响应的虚部；

$G'_{I}(\omega)$——频率 ω 上的实验估计频率响应的虚部。

当输入与输出之间的滞后较大时，在确定模型的结构时需选择适当的纯时滞阶次 n_k，并令 $b_0=0$，$b_1=0$，…，$b_{k-1}=0$。

2.4 频域回归方法

本节将描述计算围护结构非稳定传热的系统辨识方法——频域回归（FDR）方法。频域回归方法的基本思想在于：用辨识算法由系统的频率响应构造出用两个简单 s 多项式之比的 s 传递函数，如式（2.4.1）所示。具体地对于建筑围护结构非稳定传热热力系统来讲，从墙体热力系统的频率响应构造出简单的 s 传递函数来等价替代墙体非稳定传热原有的超越型 s 吸热和传热传递函数，从而简化墙体非稳定传热计算。根据系统理论，如果系统动态模型的频率响应与原系统的频率响应一致，可以认为两者是等价的。那么，只要构造出的简单 s 传递函数的频率响应特性与墙体的超越型吸热和传热 s 传递函数的理论频率响应特性在所关心的频域范围内是一致的（也就是说，它们之间的精度很高），该简单 s 传递函数就可以作为围护结构非稳定传热的一种等价模型用来进一步计算墙体对扰量的响应的动态特性参数，如：反应系数、周期反应系数和 z 传递函数，或进一步建立墙体非稳态传热的模拟模型。

假设任意多层的墙体吸热和传热 s 传递函数 $G(s)$ 均可以用两个 s 多项式之比的形式来表示，即：

$$
\widetilde{G}(s)=\frac{\beta_0+\beta_1 s+\beta_2 s^2+\cdots+\beta_r s^r}{1+\alpha_1 s+\alpha_2 s^2+\cdots+\alpha_m s^m}=\frac{\widetilde{B}(s)}{1+\widetilde{A}(s)} \tag{2.4.1}
$$

式中 α_i、β_i——多项式的实系数；

r、m——分子和分母的阶次。

我们将$\tilde{G}(s)$称为多项式 s 传递函数。将$s=j\omega(j=\sqrt{-1})$代入式（2.4.1），就可以得到多项式 s 传递函数的频率响应特性（相应地称为多项式频率响应特性），即有：

$$\tilde{G}(j\omega)=\frac{\beta_0+\beta_1 j\omega+\beta_2(j\omega)^2+\cdots+\beta_r(j\omega)^r}{1+\alpha_1 j\omega+\alpha_2(j\omega)^2+\cdots+\alpha_m(j\omega)^m}=\frac{\tilde{B}(j\omega)}{1+\tilde{A}(j\omega)} \tag{2.4.2}$$

设墙体传热的理论频率响应为$G(j\omega)$。在所关心的频率范围内，选取 N 个频率点$(\omega_1,\omega_2,\cdots,\omega_N)$。各频率点的理论频率响应$G(j\omega_k)$。将$G(j\omega_k)$写成实部和虚部两部分，即

$$G(j\omega_k)=G_k=P_k+jQ_k \tag{2.4.3}$$

为了墙体传热的理论频率响应$G(j\omega)$中构造出多项式 s 传递函数，使得各频率点的频率响应的平方差最小，引入如式（2.4.4）所示的误差准则函数$J(\boldsymbol{\theta})$，并且分别定义如式（2.4.5）和式（2.4.6）所示的向量 $\boldsymbol{\theta}$ 和 $\boldsymbol{g}$；定义如式（2.4.7）所示的矩阵 $\boldsymbol{H}$。

$$\begin{aligned}J(\boldsymbol{\theta})&=\sum_{k=1}^{N}\left|\tilde{B}(j\omega_k)-G(j\omega_k)[1+\tilde{A}(j\omega_k)]\right|^2\\&=\sum_{k=1}^{N}\left|\tilde{B}(j\omega_k)-G_k\tilde{A}(j\omega_k)-G_k\right|^2\end{aligned} \tag{2.4.4}$$

$$\boldsymbol{\theta}^T=[\beta_0\quad\beta_1\quad\beta_2\quad\beta_3\quad\beta_4\quad\cdots\quad\alpha_1\quad\alpha_2\quad\alpha_3\quad\alpha_4\quad\cdots] \tag{2.4.5}$$

$$\boldsymbol{g}^T=[G_1\quad G_2\quad G_3\quad\cdots\quad G_N] \tag{2.4.6}$$

$$\boldsymbol{H}=\begin{bmatrix}1 & j\omega_1 & (j\omega_1)^2 & (j\omega_1)^3 & (j\omega_1)^4 & \cdots & -j\omega_1G_1 & -(j\omega_1)^2G_1 & -(j\omega_1)^3G_1 & -(j\omega_1)^4G_1 & \cdots\\ 1 & j\omega_2 & (j\omega_2)^2 & (j\omega_2)^3 & (j\omega_2)^4 & \cdots & -j\omega_2G_2 & -(j\omega_2)^2G_2 & -(j\omega_2)^3G_2 & -(j\omega_2)^4G_2 & \cdots\\ 1 & j\omega_3 & (j\omega_3)^2 & (j\omega_3)^3 & (j\omega_3)^4 & \cdots & -j\omega_3G_3 & -(j\omega_3)^2G_3 & -(j\omega_3)^3G_3 & -(j\omega_3)^4G_3 & \cdots\\ \vdots & & & & & \ddots & & \ddots & & & \\ 1 & j\omega_N & (j\omega_N)^2 & (j\omega_N)^3 & (j\omega_N)^4 & \cdots & -j\omega_NG_N & -(j\omega_N)^2G_N & -(j\omega_N)^3G_N & -(j\omega_N)^4G_N & \cdots\end{bmatrix}_{N\times(r+m+1)} \tag{2.4.7}$$

根据上述四式，误差准则函数$J(\boldsymbol{\theta})$可写成以下形式：

$$J(\boldsymbol{\theta})=(\overline{\boldsymbol{H}}\boldsymbol{\theta}-\overline{\boldsymbol{g}})^T(\boldsymbol{H}\boldsymbol{\theta}-\boldsymbol{g}) \tag{2.4.8}$$

式中　$\overline{\boldsymbol{H}}$，$\overline{\boldsymbol{g}}$ 表示$\boldsymbol{H}$，$\boldsymbol{g}$ 的共轭矩阵。

假定存在向量$\hat{\boldsymbol{\theta}}$使准则函数为最小值，即$J(\boldsymbol{\theta})\Big|_{\hat{\boldsymbol{\theta}}}=\min\{J(\boldsymbol{\theta})\}$，则有：

$$\frac{\partial J(\boldsymbol{\theta})}{\partial\boldsymbol{\theta}}\Big|_{\hat{\boldsymbol{\theta}}}=\frac{\partial}{\partial\boldsymbol{\theta}}(\overline{\boldsymbol{H}}\boldsymbol{\theta}-\overline{\boldsymbol{g}})^T(\boldsymbol{H}\boldsymbol{\theta}-\boldsymbol{g})\Big|_{\hat{\boldsymbol{\theta}}}=\boldsymbol{0}^T \tag{2.4.9}$$

根据向量微分性质（式（2.4.10）），式（2.4.9）可以简化为式（2.4.11）的形式。

$$
\begin{cases}
\dfrac{\partial}{\partial \boldsymbol{x}}(\boldsymbol{x}^{\mathrm{T}}\boldsymbol{a}) = \boldsymbol{a} \\
\dfrac{\partial}{\partial \boldsymbol{x}}(\boldsymbol{a}^{\mathrm{T}}\boldsymbol{x}) = \boldsymbol{a} \\
\dfrac{\partial}{\partial \boldsymbol{x}}(\boldsymbol{x}^{\mathrm{T}}\boldsymbol{A}\boldsymbol{x}) = 2\boldsymbol{A}\boldsymbol{x}
\end{cases}
\tag{2.4.10}
$$

式中　$\boldsymbol{A}$——对称矩阵。

$$
2\ (\overline{\boldsymbol{H}}^{\mathrm{T}}\boldsymbol{H})\ \hat{\boldsymbol{\theta}} = \boldsymbol{H}^{\mathrm{T}}\overline{\boldsymbol{g}} + \overline{\boldsymbol{H}}^{\mathrm{T}}\boldsymbol{g} \tag{2.4.11}
$$

令$\boldsymbol{\Gamma} = 2\mathrm{Re}(\overline{\boldsymbol{H}}^{\mathrm{T}}\boldsymbol{H}), \boldsymbol{\Theta} = \mathrm{Re}(\overline{\boldsymbol{H}}^{\mathrm{T}}\boldsymbol{g} + \boldsymbol{H}^{\mathrm{T}}\overline{\boldsymbol{g}})$，式（2.4.11）可以写做：

$$
\boldsymbol{\Gamma}\hat{\boldsymbol{\theta}} = \boldsymbol{\Theta} \tag{2.4.12}
$$

按照式（2.4.13）定义中间变量 V，S，W，U，

$$
\left.
\begin{aligned}
V_i &= \sum_{k=1}^{N}\omega_{\mathrm{k}}^{i}, \quad S_i = \sum_{k=1}^{N}\omega_{\mathrm{k}}^{i}P_{\mathrm{k}} \\
W_i &= \sum_{k=1}^{N}\omega_{\mathrm{k}}^{i}Q_{\mathrm{k}}, U_i = \sum_{k=1}^{N}\omega_{\mathrm{k}}^{i}(P_{\mathrm{k}}^{2} + Q_{\mathrm{k}}^{2})
\end{aligned}
\right\}
\tag{2.4.13}
$$

则矩阵 $\boldsymbol{\Gamma}$ 和向量 $\boldsymbol{\Theta}$ 分别可以用式（2.4.14）和式（2.4.15）表示：

$$
\boldsymbol{\Gamma} =
\begin{bmatrix}
V_0 & 0 & -V_2 & 0 & V_4 & \cdots & W_1 & S_2 & -W_3 & -S_4 & W_5 & \cdots \\
0 & V_2 & 0 & -V_4 & 0 & \cdots & -S_2 & W_3 & S_4 & -W_5 & -S_6 & \cdots \\
-V_2 & 0 & V_4 & 0 & -V_6 & \cdots & -W_3 & -S_4 & W_5 & S_6 & -W_7 & \cdots \\
0 & -V_4 & 0 & V_6 & 0 & \cdots & S_4 & -W_5 & -S_6 & W_7 & S_8 & \cdots \\
V_4 & 0 & -V_6 & 0 & V_8 & \cdots & W_5 & S_6 & -W_7 & -S_8 & W_9 & \cdots \\
\vdots & & & & \ddots & & & & & & & \\
W_1 & -S_2 & -W_3 & S_4 & W_5 & \cdots & U_2 & 0 & -U_4 & 0 & U_6 & \cdots \\
S_2 & W_3 & -S_4 & -W_5 & S_6 & \cdots & 0 & U_4 & 0 & -U_6 & 0 & \cdots \\
-W_3 & S_4 & W_5 & -S_6 & -W_7 & \cdots & -U_4 & 0 & U_6 & 0 & -U_8 & \cdots \\
-S_4 & -W_5 & S_6 & W_7 & -S_8 & \cdots & 0 & -U_6 & 0 & U_8 & 0 & \cdots \\
W_5 & -S_6 & -W_7 & S_8 & W_9 & \cdots & U_6 & 0 & -U_8 & 0 & U_{10} & \cdots \\
\vdots & & & & & & & & & & &
\end{bmatrix}
\tag{2.4.14}
$$

$$
\boldsymbol{\Theta}^{\mathrm{T}} = [\,S_0 \quad W_1 \quad -S_2 \quad -W_3 \quad S_4 \quad \cdots \quad 0U_2 \quad 0U_4 \quad 0 \quad \cdots\,] \tag{2.4.15}
$$

根据式(2.4.12)容易得出：

$$
\hat{\boldsymbol{\theta}} = \boldsymbol{\Gamma}^{-1}\boldsymbol{\Theta} \tag{2.4.16}
$$

从式(2.4.16)的$\hat{\boldsymbol{\theta}}$中可以得到多项式 s 传递函数的$\hat{\beta}_0$到$\hat{\beta}_{\mathrm{r}}$和$\hat{\alpha}_1$到$\hat{\alpha}_{\mathrm{m}}$的系数,因而构造出了一种简单的 s 传递函数。这种用基于频率响应特性的辨识方法来构造系统多项式 s 传递函数的方法,我们称之为频域回归(FDR)方法。

2.5 基于神经网络的辨识方法

2.5.1 状态空间模型的 Markov 参数

设单输入单输出系统的输入观测数据为$u(k)$，系统的输出观测数据为$y(k)$，该系统可用离散状态空间模型表示为：

$$\left.\begin{aligned} \boldsymbol{X}(k+1) &= \boldsymbol{AX}(k) + \boldsymbol{B}u(k) \\ y(k) &= \boldsymbol{CX}(k) + \varepsilon(k) \end{aligned}\right\} \tag{2.5.1}$$

式中 $\boldsymbol{A}$——状态转移矩阵；

$\boldsymbol{B}$——输入矩阵；

$\boldsymbol{C}$——输出矩阵；

$\boldsymbol{X}$——状态变量；

ε——系统噪声。

且有传递函数矩阵$H(z)$：

$$H(z^{-1}) = \boldsymbol{C}(\boldsymbol{I} - z^{-1}\boldsymbol{A})^{-1}\boldsymbol{B} \tag{2.5.2}$$

式中 z^{-1}——单位时延算子；

$\boldsymbol{I}$——单位矩阵。

那么，该系统对一个单位脉冲输入$U(z)$产生的输出可用下式计算：

$$Y(z) = H(z^{-1})U(z) \tag{2.5.3}$$

传递函数矩阵$H(z^{-1})$可表示为如下序列：

$$H(z^{-1}) = h(0)z^0 + h(1)z^{-1} + h(2)z^{-2} + \cdots + h(n)z^{-n} + \cdots \tag{2.5.4}$$

式中 $h(k)$ $(k=0,1,2,\cdots)$为单位脉冲响应 $Y(k)$的采样值。单位脉冲响应$Y(k)$采样值可如下计算：

$$\{h(k)\} = \{\boldsymbol{CA}^k\boldsymbol{B}\} \quad (k=0,1,2,\cdots) \tag{2.5.5}$$

式中 $\boldsymbol{CA}^kB$ $(k=0,\ 1,\ 2,\ \cdots)$ 称为系统的 Markov 参数[9]。只要知道了系统的 Markov 参数，就可以用本征系统实现算法（ERA）得到如式（2.5.1）所示的系统离散状态空间模型。

对于建筑墙体这样的热力系统，由于测试系统存在较多的干扰源和墙体大的热惰性以及测试手段的限制等原因，直接测量系统的 Markov 参数是不可能的。但是系统的 Markov 参数可以从系统输入输出响应的实验数据中计算出来。Minh[10]等提出的观测器法及本节提出的前向神经网络方法都可以用来由实验测得的系统输入输出响应数据计算出系统的 Markov 参数。

2.5.2 神经网络产生 Markov 参数

在上面提到的两种产生 Markov 参数的方法中，神经网络方法具有计算编程简单、抗干扰性能好和去噪能力强等优点[11]，可以从带噪声的实验数据中获得较准确的 Markov 参数。

本节采用图 2.3 所示的神经网络结构确定 Markov 参数，其中两个隐层的活化函数为双曲正切函数$f(x) = K \cdot \mathrm{th}\left(\frac{1}{2}\alpha x\right)$；输出层的活化函数为线性函数$f(x) = K_0 x$ 。令当前与过去的输入矢量为：

$$\boldsymbol{U}_{nn}=\begin{bmatrix} u(k) \\ u(k-1) \\ \vdots \end{bmatrix}_{N\times 1} \tag{2.5.6}$$

令神经网络的第一隐层，第二隐层和输出层的神经元个数分别为 P，Q 和 M，输入到第一隐层的矢量为：

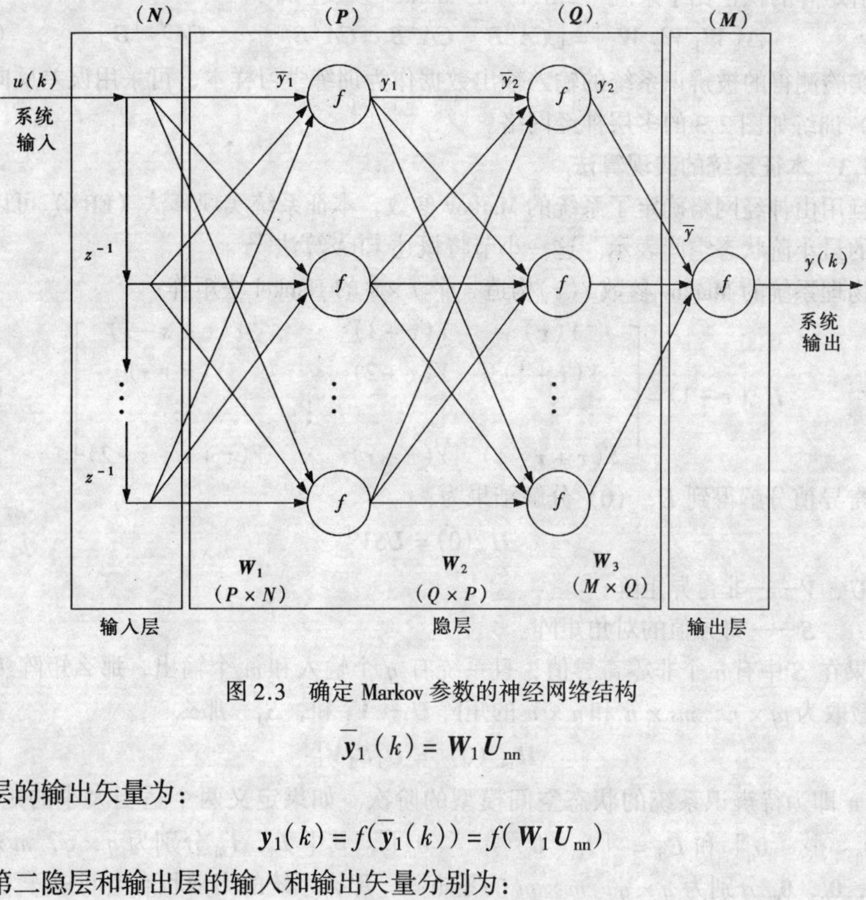

图 2.3　确定 Markov 参数的神经网络结构

$$\overline{\boldsymbol{y}}_1(k)=\boldsymbol{W}_1\boldsymbol{U}_{nn} \tag{2.5.7}$$

第一隐层的输出矢量为：

$$\boldsymbol{y}_1(k)=f(\overline{\boldsymbol{y}}_1(k))=f(\boldsymbol{W}_1\boldsymbol{U}_{nn}) \tag{2.5.8}$$

同样，第二隐层和输出层的输入和输出矢量分别为：

$$\overline{\boldsymbol{y}}_2(k)=\boldsymbol{W}_2\boldsymbol{y}_1(k) \tag{2.5.9}$$

$$\boldsymbol{y}_2(k)=f(\boldsymbol{W}_2 f(\boldsymbol{W}_1\boldsymbol{U}_{nn})) \tag{2.5.10}$$

$$\overline{\boldsymbol{y}}(k)=\boldsymbol{W}_3 y_2(k) \tag{2.5.11}$$

$$\boldsymbol{y}(k)=f(\boldsymbol{W}_3 f(\boldsymbol{W}_2 f(\boldsymbol{W}_1\boldsymbol{U}_{nn}))) \tag{2.5.12}$$

其中 $\boldsymbol{W}_1$，$\boldsymbol{W}_2$，$\boldsymbol{W}_3$ 分别为 $P\times N$，$Q\times P$，$M\times Q$ 的网络权值矩阵。(2.5.12) 式给出了网络的输入输出关系。

一旦网络训练成功后，只要 K 取的很大，α 取的很小，网络中的非线性活化函数神经元可认为工作在线性段，并且在输入信号的某范围内表现为线性网络，那么，(2.5.12) 式变为：

$$y(k)=\Delta[\boldsymbol{W}_3\boldsymbol{W}_2\ \boldsymbol{W}_1]\boldsymbol{U}_{nn} \tag{2.5.13}$$

$$\Delta = \frac{1}{4}K^2\alpha^2K_0 \tag{2.5.14}$$

由（2.5.1）式描述的线性离散系统可以用 Markov 参数描述如下：

$$y(k) = [\boldsymbol{CA}^0\boldsymbol{B} \quad \boldsymbol{CA}^1\boldsymbol{B} \quad \cdots \quad \boldsymbol{CA}^{N-1}\boldsymbol{B}]\boldsymbol{U}_{\text{nn}} \tag{2.5.15}$$

式中，$Y(\tau) = \boldsymbol{CA}^{\tau}\boldsymbol{B}$ 为系统的前 N 个 Markov 参数（$\tau = 0,1,2,\cdots,N-1$）。

由式（2.5.13）和（2.5.15）可以看出，对于适当的系统过去输入个数（N），神经网络的权值矩阵的积正比于系统（2.5.1）的 Markov 参数，即：

$$\Delta[\boldsymbol{W}_3\ \boldsymbol{W}_2\ \boldsymbol{W}_1] = [\boldsymbol{CA}^0\boldsymbol{B} \quad \boldsymbol{CA}^1\boldsymbol{B} \quad \boldsymbol{CA}^2\boldsymbol{B} \quad \cdots \quad \boldsymbol{CA}^{N-1}\boldsymbol{B}] \tag{2.5.16}$$

用实验测得的被辨识系统的输入输出数据作为训练学习样本，可采用误差反向传播算法（BP）训练如图 2.3 的多层神经网络。

2.5.3　本征系统的实现算法

一旦用由神经网络确定了系统的 Markov 参数，本征系统实现算法（ERA）可以用于辨识系统的最小阶状态空间表示。这一小节将概述 ERA 算法[12]。

用物理系统的 Markov 参数 $Y(\tau)$ 构造一个 $r\times s$ 的 Hankel 块矩阵：

$$\boldsymbol{H}_{\text{rs}}(\tau-1) = \begin{bmatrix} Y(\tau) & Y(\tau+1) & \cdots & Y(\tau+s-1) \\ Y(\tau+1) & Y(\tau+2) & \cdots & Y(\tau+s) \\ \vdots & \vdots & \vdots & \vdots \\ Y(\tau+r-1) & Y(\tau+r) & \cdots & Y(\tau+r+s-2) \end{bmatrix} \tag{2.5.17}$$

用奇异值分解得到 $\boldsymbol{H}_{\text{rs}}$（0）分解结果为：

$$\boldsymbol{H}_{\text{rs}}(0) = \boldsymbol{USV}^{\text{T}} \tag{2.5.18}$$

式中　$\boldsymbol{U}$、$\boldsymbol{V}$——非奇异矩阵；

　　　$\boldsymbol{S}$——奇异值的对角矩阵。

如果在 $\boldsymbol{S}$ 中有 n 个非零奇异值，且系统有 q 个输入和 m 个输出，那么矩阵 $\boldsymbol{U}$，$\boldsymbol{V}$ 和 $\boldsymbol{S}$ 可以截取为 $rq\times n$，$ms\times n$ 和 $n\times n$ 的矩阵 $\boldsymbol{U}_1$，$\boldsymbol{V}_1$ 和，$\boldsymbol{S}_1$，那么

$$\boldsymbol{H}_{\text{rs}}(0) = \boldsymbol{U}_1\boldsymbol{S}_1\boldsymbol{V}_1^{\text{T}} \tag{2.5.19}$$

这里的 n 即为待辨识系统的状态空间模型的阶次。如果定义两个适当大小的矩阵 $\boldsymbol{E}_{\text{q}}^{\text{T}} = [\boldsymbol{I}_{\text{q}} \quad \boldsymbol{0}_{\text{q}} \quad \cdots \quad \boldsymbol{0}_{\text{q}}]$ 和 $\boldsymbol{E}_{\text{m}} = [\boldsymbol{I}_{\text{m}} \quad \boldsymbol{0}_{\text{m}} \quad \cdots \quad \boldsymbol{0}_{\text{m}}]^{\text{T}}$，其中 $\boldsymbol{I}_{\text{q}}$，$\boldsymbol{I}_{\text{m}}$ 分别为 $q\times q$，$m\times m$ 的单位矩阵，$\boldsymbol{0}_{\text{q}}$，$\boldsymbol{0}_{\text{m}}$ 分别为 $q\times q$，$m\times m$ 的零矩阵，那么系统的离散状态空间矩阵为：

$$\begin{cases} \boldsymbol{A} = \boldsymbol{S}_1^{-\frac{1}{2}}\boldsymbol{U}_1^{\text{T}}\boldsymbol{H}_{\text{rs}}(1)\boldsymbol{V}_1\boldsymbol{S}_1^{-\frac{1}{2}} \\ \boldsymbol{B} = \boldsymbol{S}_1^{\frac{1}{2}}\boldsymbol{V}_1^{\text{T}}\boldsymbol{E}_{\text{m}} \\ \boldsymbol{C} = \boldsymbol{E}_{\text{q}}^{\text{T}}\boldsymbol{U}_1\boldsymbol{S}_1^{\frac{1}{2}} \end{cases} \tag{2.5.20}$$

这样就得到了待辨识的系统的状态空间模型。

2.5.4　前向神经网络的 BP 算法

为了便于应用前向神经网络产生系统的 Markov 参数，这里详细介绍前向神经网络的 BP 算法。

1.BP 的基本思想

美国加利福尼亚大学的 Rumelhart 和 McClelland 于 1986 年[13]提出了前向神经元网络的

误差反向传播（Error Back - Propagation）算法，简称BP模型。该网络不仅有输入、输出节点，而且有一层或多层隐蔽节点，如图2.3所示。这个学习算法由正向传播和反向传播两个过程组成。在正向传播过程中，输入信息从输入层经隐层单元逐层处理，并传向输出层。每一层神经元的状态只影响下一层神经元的状态。如果在输出层不能得到期望的输出，则转入反向传播。将误差信号沿原来的连接通路返回，通过修改各神经元的权值，使得误差信号最小。一层内的节点输出传到另一层，这种传送由连接这两层间的权值来达到增强、减弱或抑制这些输出的作用。除了输入层的节点外，隐层和输出层的净输入是前一层节点的输出加权求和。每一节点都由它的输入和活化函数来决定它的活化程度。在图2.3中，样本输入值送到输入层的节点上，这些节点的输出等于其输入。隐层节点的净输入为：

$$net_j = \sum W_{ji} Q_i \tag{2.5.21}$$

隐层节点的输出为：

$$O_j = f\ (net_j) \tag{2.5.22}$$

其中，f为活化函数。对于双曲正切活化函数，有

$$O_j = K \cdot \text{th}\left(\frac{1}{2}\alpha \cdot net_j\right) \tag{2.5.23}$$

α和K的作用是决定活化函数的斜率和线性范围。大的α和小的K，对应于平缓的变化函数和较小的线性范围；反之，则对应于较陡的变化函数和较大的线性范围，如图2.4所示。

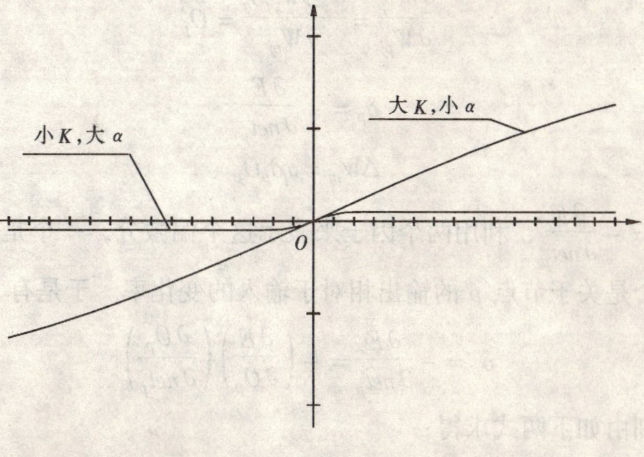

图2.4　双曲正切活化函数随α和k变化示意图

在网络的学习阶段，把由系统输入输出的实验数据组成的样本$\{\boldsymbol{U}_{nn,y}\}$的第$k$个输入模式$\boldsymbol{U}_{nn,k}$馈入网络，把系统的第$k$个输出作为网络输出层的第$p$节点的目标输出$y_{pk}$，调整所有连接权，得到输出层的第$k$个节点的输出为$O_{pk}$。对于第$k$个（网络输入输出）模式对，其误差平方定义为

$$E_P = \frac{1}{2}\sum_p (y_{kp} - O_{kp})^2 \tag{2.5.24}$$

网络对所有样本的误差平方和为

$$SSE = \frac{1}{2}\sum_p \sum_k (y_{kp} - O_{kp})^2 \tag{2.5.25}$$

为简便起见，省略掉下标 k，把式（2.5.24）写为：

$$E = \frac{1}{2}\sum_{p}(y_p - O_p)^2 \tag{2.5.26}$$

通过改变权值使网络收敛，增量项 ΔW_{pj} 与 $\frac{\partial E}{\partial W_{pj}}$ 成比例，即

$$\Delta W_{pj} = -\eta\frac{\partial E}{\partial W_{pj}} \tag{2.5.27}$$

η 称为学习率。然而，误差 E 在输出项 O_{p} 中表示，每个输出节点的输出为如下函数形式：

$$O_p = f(net_p) \tag{2.5.28}$$

其中，net_p 为第 p 个输出节点的净输入。并且由前一隐层节点的所有输出经过加权求和得到：

$$net_p = \sum W_{\mathrm{p}i}O_i \tag{2.5.29}$$

偏微分 $\frac{\partial E}{\partial W_{pj}}$ 由下式求出，

$$\frac{\partial E}{\partial W_{pj}} = \left(\frac{\partial E}{\partial net_p}\right)\left(\frac{\partial net_p}{\partial W_{pj}}\right) \tag{2.5.30}$$

由式（2.5.29）可得：

$$\frac{\partial net_p}{\partial W_{pj}} = \frac{\partial\sum W_{pj}O_j}{\partial W_{pj}} = O_j \tag{2.5.31}$$

现定义：

$$\delta_p = -\frac{\partial E}{\partial net_p} \tag{2.5.32}$$

并记

$$\Delta W_{pj} = \eta\delta_p O_j \tag{2.5.33}$$

为了计算 $\delta_p = -\frac{\partial E}{\partial net_p}$，利用两个因子来表示这个偏微分，一个是相对于输出 O_p 的误差变化率，另一个是关于节点 p 的输出相对于输入的变化率。于是有

$$\delta_p = -\frac{\partial E}{\partial net_p} = -\left(\frac{\partial E}{\partial O_p}\right)\left(\frac{\partial O_p}{\partial net_p}\right) \tag{2.5.34}$$

这两个因子可分别由如下两式求得：

$$\frac{\partial E}{\partial O_p} = -(y_p - O_p) \tag{2.5.35}$$

和

$$\frac{\partial O_p}{\partial net_p} = f'_p\ (net_p) \tag{2.5.36}$$

因此，

$$\delta_p = (y_p - O_p)f'_p(net_p) \tag{2.5.37}$$

对于任意一个输出节点 p，都有

$$\Delta W_{pj} = \eta(T_p - O_p)f'_p(net_p)O_j = \eta\delta_p O_j \tag{2.5.38}$$

对于隐层节点，尽管在细节上不同，仍可写成

$$\Delta W_{ji} = -\eta\frac{\partial E}{\partial W_{ji}} = -\eta\left(\frac{\partial E}{\partial net_j}\right)\left(\frac{\partial net_j}{\partial W_{ji}}\right)$$

$$= -\eta\left(\frac{\partial E}{\partial net_j}\right)O_i = \eta\left(-\frac{\partial E}{\partial O_j}\right)\left(\frac{\partial O_j}{\partial net_j}\right)O_i$$

$$= \eta\left(-\frac{\partial E}{\partial O_j}\right)f'_j(net_j)\,O_i \tag{2.5.39}$$

其中因子 $-\frac{\partial E}{\partial O_j}$ 不能直接计算，但可用参数形式表示，其他参数是可以求出的。把 $-\frac{\partial E}{\partial O_j}$ 写成：

$$-\frac{\partial E}{\partial O_j} = -\sum_p\left(\frac{\partial E}{\partial net_p}\right)\left(\frac{\partial net_p}{\partial O_j}\right)$$

$$= \sum_p\left(-\frac{\partial E}{\partial net_p}\right)\left(\frac{\partial\sum_m W_{pm}O_m}{\partial O_j}\right)$$

$$= \sum_p -\left(\frac{\partial E}{\partial net_p}\right)W_{pj}$$

$$= \sum_p \delta_p W_{pj} \tag{2.5.40}$$

在这种情况下，

$$\delta_j = f'_j(net_j)\sum_p \delta_p W_{pj} \tag{2.5.41}$$

即根据上一层的 δ 值能够求得内部节点的 δ 值。所以，开始时用式（2.5.37）可以算出最高层（输出层）的 δ 值，然后将“误差”反向传播到较低各层。

若用附加的下标 k 标记模式号，则有：

$$\Delta W_{kji} = \eta\delta_{kj}O_{ki} \tag{2.5.42}$$

若节点是输出节点的话，则有：

$$\delta_{kj} = (y_{kj} - O_{kj})f'_j(net_j) \tag{2.5.43}$$

若节点是内部（隐层）节点的话，则有：

$$\delta_{kj} = f'_j(net_j)\sum_p \delta_{pk}W_{pj} \tag{2.5.44}$$

当 $O_j = K\cdot \mathrm{th}\left(\frac{1}{2}\alpha net_j\right)$ 时，有 $\frac{\partial O_j}{\partial net_j} = \frac{1}{2}K\alpha(1 - O_j^2)$。

当 $O_j = K_0 net_j$ 时，有 $\frac{\partial O_j}{\partial net_j} = K_0$。

因此，对于图 2.3 所示的神经网络结构，输出层单元的 δ 值用下式计算：

$$\delta_k = K_0(y_k - O_k) \tag{2.5.45}$$

隐层单元的 δ 值用下式计算：

$$\delta_{kj} = \frac{1}{2}K\alpha(1 - O_{kj}^2)\sum_p \delta_{kp}W_{pj} \tag{2.5.46}$$

2. 初始权值的选择与 BP 自适应学习算法

用 BP 算法训练神经网络，必须考虑初始权值和学习算法对网络收敛性的影响。初始权值的选择无理论可循，一般采用随机设定法。通过我们实际计算发现：对于本书研究对象的网络和学习样本，初始权值选择为 0～0.5 之间的随机数，网络在下面的算法训练下可收敛到误差相当小。

本节提出的辨识建筑墙体动态热特性状态空间模型的 BP 网络（图 2.3），它的输入层和各隐层的节点数很多，采用常学习率 BP 算法训练网络，经实际训练计算发现网络收敛相当慢，而在较大的学习率时根本不收敛。

常学习率 BP 算法的权值修正迭代公式为：

$$W(t+1) = W(t) - \eta \frac{\partial \boldsymbol{E}}{\partial \boldsymbol{W}(t)} \tag{2.5.47}$$

其中 η 取常数。用该算法训练网络收敛慢或不收敛的原因是因为采用常学习率，权值的改变相当小，使网络处于局部极小点或称局部收敛。

为了提高网络的收敛速度，在研究中我们提出了自适应学习算法，描述如下：

设完成一次对所有的样本的学习训练为一个训练纪元。用常学习率完成一个训练纪元之后，根据前两次纪元的误差平方和（SSE）来改变学习率。当前纪元的权值只在 SSE 变小时才更新，其更新公式如下：

$$\boldsymbol{W}(t+1) = \boldsymbol{W}(t) - \eta(t) \frac{\partial \boldsymbol{E}}{\partial \boldsymbol{W}(t)} \tag{2.5.48}$$

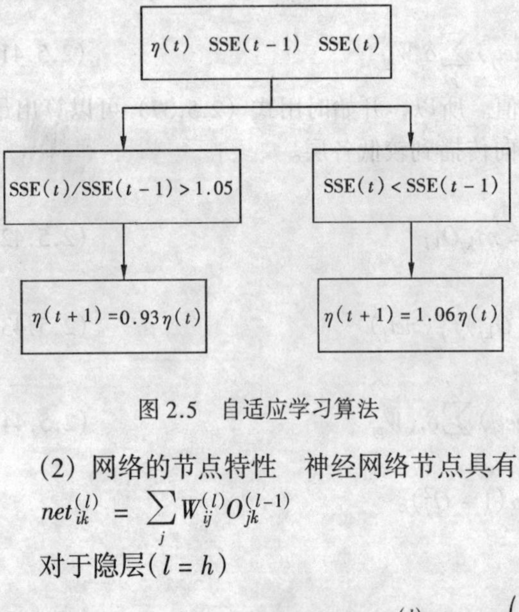

图 2.5　自适应学习算法

$\eta(t)$为计算得到的 t 纪元的学习率，$t=1$，2，3，…。每一纪元$\eta(t)$的改变如图 2.5 所示。在开始训练时，学习率的初始值取$\leqslant 0.5$，一般能保证网络有较好的收敛性。

3. BP 神经网络及其算法小结

根据研究对象的特点所采用的神经网络及其算法总结如下：

（1）结构　采用人工神经网络实现 Markov 参数计算功能。其结构如图 2.3 所示的 $40\times40\times20\times1$ 的多层网络。

（2）网络的节点特性　神经网络节点具有如下描述的特性：

$$net_{ik}^{(l)} = \sum_j W_{ij}^{(l)} O_{jk}^{(l-1)}$$

对于隐层($l=h$)

$$O_{ik}^{(l)} = K \cdot \mathrm{th}\left(\frac{1}{2}\alpha net_{ik}^{(l)}\right)$$

且取 $K=10000$，$\alpha=0.0001$；

对于输出层（$l=n$）

$$O_k^{(n)} = K_0 net_k^{(n)}$$

且取 $K_0=10$。

网络误差平方和为：

$$SSE = \frac{1}{2}\sum_k (y_k - O_k)^2$$

式中　$net_{ik}^{(l)}$——第 l 层第 i 个节点对第 k 个样本的净输入；

$O_{ik}^{(l)}$——第 l 层第 i 个节点对第 k 个样本的输出；

$W_{ij}^{(l)}$——第 l 层与第 $l-1$ 层之间的连接权值。

(3) 学习算法　神经网络通过对实验测量得到的样本的学习，获得输入—输出之间的正确映射关系。采用自适应 BP 学习算法，通过反复迭代，不断修改节点间的权值参数，以使网络误差最小。迭代公式如下：

$$W_{ij}^{(l)}(t+1)=W_{ij}^{(l)}(t)+\eta(t)\delta_i^{(l)}(t)O_j^{(l)}(t)$$

对于输出层($l=n$)

$$\delta^{(n)}(t)=K_0(y-O^{(n)}(t))$$

对于隐层($l=h$)

$$\delta_i^{(h)}(t)=\frac{1}{2}K\alpha(1-(O_i^{(h)}(t))^2)\sum\delta_j^{(h+1)}(t)W_{ij}^{(h+1)}(t)$$

2.5.5　化状态空间模型为 z 传递函数

在建筑围护结构动态热特性辨识中，辨识研究的目的是为了得到形如式（2.5.49）的墙体 z 传递函数

$$H(z)=\frac{b_0+b_1z^{-1}+b_2z^{-2}+\cdots+b_nz^{-n}}{1+d_1z^{-1}+d_2z^{-2}+\cdots+d_nz^{-n}} \tag{2.5.49}$$

由神经网络辨识方法得到的墙体的状态空间模型可通过下面的方法转化为 z 传递函数。由于　$H(z)=Y(z)/U(z)=\boldsymbol{C}(\boldsymbol{I}-z^{-1}\boldsymbol{A})^{-1}\boldsymbol{B}$

$$=\boldsymbol{C}\frac{\mathrm{adj}(\boldsymbol{I}-z^{-1}\boldsymbol{A})}{\det(\boldsymbol{I}-z^{-1}\boldsymbol{A})}\boldsymbol{B} \tag{2.5.50}$$

式中 $\det(\boldsymbol{I}-z^{-1}\boldsymbol{A})=1+d_1z^{-1}+\cdots+d_nz^{-n}$ 为矩阵行列式，$\mathrm{adj}(\boldsymbol{I}-z^{-1}\boldsymbol{A})=F_0+F_1z^{-1}+\cdots+F_nz^{-n}$ 为伴随矩阵，F_i 为 $(n\times n)$ 阶常矩阵，F_i 和 d_i 由 Leverrier - Faddeeva 算法[14]确定，进而可得传递系数 b_i 和 d_i。其具体算法如下：

$$F_0=0,\quad d_0=1$$

$$\left.\begin{aligned}F_i&=\boldsymbol{A}F_{i-1}+d_{i-1}\boldsymbol{I}\\ d_i&=-tr(\boldsymbol{A}F_i)/i\\ b_i&=\boldsymbol{C}F_i\boldsymbol{B}\end{aligned}\right\}\quad(i=1,2,\cdots,n) \tag{2.5.51}$$

2.6　遗传辨识算法

遗传算法（Genetic Algorithm，简称 GA）是由美国密歇根大学的 John Holland 教授首先提出来的[15]。这种算法是以 Darwin 的生物进化论为启发而创建的，是基于进化中优胜劣汰、自然选择、适者生存和物种遗传思想的搜索算法。作为一种解决复杂问题的有效方法，遗传算法在最优化问题、系统辨识等方面已得到广泛应用。该算法的突出特点在于它包含了与生物遗传及进化很相象的步骤：选择（Selection）、复制（Reproduction）、交叉（Crossover）、重组（Recombination）和变异（Mutation）等。本节介绍遗传算法的基本原理及其在系统辨识中的应用。

2.6.1 遗传算法基本原理

1. 基本遗传算法

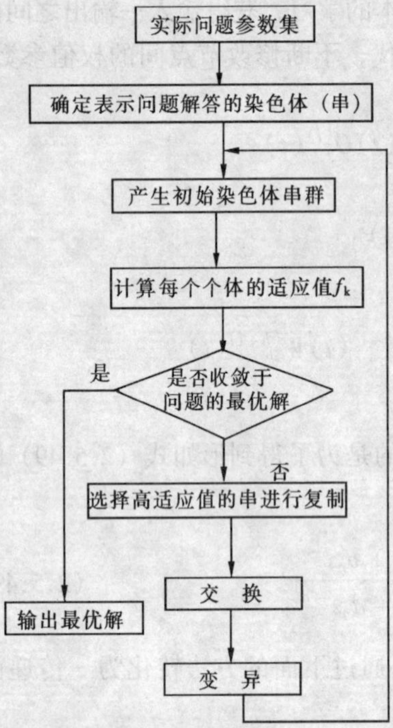

图 2.6 遗传算法流程图

GA 的基本思想是基于 Darwin 的进化论和 Mendel 的遗传学说。Darwin 的进化论认为每一物种在不断的发展过程中都是越来越适应环境，才能被保留下来。在某一环境中也是那些更能适应环境的个体特征能被保留下来，这就是适者生存的原理。遗传学说认为遗传是作为一种指令遗传码封装在每个细胞中，并以基因的形式包含在染色体中，每个基因有特殊的位置并控制某个特殊的性质，每个基因产生的个体对环境有一定的适应性，基因杂交和基因突变可能产生对环境适应性强的后代，通过优胜劣汰的自然选择，适应值高的基因结构就保存下来。

GA 将问题的求解表示成"染色体"（用计算机编程时，一般是用二进制码串表示），从而构成一群"染色体"。将它们置于问题的"环境"中，根据适者生存的原则，从中选择出适应环境的"染色体"进行复制，即再生（Reproduction，也称 Selection），通过交换（Crossover）、变异（Mutation）两种基因操作产生出新的一代更适应环境的"染色体"群，这样一代代不断进化，最后收敛到一个最适合环境的个体上，求得问题的最优解。图 2.6 给出了 GA 的基本步骤。

遗传算法要求选择一个简单的群体作为出发点，其大体方法如下：

(1) 染色体由一个固定长度的字符串组成，其中的每一位都具有有限数目的等位基因；

(2) 群体由一定数目的染色体构成；

(3) 每一染色体都有相应的适应度（Fitness），表示该染色体生存与复制的能力。适应度为大于零的实数，其值越大表示适应能力越强。

用下式表示染色体：

$$Gn = a_1 a_2 \cdots a_i \cdots a_n$$

Gn 表示染色体，a_j 表示等位基因，$a_j = 0$ 或 1，$j = 1, 2, \cdots, n$。

群体中有 N 个染色体，用 $Gn(i)$ 表示第 i 个染色体（$i = 1, 2, \cdots, N$），用 $Ft(i)$ 表示 $Gn(i)$ 的适应度。

遗传算法对染色体群有多种遗传操作，包括选择、再生、交换、变异等。

2. 遗传算法的基本操作

(1) 再生

再生是指染色体自我复制到下一代染色体群中，其再生数目由下式表示：

$$Nc(i) = N \cdot Ft(i) / F_A \tag{2.6.1}$$

式中，Nc 为 $Gn(i)$ 的属性函数，即在下一代中复制自身的数目；$Ft(i)$ 为 $Gn(i)$ 的适应度值；N 为群体中染色体的个数；F_A 为群体中所有 $Ft(i)$ 的总和。

可见，适应度越高的个体在下一代中复制的数目越多。

(2) 交换

交换是将两个染色体的部分内容互换。如有两个染色体为

$$Gn(a) = a_1\ a_2 \cdots a_{i-1}\ a_i \cdots\ a_j\ a_{j+1} \cdots\ a_n$$

$$Gn(b) = b_1\ b_2 \cdots\ b_{i-1}\ b_i \cdots\ b_j\ b_{j+1} \cdots\ b_n$$

若从位置 i 到 j 交换，得到两个新的染色体：

$$Gn(a)' = a_1\ a_2 \cdots\ a_{i-1}\ b_i \cdots b_j\ a_{j+1} \cdots a_n$$

$$Gn(b)' = b_1\ b_2 \cdots\ b_{i-1}\ a_i \cdots\ a_j\ b_{j+1} \cdots\ b_n$$

其中，$1 \leqslant i \leqslant j \leqslant n$；$i$、$j$ 是随机产生的。它是最重要的遗传操作，对搜索过程起决定作用。

(3) 突变

突变是指染色体中某一个或某几个位置上的等位基因从一种状态变到另一种状态（从 0 到 1 或从 1 到 0），突变的位置也是随机的。

(4) 倒位

倒位是指某一个染色体中的某一段内容进行倒排序。如

$$Gn = a_1 \cdots\ a_{i-1}\ a_i\ a_{i+1} \cdots\ a_{j-1}\ a_j\ a_{j+1} \cdots\ a_n$$

中的 a_{i+1}至 a_j 进行倒位操作，产生新的基因型：

$$Gn' = a_1 \cdots\ a_{i-1}\ a_i\ a_j\ a_{j-1} \cdots\ a_{i+1}\ a_{j+1} \cdots\ a_n$$

其中 i 和 j 是随机产生的，$1 \leqslant i \leqslant j \leqslant n$。

3. 遗传算法的基本过程

(1) 随机产生 N 个二进制串，构成初始群体（$k=0$）；

(2) 计算各串的适应度值 $Ft(i), i=1,2,\cdots,N$

(3) 按以下步骤产生新的群体，直到新的群体中二进制串的总数达到 N：

①以概率 $Ft(i)/F_A$ 和 $Ft(j)/F_A$ 从群体中选出两个串 $Gn(i)$ 和 $Gn(j)$；

②以概率 Pc 对 $Gn(i)$ 和 $Gn(j)$ 进行交换，得到新的串 $Gn(i)'$ 和 $Gn(j)'$；

③以概率 Pm 使 $Gn(k)$ 产生突变；

④$k=k+1$ 返回到（2）。

例如，用 GA 求函数 $f=x^2+y^2+|x|$，$x \in (0,7), y \in (0,31)$ 的最大值问题。这个问题是当 x，y 为何值时，f 为最大。用 GA 求解，首先要将 x，y 表示成染色体，在计算机中用长度为 l 的二进制字串表示染色，若 x 用 3 位表示，y 用 5 位表示，则可构成 8 位的染色体（串），x 和 y 的表达精度分别为 $7/(2^3-1)$ 和 $31/(2^5-1)$。对该问题，最好的 x 和 y 值应该使函数 $f=x^2+y^2+|x|$ 最大。故适应函数可取 $f=x^2+y^2+|x|$。选择种群数 $N=50$，然后随机地对这 50 个 8 位串初始化；生成第一代种群；分别求第一代中每个个体 z_i 的适应值 f_i，并按 $N \cdot f_i / \sum f_i$ 决定第 i 个个体在下一代中应复制其自身的数目，即进行再生操作，得到第二代种群；然后按 P_c 从第二代中随机选取两个个体，进行交换操作；接下来按 P_m 的概率对串群中的某些串的某些位进行变异操作，再次计算每一个个体的适应值，重复以下过程，直到求出使 $f=x^2+y^2+|x|, x \in (0,7), y \in (0,31)$ 为最大值的 x，y

值。

GA 就是对这一串群进行基因操作：再生、交换和变异，产生出新一代比父代更适应“环境”的串群，这样不断重复，直到满足条件。

2.6.2 遗传算法的数学基础

1. GA 中的定义

假设 X_i 是由二进制 0、1 组成的串，那么对于图式（Schema）$H = *11*0**$（$*$ 为 0 或 1），串 0111000 和 1110000 都与之匹配。即这两个串在某些位上相似（Similarity）。对于一个长度为 l 的串，若用 0、1 表示，则有 2^l 个图式。在一个有 N 个串的群中最多有 $N\cdot 2^l$ 种图式。

定义 1 图式 H 的长度 $\delta(H)$ 是指图式第一个确定位置和最后一个确定位置之间的距离。如 $H = **00*1*$，则 $\delta(H) = 4$。

定义 2 图式 H 的阶 $0(H)$ 是指图式中固定串位的个数。如 $H = **00*1*$，则 $0(H) = 3$。

对于某一种图式，在下一代串中将有多少串与这种图式匹配呢？图式定理（Schema Theorem）给出了这一问题的解答。图式定理可表达为

$$m(H, t+1) \geqslant m(H, t) \cdot \frac{\bar{f}(H)}{\bar{f}} \cdot \left(1 - P_c \frac{\delta(H)}{l-1} - 0(H) \cdot P_m\right) \tag{2.6.2}$$

其中 $m(H,t)$ 为在 t 代群体中存在图式 H 的串的个数，$\bar{f}(H)$ 表示在 t 代群体中包含图式 H 的串的平均适应值，l 表示串的长度，P_c 为交换概率，P_m 为变异概率。

图式定理是 GA 算法的理论基础，它说明高适应值、长度短、阶数低的图式在后代中至少以指数增长包含该图式 H 的串的数目。原因在于再生使高适应值的图式复制更多的后代，而简单的交换操作不易破坏长度短、阶数低的图式，而变异概率很小，一般不会影响这些重要图式。

用这种方式处理相似性，GA 算法减少了问题的复杂性，在某种意义上这些高适应值、长度短、低阶的图式成了问题的一部分解（又叫积木块 Building Blocks）。GA 算法是从父代最好的部分解中构造出越来越好的串，而不是去试验每一个可能的组合。长度短的、低阶的、高适应值的图式（积木块）通过遗传操作再生、交换、变异、再再生、再交换、再变异的逐渐进化，形成潜在的适应性较高的串，这就是积木假说。GA 通过积木块的并置，寻找接近最优的特征。

2. GA 的特点

GA 利用了生物进化和遗传的思想，所以它有许多与传统优化算法不同的特点：

(1) GA 是对问题参数的编码（染色体）群进行进化，而不是参数本身。

(2) GA 要求将优化问题的参数编码成长度有限、代码集有限（一般为 {0，1}）的串。GA 是在求解问题的决定因素和控制参数的编码串上进行操作。从中找出高适应值的串，而不是对函数和它们的控制参数直接操作。所以用传统方法很难解决的问题，GA 都能解决，因为 GA 不受函数约束条件（如连续性、导数存在、单极值等）的限制。

(3) GA 的搜索是从问题解的串集开始搜索，而不是从单个解开始。

在最优化问题中，传统的方法是从一个点开始搜索，如登山（Climbing）法，若一个细微变动能改善质量，则沿该方向前进，否则取相反方向。然而复杂问题会使“地形”中

出现若干“山峰”，传统的方法很容易走入假“山峰”。而 GA 同时从群的每个串开始搜索，像一张网罩在“地形”上，数量极大的串同时在很多区域中进行采样，大大减少了陷入局部解的可能性。

(4) GA 使用对象函数值（即适应值）这一信息进行搜索，而不需导数等其他信息。

传统搜索算法需要一些辅助信息，如梯度法需要导数，当这些信息不存在时，这些算法就失败了。而 GA 算法只需对象函数和编码串，因此，GA 算法几乎可以处理任何问题。

(5) GA 算法使用的再生、交换、变异这三个算子都是随机操作，而不是确定规则。

GA 算法使用的随机操作，并不意味着 GA 是简单的随机搜索。GA 算法是使用随机工具来指导搜索向着一个最优解前进。

(6) 隐含的并行性。

11011001 这个串是 11 * * * * * * 区域的成员，它同时属于 1 * * * * * * 1 和 * * 0 * * 00 * 等区域。对于那些较大的区域，也就是含有许多不确定位的区域，串的群体中表示它们的串较多，所以 GA 在搜索空间里使用相对少的串，就可以检验表示数量极大的区域，这种特性就叫作隐含并行性（Implicit Parallelism）。隐含并行性与并行性含义不同，它不是指串群可以并行地同时操作（当然 GA 算法具有并行性），而是指虽然每一代只对 N 个串操作，但实际上处理了大约 $O(N^3)$ 个图式，换句话说，虽然我们只执行了 N 个串的计算量，但我们好像在没有占用多于 N 个串的内存的情况下，并行地得到了 $O(N^3)$ 个图式的处理，这种隐含的并行性是遗传算法优于其他求解过程的关键所在。另外 GA 的隐含并行性还有助于处理非线性问题。在非线性问题中，一个串有两个特殊的基因块，该串的适应值远远大于（或远远小于）属于每个基因块的适应值的总和。

(7) GA 最善于搜索复杂地区，从中找出期望值高的区域。但解决简单问题时效率并不高。正如 GA 算法的创始人 John H. Holland 所指出的“如果只对几个变量作微小的改动，就能进一步改进解，则最好能另外使用一些更普通的方法，来为遗传算法助一臂之力”。

3. 应用 GA 的几个要点

在应用 GA 时，以下几个问题是关键：

(1) 如何将问题描述成串的形式，即问题编码。在参数优化等问题中，一般将各参数用二进制编码，构成子串，再将子串拼接起来构成“染色体”串。对于复杂问题可以有不同的编码方法。

(2) 如何确定对象函数。对象函数用于评价各串的性能。函数优化问题可直接将函数本身作为对象函数。复杂系统的对象函数一般不那么直观。往往需要研究者自己构造出能对解的性能进行评价的函数。

(3) 确定 GA 算法本身的参数。

种群数目 N：种群数目影响 GA 的有效性。N 太小，会很难或根本找不出问题的解，因为太小的种群数目不能提供足够的采样点；N 太大，会增加计算量，使收敛时间增长。一般种群数目在 30 ~ 160 之间比较适合。

交换概率 P_c：控制着交换操作的频率，P_c 太大，会使高适应值的结构很快被破坏掉，P_c 太小搜索会停止不前，一般 P_c 取 0.25 ~ 0.75。

变异概率 P_m：是增大种群多样性的第二个因素，P_m 太小不会产生新的基因块，P_m 太大，会使 GA 变成随机搜索，一般 P_m 取 0.01 ~ 0.2。

自适应 P_c 和 P_m：在遗传算法中，P_c 和 P_m 的选取非常重要，直接影响算法的收敛性。针对不同的问题，需要反复实验来确定。但很难找到适用于每个解的最佳值。在自适应 P_c 和 P_m 中，它们根据解的适应值变化而变化，对于适应值高的解，相对应于低的 P_c 和 P_m，使该解得以保护进入下一代。而低于平均适应值的解，相对应于高的 P_c 和 P_m，使该解被淘汰掉。因此，自适应 P_c 和 P_m 能够提供相对某个解的最佳 P_c 和 P_m。有效地提高了遗传算法的优化能力。

自适应 P_c 和 P_m 的表达为

$$P_c=\begin{cases}K_1(f_{max}-f')/(f_{max}-\bar{f}),f'\geqslant\bar{f}\\K_2,f'<\bar{f}\end{cases}\tag{2.6.3}$$

$$P_m=\begin{cases}K_3(f_{max}-f)/(f_{max}-\bar{f}),f\geqslant\bar{f}\\K_4,f<\bar{f}\end{cases}\tag{2.6.4}$$

式中，K_1，K_2，K_3，$K_4\leqslant1.0$ 为常数；f_{max} 为每一代群体的最大适应值；$\bar{f}$ 为每一代平均适应值。f' 为要交叉的两个串中适应值大的；f 为要变异的串的适应值。

2.6.3 用遗传算法辨识系统参数

用遗传算法辨识系统参数的基本思路就是把待辨识系统参数（如：z 传递函数的阶次、系数和时滞）编码在同一染色体中，即一个染色体表示一组由 z 传递函数的阶次、系数和滞后时间组成的待辨识系统的模型，并在同样的环境下进化，在进入下一代时给予那些更能适应环境的染色体更大的再生能力，就这样一代代进化，直到所有的染色体都收敛到同一个染色体上，这时就得到了最终结果。总的说来，遗传算法与最小二乘法等其他局部搜索技术相比，GA 是同时估计参数空间中的许多点，并利用遗传信息和适者生存的策略来指导搜索方向，所以它具有高效的全局优化能力，而且不需要假定搜索空间是可微的或连续的。它最善于搜索复杂区域，从中找出期望值高的区域。用遗传算法进行系统辨识，适应面广、鲁棒性强、计算稳定和辨识精度高。

利用遗传算法进行系统辨识，可同时确定模型结构及参数。对于线性模型，可同时获得系统的阶次、时滞及系数值。只要将相关参数组合成相应的基因型，并定义好相应的适应度函数即可，实现起来方便。

这里，将模型结构及参数组成染色体串，将拟合误差转成相应的适应度，于是系统建模问题就转化为利用遗传算法搜索最佳基因型结构问题。下面以一个描述线性系统的广义回归模型（ARMAX）的辨识为例进行说明。

线性系统的 ARMAX 模型具有如下形式：

$$\begin{aligned}y(k)&=a_1y(k-1)+\cdots+a_{n_a}y(k-n_a)+\\&z^{-n_k}[b_0u(k)+\cdots+b_{n_b}u(k-n_b)]+\varepsilon(k)\end{aligned}\tag{2.6.5}$$

其中，n_a，n_b，n_k，a_i，b_i 分别为未知系统的模型阶次、纯时滞和系数。将这些未知参数编码后串接起来，组成基因型，其结构可表示成如图 2.7 所示的形式。

式（2.6.5）描述的系统的 z 传递函数为：

$$H(z)=\frac{z^{-n_k}(b_0+b_1z^{-1}+\cdots+b_{n_b}z^{-n_b})}{1+a_1z^{-1}+\cdots+a_{n_a}z^{-n_a}} \tag{2.6.6}$$

n_a	n_b	n_k	a_1	…	a_{n_a}	b_0	b_1	…	b_{n_b}

图 2.7　系统参数的基因型结构

一般采用二进制编码。每个参数所占的位数，可根据其取值范围或分辩率来确定。根据 z 传递函数系数的物理意义，不难确定它们的取值范围：

$$-1<a_i<1,\ i=1,\ 2,\ \cdots,\ n_a \tag{2.6.7}$$

而 b_i 可根据经验和实际需要确定其取值范围。假设 b_i 的取值范围为：

$$-16<b_i<16,\ i=0,\ 1,\ 2,\ \cdots,\ n_b \tag{2.6.8}$$

所有系数的二进制基因型编码如图 2.8 所示。

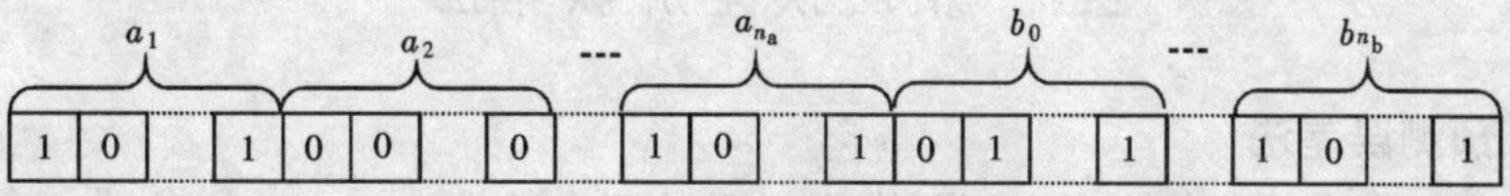

图 2.8　系数基因型编码图

考虑到计算的方便，同时达到足够的精度，将 a_i 表示为一个 9 位的二进制数组，其中，第一位为符号位，其余 8 位为小数位（因为它的绝对值小于 1，所以没有整数位）。同样，b_i 被表示为 12 位的二进制数组，第一位为符号位，第二位到第五位为整数位，第六位到第十二位为小数位。遗传算法将决定每一位的数值是 1 还是 0。a_i 和 b_i 各自的具体编码形式如图 2.9 所示。系统的阶次 n_a，n_b 和时滞 n_k 一般占有 3 基因位。

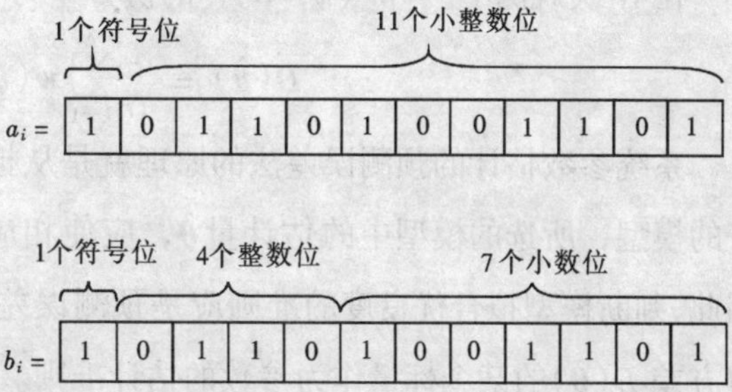

图 2.9　系数 a_i、b_i 编码图

设模型的预测输出与对象实测输出之差为 e。由于遗传算法是搜寻适应度最大串结构，故适应度函数 f_i 可通过下式进行变换：

$$f_i=M-|e_i|\quad i=1,\ 2,\ \cdots,\ N \tag{2.6.9}$$

其中 $M\geqslant\max|e_i|$，N——串群中的个体总数。

采用遗传算法辨识系统参数值，应将最终得到二进制串表示成系统参数值。假定系统参数的分量均在预定的范围［$P_{\min ij}$，$P_{\max ij}$］内变化，那么参数串的表示值和实际参数值之间的关系

$$P_{ij}=P_{\min ij}+\frac{binrep}{2^l-1}\ (P_{\max ij}-P_{\min ij}) \tag{2.6.10}$$

式中，$binrep$ 为一个 l 位字符串所表示的二进制整数。

采用遗传算法辨识系统的参数的步骤可归纳如下：

(1) 根据参数的取值范围，对系统参数进行基因编码；

(2) 随机产生 N 个二进制字符串，每一个字符串表示一组系统参数值，从而形成第

零代群体；

(3) 根据式 (2.6.10) 将各二进制字符串译码成系统的各参数值。然后根据下式计算每一组参数的适应值；

$$f(k) = \sum_{i=0}^{m} C_{\max} - (e(k,i))^2 \tag{2.6.11}$$

式中，$C_{\max}$为足够大的正常数，用于保证适应函数为非负。m 为采样次数，k 为第 k 个字符串或染色体。

(4) 应用复制、交换、变异算子对群体进行进化操作；

(5) 重复 (3) 和 (4) 步，直至算法收敛或达到预选设定的世代数；

(6) 群体中适应度最好的字符串所表示的参数就是所要辨识的系统参数。

2.7 预测误差辨识算法

2.7.1 预测误差法

预测误差，就是对设定的一个预测模型，通过历史数据$\boldsymbol{y}(k-1)$和参数 $\boldsymbol{\theta}$ 等来给出 k 时刻的输出观测量$\boldsymbol{y}(k)$的预报值$\hat{\boldsymbol{y}}(k)$的一种模型，给定了观测量 $y(k)$，按照使预测误差的平方和尽可能为最小的方法来估计参数 $\boldsymbol{\theta}$ 的辨识方法。

对预测误差方程模型（式 (1.27)），对于集合$\boldsymbol{y}(k-1)$和 $\boldsymbol{u}(k)$，拟合出一类模型：

$$\boldsymbol{y}(k) = f[\boldsymbol{y}(k-1), \boldsymbol{u}(k), k, \hat{\boldsymbol{\theta}}] + \boldsymbol{w}(k, \hat{\boldsymbol{\theta}}) \tag{2.7.1}$$

其中，$\boldsymbol{w}(k,\hat{\boldsymbol{\theta}})$称为预测误差。

在 N 次观测下，$\{\boldsymbol{w}(k, \hat{\boldsymbol{\theta}})\}$ 的协方差为

$$D(\hat{\boldsymbol{\theta}}) = \frac{1}{N}\sum_{k=1}^{N} \boldsymbol{w}(k,\hat{\boldsymbol{\theta}})\boldsymbol{w}^{\mathrm{T}}(k,\hat{\boldsymbol{\theta}}) \tag{2.7.2}$$

系统参数估计的预测误差法的原理就是从拟合的模型类（式 2.7.1）中，选择一个最好的模型，所选的模型中的估计量$\hat{\boldsymbol{\theta}}$，应使相应的模型具有比较小的预测误差$\boldsymbol{w}(k,\hat{\boldsymbol{\theta}})$。因此，判断模型拟合优良度的准则应是预测误差的某个函数。采用预测误差$\{\boldsymbol{w}(k,\hat{\boldsymbol{\theta}})\}$的协方差 $D(\hat{\boldsymbol{\theta}})$的某个标量作为参数的估计准则。

$$J_1(\hat{\boldsymbol{\theta}}) = \mathrm{trace}[\boldsymbol{W}D(\hat{\boldsymbol{\theta}})]$$

其中，$\boldsymbol{W}$ 是一个正定矩阵。

或

$$J_2(\hat{\boldsymbol{\theta}}) = \log\{\det[D(\hat{\boldsymbol{\theta}})]\} \tag{2.7.3}$$

通过使 J 准则函数为最小，就可求出参数 $\boldsymbol{\theta}$ 的最优估计值。

2.7.2 最优化算法

当预测误差$\boldsymbol{w}(k,\hat{\boldsymbol{\theta}})$序列为白噪声序列时，预测误差法实际上就是最小二乘法。一般地，当不知预测误差的$\boldsymbol{w}(k,\hat{\boldsymbol{\theta}})$序列的任何先验知识时，使准则函数 J 达到极小而求被估计量$\hat{\boldsymbol{\theta}}$时，此问题可采用最优化方法求解，如采用梯度法或牛顿－拉普森法等迭代算法。

准则函数的梯度：

$$\frac{\partial J_1}{\partial \hat{\theta}_i}=\frac{2}{N}\sum_{k=1}^{N}\boldsymbol{w}^{\mathrm{T}}(k,\hat{\theta})\boldsymbol{W}\frac{\partial \boldsymbol{w}(k,\hat{\boldsymbol{\theta}})}{\partial \hat{\theta}_i}$$

$$\frac{\partial J_2}{\partial \hat{\theta}_i}=\frac{2}{N}\sum_{k=1}^{N}\boldsymbol{w}^{\mathrm{T}}(k,\hat{\boldsymbol{\theta}})D^{-1}(\hat{\theta})\frac{\partial \boldsymbol{w}(k,\hat{\boldsymbol{\theta}})}{\partial \hat{\theta}_i}$$

其中
$$\frac{\partial \boldsymbol{w}(k,\hat{\boldsymbol{\theta}})}{\partial \hat{\theta}_i}=\frac{\partial}{\partial \hat{\theta}_i}\{\boldsymbol{y}(k)-f[\boldsymbol{y}(k-1),\boldsymbol{u}(k),\hat{\boldsymbol{\theta}}]\}$$
$$=\frac{\partial}{\partial \hat{\theta}_i}\{f[\boldsymbol{y}(k-1),\boldsymbol{u}(k),\hat{\boldsymbol{\theta}}]\}$$

二阶导数（近似）
$$\frac{\partial^2 J_1}{\partial \hat{\theta}_i\partial \hat{\theta}_j}=\frac{2}{N}\sum_{k=1}^{N}\frac{\partial \boldsymbol{w}^{\mathrm{T}}(k,\hat{\boldsymbol{\theta}})}{\partial \hat{\theta}_i}\boldsymbol{W}\frac{\partial \boldsymbol{w}(k,\hat{\boldsymbol{\theta}})}{\partial \hat{\theta}_j}$$
$$\frac{\partial^2 J_2}{\partial \hat{\theta}_i\partial \hat{\theta}_j}=\frac{2}{N}\sum_{k=1}^{N}\frac{\partial \boldsymbol{w}^{\mathrm{T}}(k,\hat{\boldsymbol{\theta}})}{\partial \hat{\theta}_i}D^{-1}(\hat{\boldsymbol{\theta}})\frac{\partial \boldsymbol{w}(k,\hat{\boldsymbol{\theta}})}{\partial \hat{\theta}_j}$$

根据牛顿—拉普森法，参数向量$\hat{\boldsymbol{\theta}}$的第$k+1$次试探值$\hat{\boldsymbol{\theta}}_{k+1}$为：

$$\hat{\boldsymbol{\theta}}_{k+1}=\hat{\boldsymbol{\theta}}_k-\left(\frac{\partial^2 J}{\partial \hat{\boldsymbol{\theta}}^2}\right)^{-1}\frac{\partial J}{\partial \hat{\boldsymbol{\theta}}}$$

所以，迭代算法如下：

①设一个初值$\hat{\boldsymbol{\theta}}_k$，此时令 $k=0$；

②计算在$\hat{\boldsymbol{\theta}}_k$处的$\frac{\partial J}{\partial \hat{\boldsymbol{\theta}}}$和$\frac{\partial^2 J}{\partial \hat{\boldsymbol{\theta}}^2}$；

③用一个标量因子 ρ 作线性搜索，使

$$J\left[\hat{\boldsymbol{\theta}}_{\mathrm{k}}-\rho\left(\frac{\partial^2 J}{\partial \hat{\boldsymbol{\theta}}^2}\right)^{-1}\left(\frac{\partial J}{\partial \hat{\boldsymbol{\theta}}}\right)\right]$$ 在$\rho=\rho_k$ 时极小化；

④令$\hat{\boldsymbol{\theta}}_{k+1}=\hat{\boldsymbol{\theta}}_k-\rho_k\left(\frac{\partial^2 J}{\partial \hat{\boldsymbol{\theta}}^2}\right)^{-1}\frac{\partial J}{\partial \hat{\boldsymbol{\theta}}}$；

⑤如果 $J(\hat{\boldsymbol{\theta}}_{k+1})-J(\hat{\boldsymbol{\theta}}_k)$小于某个给定量，迭代停止，否则令 $k=k+1$ 转回步骤②继续迭代。

2.7.3 预测误差估计量的一致性和渐近正态性

由式（2.7.1）和式（2.7.2）有

$$D(\hat{\boldsymbol{\theta}})=\frac{1}{N}\sum_{k=1}^{N}\boldsymbol{W}(k,\hat{\boldsymbol{\theta}})\boldsymbol{W}^{\mathrm{T}}(k,\hat{\boldsymbol{\theta}})$$
$$=\frac{1}{N}\sum_{k=1}^{N}\{\boldsymbol{y}(k)-f[\boldsymbol{y}(k-1),\boldsymbol{u}(k),k\hat{\boldsymbol{\theta}}]\}\{\boldsymbol{y}(k)-f[\boldsymbol{y}(k-1),\boldsymbol{u}(k),k,\hat{\boldsymbol{\theta}}]\}^{\mathrm{T}}$$
$$=\frac{1}{N}\sum_{k=1}^{N}\{\boldsymbol{\varepsilon}(k)+\Delta f[\hat{\boldsymbol{\theta}},\boldsymbol{\theta}_0]\}\{\boldsymbol{\varepsilon}(k)+\Delta f[\hat{\boldsymbol{\theta}},\boldsymbol{\theta}_0]\}^{\mathrm{T}} \qquad (2.7.4)$$

其中，$\Delta f[\hat{\boldsymbol{\theta}},\hat{\boldsymbol{\theta}}_0]=f[\boldsymbol{y}(k-1),\boldsymbol{u}(k),k,\hat{\boldsymbol{\theta}}_0]-f[\boldsymbol{y}(k-1),\boldsymbol{u}(k),k,\hat{\boldsymbol{\theta}}_0]$

将式（2.7.4）展开，有

$$D(\hat{\boldsymbol{\theta}}) = \frac{1}{N}\sum_{k=1}^{N}\boldsymbol{\varepsilon}(k)\boldsymbol{\varepsilon}^{\mathrm{T}}(k) + \frac{1}{N}\sum_{k=1}^{N}\boldsymbol{\varepsilon}(k)\Delta f^{\mathrm{T}}[\hat{\boldsymbol{\theta}},\boldsymbol{\theta}_0] + \frac{1}{N}\sum_{k=1}^{N}\Delta f[\hat{\boldsymbol{\theta}},\boldsymbol{\theta}_0]\boldsymbol{\varepsilon}(k) + \frac{1}{N}\sum_{k=1}^{N}\Delta f[\hat{\boldsymbol{\theta}},\boldsymbol{\theta}_0]\Delta f^{\mathrm{T}}[\hat{\boldsymbol{\theta}},\boldsymbol{\theta}_0] \tag{2.7.5}$$

设$\{\boldsymbol{y}(k)\}$是遍历平稳随机序列，$\{\boldsymbol{\varepsilon}(k)\}$是新息序列，零均值，协方差为 $\boldsymbol{\Sigma}$。上式中各项当 $N\to\infty$时，均以概率 1 收敛于它们的期望值。

所以有：$\frac{1}{N}\sum_{k=1}^{N}\boldsymbol{\varepsilon}(k)\boldsymbol{\varepsilon}^{\mathrm{T}}(k)\xrightarrow{\text{as } N\to\infty}E[\boldsymbol{\varepsilon}(k)\boldsymbol{\varepsilon}^{\mathrm{T}}(k)] = \boldsymbol{\Sigma}$

又因为$\Delta f[\hat{\boldsymbol{\theta}},\boldsymbol{\theta}_0]$是 $\boldsymbol{y}(k-1),\boldsymbol{u}(k),\hat{\boldsymbol{\theta}}$和 k 的函数，而 $\boldsymbol{\varepsilon}(k)$仅与 $\boldsymbol{y}(k)$有关。

有$\frac{1}{N}\sum_{k=1}^{N}\boldsymbol{\varepsilon}(k)\Delta f(\hat{\boldsymbol{\theta}},\boldsymbol{\theta}_0)\xrightarrow{\text{as } N\to\infty}E\{\boldsymbol{\varepsilon}(k)\Delta f^{\mathrm{T}}[\hat{\boldsymbol{\theta}},\boldsymbol{\theta}_0]\} = E[\boldsymbol{\varepsilon}(k)]\cdot E\{\Delta f^{\mathrm{T}}[\hat{\boldsymbol{\theta}},\boldsymbol{\theta}_0]\}$
$= 0$

$$\frac{1}{N}\sum_{k=1}^{N}\Delta f[\hat{\boldsymbol{\theta}},\boldsymbol{\theta}_0]\boldsymbol{\varepsilon}^{\mathrm{T}}(k)\xrightarrow{\text{as } N\to\infty}E\{\Delta f[\hat{\boldsymbol{\theta}},\boldsymbol{\theta}_0]\cdot\Delta f^{\mathrm{T}}[\hat{\boldsymbol{\theta}},\boldsymbol{\theta}_0]\}$$

式（2.7.5）等价于：

$$D(\hat{\boldsymbol{\theta}})\xrightarrow{\text{as } N\to\infty}\boldsymbol{\Sigma} + E\{\Delta f[\hat{\boldsymbol{\theta}},\boldsymbol{\theta}_0]\cdot\Delta f^{\mathrm{T}}[\hat{\boldsymbol{\theta}},\boldsymbol{\theta}_0]\} \tag{2.7.6}$$

将上式代入式（2.7.3），有

$$J_1(\hat{\boldsymbol{\theta}},N)\xrightarrow{\text{as } N\to\infty}\mathrm{trace}[\boldsymbol{W}(\boldsymbol{\Sigma} + E\{\Delta f(\hat{\boldsymbol{\theta}},\boldsymbol{\theta}_0)\cdot\Delta f^{\mathrm{T}}[\hat{\boldsymbol{\theta}},\boldsymbol{\theta}_0]\})]$$

$$J_2(\hat{\boldsymbol{\theta}},N)\xrightarrow{\text{as } N\to\infty}\log\{\det[\boldsymbol{\Sigma} + E\{\Delta f(\hat{\boldsymbol{\theta}},\boldsymbol{\theta}_0)\cdot\Delta f^{\mathrm{T}}[\hat{\boldsymbol{\theta}},\boldsymbol{\theta}_0]\}]\} \tag{2.7.7}$$

当$\hat{\boldsymbol{\theta}}\neq\boldsymbol{\theta}_0$时，$\Delta f\ [\hat{\boldsymbol{\theta}},\ \boldsymbol{\theta}_0]\ \neq 0$以概率 1 成立。

于是当$\hat{\boldsymbol{\theta}}\xrightarrow{\text{as } N\to\infty}\boldsymbol{\theta}_0$时，$E\{\Delta f[\hat{\boldsymbol{\theta}},\boldsymbol{\theta}_0]\Delta f^{\mathrm{T}}[\hat{\boldsymbol{\theta}},\boldsymbol{\theta}_0]\}\xrightarrow{\text{as } N\to\infty}0$，（2.7.7）式被极小化，即有

$$J_1(\hat{\boldsymbol{\theta}},N)\xrightarrow{\text{as } N\to\infty}\mathrm{trace}(\boldsymbol{W\Sigma})$$

$$J_2(\hat{\boldsymbol{\theta}},N)\xrightarrow{\text{as } N\to\infty}\log(\det\boldsymbol{\Sigma})$$

因此，对预测误差模型式（1.27）用系统输入输出数据拟合出的一类模型式（2.7.1），采用准则函数 J_1 和 J_2，在$\{\varepsilon(k)\}$为零均值独立随机变量序列的条件下，极小化$J_1(\hat{\boldsymbol{\theta}},N)$和 $J_2(\hat{\boldsymbol{\theta}},N)$所得到的预测误差估计量$\hat{\boldsymbol{\theta}}$是一致的。即$\hat{\boldsymbol{\theta}}\xrightarrow{\text{as } N\to\infty}\boldsymbol{\theta}_0$（当 $N\to\infty$ 时，$\hat{\boldsymbol{\theta}} = \boldsymbol{\theta}_0$）。$\boldsymbol{\theta}_0$ 为系统参数的真值。

同时，也可证明上述的预测误差估计量$\hat{\boldsymbol{\theta}}$在下述意义下为渐近正态（Asymptotic Normal）分布：

$$\sqrt{N}(\hat{\boldsymbol{\theta}} - \boldsymbol{\theta}_0)\in AsN(0,P_\theta)$$

其中$AsN(0,P_\theta)$为均值为 0，概率为 P_θ 的渐近正态分布。

对于$J_1(\hat{\boldsymbol{\theta}},N)$，$P_\theta=P_1=(E\boldsymbol{Z}^{\mathrm{T}}\boldsymbol{W}\boldsymbol{Z})^{-1}(E\boldsymbol{Z}^{\mathrm{T}}\boldsymbol{W}\boldsymbol{\Sigma}\boldsymbol{\Sigma}\boldsymbol{W})(E\boldsymbol{Z}^{\mathrm{T}}\boldsymbol{W}\boldsymbol{Z})^{-1}$；

对于$J_2(\hat{\boldsymbol{\theta}},N)$，$P_\theta=P_2=(E\boldsymbol{Z}^{\mathrm{T}}\boldsymbol{\Sigma}^{-1}\boldsymbol{Z})^{-1}$。

式中　E——数学期望；

$\boldsymbol{Z}$——矩阵$\frac{\partial}{\partial\hat{\boldsymbol{\theta}}}f[\boldsymbol{y}(k-1),\boldsymbol{u}(k),k,\hat{\boldsymbol{\theta}}]$在$\boldsymbol{\theta}_0$处的计算值；

$\boldsymbol{\Sigma}$——新息$\boldsymbol{\varepsilon}(k)$的协方差。

第 3 章　建筑围护结构动态热特性辨识

3.1　建筑围护结构动态热特性研究进展

3.1.1　围护结构动态热特性辨识的目的和意义

建筑是由墙体、窗、屋面和地板等围护结构所组成的。通过建筑围护结构的传热量是采暖空调负荷的主要组成部分。负荷分析计算是采暖空调系统设计的基本依据。建筑围护结构的动态热特性模型则是采暖空调系统动态负荷计算及建筑能源管理与分析的基础，也是采暖空调系统运行仿真模型的重要组成部分。在进行空调房间的全年负荷模拟、确定其预控制方案和建筑物的能耗分析等方面，建筑围护结构的动态热特性模型是不可缺少的。建立建筑围护结构的动态热特性模型的方法有理论建模和系统辨识，或两者结合的方法。

自从现代空调理论诞生以来，人们普遍采用理论建模的方法确立建筑围护结构动态热特性模型，理论建模是建立在严格的假设条件的基础之上的。它们能计算一维的若干层均质的定热物性材料组成的墙体和屋面的动态热特性；而对于复合结构、非均质的围护结构及复杂多变的外扰条件的墙体热力系统，不仅计算复杂而且也难以得到准确的结果。

用现代控制理论中的系统辨识方法来建立建筑围护结构动态热特性模型，它的特点是不需要过细地了解围护结构的内部结构和具体的热物理过程，只要测量出需要的围护结构热力系统的输入输出数据，通过一定的辨识算法对这些数据进行分析处理，就可求得其动态热特性模型。它不仅适用于复杂的围护结构；而且能处理复杂多变的外部输入信号，弥补了理论建模的不足，是建立建筑围护结构的动态热特性模型方法之一。

目前，关于建筑围护结构动态热特性辨识的研究正处在起步阶段，辨识方法离实际应用还有一定距离，需要进一步研究和发展。因此，对建筑围护结构动态热特性辨识方法作进一步的探索研究，在理论和实践等方面都有重要的意义。

3.1.2　围护结构热特性的研究历史

人们为创造舒适的室内生活、工作和工艺生产环境进行了长期的努力，而对建筑围护结构和室内热量变化规律的了解也在随着近代空调技术的发展而逐渐深入。关于房间热量的变化过程这方面的研究最终反映在墙体传热、房间冷热负荷和室内空气温度等的计算之中。建筑围护结构热特性研究也随着这方面研究的发展而发展。这方面的发展可大致分为三个阶段[28]。

最先为现代空调理论打下基础的是被称为“空调之父”的 Willis H. Carrier（1876—1950）。1911 年 Carrier 发表了合理的温湿度公式和绝热饱和理论，这些公式和温湿度表成为现代空调理论的基础。但是，直至二次大战前后，在研究室内热过程和保持室内热舒适环境的空调设计计算中并没有区分房间得（失）热量和房间的冷（热）负荷两个不同概念，把稳定传热计算作为房间负荷计算的主要方法，这一阶段可称为稳定传热计算时期。

以 1946 年美国的 Mackey 和 Wright 发表当量温差法为标志开始了第二个阶段：准稳态传热计算时期[29]。他们用室外气温和太阳辐射的 Fourier 级数展开式作为墙体导热方程的边界条件求解传热量，再用稳定传热计算形式来简化，得出当量温差的概念，并以此计算负荷。这个方法被 ASHRAE 采纳，成了此后 20 年美国和西方国家的主要计算方法。20 世纪 50 年代初，前苏联的 A.M.Щкловер 等人提出了谐波分解的类似方程，并用衰减度和延迟时间来表示[30]。由于我国的空调事业是在解放后才开始的，这个方法在国内影响很大，一直使用到 20 世纪 70 年代甚至更迟。

到 1967 年加拿大的 Stephenson 和 Mitalas 发表反应系数法[31]开始了第三个阶段：动态负荷计算时期。1967 年反应系数法发表，立即被 ASHRAE 接受，1971 年 Stephenson 和 Mitalas 又用 z 传递函数改进了反应系数法[32]。并产生了适合手算的冷负荷系数法。这种方法需要求解围护结构传热方程的 s 域特征方程的根，从而存在失根现象，该方法诞生之后，随之出现了对各种形状和结构的墙体的热反应系数进行研究的理论方法[33, 34, 35]。1982 年状态空间法[36]被提出来用于计算反应系数，后来，有关学者对状态空间法作了进一步研究[37, 38]。状态空间法是将墙体在空间和时间上进行离散得到用状态空间矩阵表示的动态热特性模型，不需求解特征方程，从而避免了失根现象。但对于复杂结构和多层墙体，这种方法的空间离散点多，编程复杂，计算时间长。

上述基于理论分析的动态建模方法对空调负荷理论的发展无疑是一场革命。这场革命是由于 20 世纪 60 年代至 70 年代计算机技术的发展、计算机应用的普及以及当时的能源危机的刺激下而产生和实现的。负荷理论的发展，使得空调设计负荷计算更精确，能够降低能耗和投资；为空调房间的全年逐时负荷模拟、建筑物的年能耗分析和空调系统的自动控制奠定了基础；要求对各种热源和建筑热工性能进行深入研究，把空气调节理论和实践推进到了一个新的阶段。但是这些理论方法是建立在一维热流、定热物性、均质材料，以及特定外部边界条件等严格的假设的基础之上，而实际情况并不是如此，所以它们不仅在处理复杂的或组合的围护结构时存在一定困难，而且在计算上也存在相应的弱点。因而其结果与实际情况之间还存在较大的误差。

3.1.3 围护结构动态热特性辨识的现状

现代系统论、控制论和信息论科学和计算机科学的发展及其广泛应用，以及对负荷计算的进一步精确化的要求，使暖通空调界人士开始探索用系统辨识的方法来建立建筑围护结构动态热特性模型。系统辨识方法能充分利用计算机的实时测控功能和强有力的数据分析、处理功能以及控制学科提供的好的辨识方法。只要测试方法适当，可以说它在不需要了解围护结构的内部结构和具体的热物理过程，也不作任何物理假设的情况下，可以得到复杂的围护结构的精确的动态热特性模型。它的出现是系统论、控制论和信息论，以及计算机科学在暖通空调领域中渗透、交叉的结果，得到了专家学者的重视。

Perderson 和 Mouen[39]于 1973 年通过实验数据得到单层墙热物性参数，再计算出该墙体的热反应系数，他们的方法不能适用于多层墙体，这是因为用迭代法确定多层墙体的反应系数的未知数太多。Sherman[40]等人于 1982 年提出了用任意温度时间序列确定墙体动态热特性的一个简化模型，但没有解决墙体表面热流的测量问题。Barakat[41]于 1987 年利用试验数据和多步回归法求了几种重量级别木房的 z 传递函数系数。Stephenson 与欧阳坤泽[42]于1988年利用标定热箱测试装置通过一系列的斜坡和正弦实验信号，确定墙体的 z 传递函数系数。Haghighat[43]于1991年使用一种特殊的热量测量装置测量测试对象表面热流，并用频率辨识法和多步回归法求得单层和多层不渗透的墙体样品的 z 传递函数系数，该测试装置并不能测试广泛使用的具有渗透特性的多孔体墙体，因而难于实用。在国内，标定热箱曾用于测试施加谐波与阶跃信号的均质与非均质平壁，并求得了几种平壁的热工特性（衰减度、延迟时间及总传热系数等）[44, 45]，还利用动态热箱群测试窗墙组合结构在自然信号下的数据，用频谱分析法、递推最小二乘法求得了 z 传递函数[46,47]。鉴于上述辨识方法中均存在着无法测定墙体表面热流的问题，于是开始研制一种动态热流计用于测量墙体表面热流，并建立建筑围护结构动态热工测试系统，利用该系统测得的实验数据，用最小二乘法、广义最小二乘法求得了三层墙体的离散差分动态热特性模型[48, 49]。

通过对这些关于建筑围护结构动态热特性辨识研究文献的分析，认为：由于该领域是一个才起步不久的新的研究领域，且融系统、控制、信息等多个学科和计算机、测试等多种技术于一体，在技术和方法上存在很大的难度。因而从目前的研究状况来看，主要存在以下两个方面的问题。

一是直接测试墙体表面动态热流使测试手段简化的问题。建筑围护结构主要由墙体组成，要用系统辨识方法得到墙体的动态热特性就必须知道墙体表面的动态热流，否则在测试上即使花费大量的精力和费用，也有可能其测试结果仍然不准确。墙体表面动态热流计的研制标志着这一问题已经得到一定解决。但该种热流计还有待于进一步改进，向实用化、标准化发展，以便在建筑围护结构动态热特性辨识的研究中推广应用。

二是辨识方法的抗干扰和去噪能力的问题。由于不能直接测量房间的动态能耗和墙体表面动态热流的信号，如房间的动态能耗需要多级转换电能测量系统才能取得其信号[46]。而动态热流计则需要先测量多至四个电压信号，再用标定的时间差分模型对前几次的测量值和计算值进行计算得到当前的动态热流信号[48]。因此在获得的信号中含有很强的干扰信号和噪声，尤其是用动态热流计会使干扰信号和噪声得到放大。另外，传感元件本身也存在干扰信号和噪声，测试系统的外部环境和内部其他转换元件也存在干扰噪声。这些干扰信号和噪声就不一定是白色的。为了得到准确的建筑围护结构动态热特性模型，必须用抗干扰和去噪能力强的辨识算法。虽然频谱分析法和最小二乘法对含高斯白噪声的信号有很好的辨识性，但对非白噪声却无能为力。所以必须从现代控制理论的辨识方法中借用新的抗干扰和去噪能力强的辨识算法，并加以改进使之成为建筑围护结构动态热特性辨识中抗干扰和去噪能力强的辨识算法。

因此，本章在建立建筑围护结构动态热工实验系统的基础上，就建筑围护结构动态热特性辨识中抗干扰和去噪能力的问题进行如下三方面探讨。

(1) 介绍了建筑围护结构动态热工实验系统，利用C语言编制了抗干扰性能好的数据采集软件，采用低通数字滤波器对测试数据进行低通滤波，去掉信号中的高频部分的信号和噪声，得到辨识需要的数据。

(2) 用辅助变量法这一对含非高斯噪声的信号具有一致性的方法来辨识建筑围护结构动态热特性的 z 传递函数模型。

(3) 用基于神经网络的辨识方法辨识建筑围护结构动态热特性的 z 传递函数模型。

3.2 围护结构动态热特性模型及试验信号选择

3.2.1 围护结构动态热特性辨识的基本含义

从系统理论上讲，围护结构动态热特性是建筑围护结构热力系统本身固有的在外部随时间变化的热信号作用下表现出来的动态热传导特性。在系统理论中用 s 传递函数、z 传递函数和状态空间模型等数学模型来描述。那么，围护结构动态热特性辨识就是测出建筑围护结构（如：多层墙体、屋面和组合结构等）在输入信号（如温度）的作用下的输入输出数据，用一定的辨识算法对这些数据进行分析处理，求出其动态热特性数学模型，如：s 传递函数、z 传递函数或状态空间模型等。当然，围护结构的一些动态参数（如：衰减度、延迟时间、墙体表面换热系数等）也是辨识研究的对象。墙体热力系统及其输入输出关系如图 3.1 所示。图中 $u(t)$ 为墙体的输入信号，如室内外温度、室内外温差、太阳辐射或特殊输入信号等；$y(t)$ 为墙体输出信号，如墙体内表面热流或房间能耗等；$G(s)$ 和 $g(t)$ 为墙体动态热特性模型。图中 $U(s)$、$Y(s)$ 是 $u(t)$、$y(t)$ 的拉普拉斯变换。

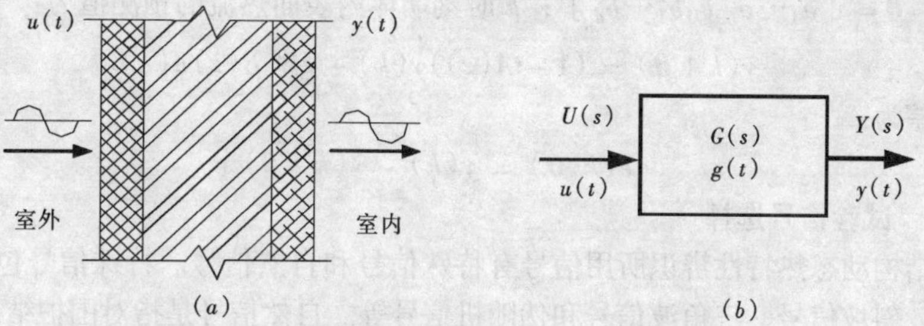

图 3.1 墙体热力系统及其输入输出关系

（a）墙体热力系统；（b）输入输出关系

3.2.2 围护结构动态热特性辨识模型

建筑围护结构动态热特性的模型可以用以室内外温度作为输入、墙体内表面热流密度作为输出的双输入单输出系统离散差分模型，或者用以室内外温差作为输入、墙体内表面热流密度作为输出的单输入单输出系统离散差分模型，或者用以室内外温差作为输入、墙体内表面热流密度作为输出的状态空间模型来描述。在建筑采暖空调动态负荷计算和建筑能耗分析中，常假设室内温度为恒定常数。因此，采用上述的单输入单输出系统离散差分模型（z 传递函数）或状态空间模型描述其动态热特性。而状态空间模型可以通过一定算法转换为离散差分模型。这种离散差分模型在系统辨识理论中称为线性时不变系统广义回归模型（ARMAX 模型）。设墙体热力系统的输入为室内外温差 ΔT，其输出为墙体内表面热流密度 Q，记 $u \overset{\Delta}{=} \Delta T$，$y \overset{\Delta}{=} Q$，由数据采集系统和数据处理方法得到采样间隔为 $\Delta\tau$ 的 N 组建筑围护结构输入输出数据：

$$\boldsymbol{Z}^N = [\boldsymbol{U} \quad \boldsymbol{Y}] \tag{3.1}$$

$$\boldsymbol{U} = [u(1) \quad u(2) \quad \cdots \quad u(N)]^{\mathrm{T}} \tag{3.2}$$

$$\boldsymbol{Y} = [y(1) \quad y(2) \quad \cdots \quad y(N)]^{\mathrm{T}} \tag{3.3}$$

则建筑围护结构动态热特性的 ARMAX 模型为：

$$A(z)y(k) = z^{-n_k}B(z)u(k) + \varepsilon(k) \tag{3.4}$$

对应的 z 传递函数可写为：

$$G(z) = \frac{z^{-n_k}B(z)}{A(z)} \tag{3.5}$$

式中 $y(k)$——k 时刻系统的输出；

$u(k)$——k 时刻系统的输入；

$$A(z) = 1 + a_1 z^{-1} + a_2 z^{-2} + \cdots + a_{n_a} z^{-n_a} \tag{3.6}$$

$$B(z) = b_0 + b_1 z^{-1} + b_2 z^{-2} + \cdots + b_{n_b} z^{-n_b} \tag{3.7}$$

$\varepsilon(k)$——k 时刻测量系统的干扰噪声；

z^{-1}——单位时延算子；

n_k——纯时滞；

n_a——模型自回归部分的阶次；

n_b——模型外部输入的阶次。

定义 $\boldsymbol{\theta} = [a_1 \cdots a_{n_a} b_0 b_1 \cdots b_{n_b}]^T$；$k$ 时刻墙体内表面热流的预测值为：

$$\hat{y}(k \mid \boldsymbol{\theta}) = (1 - A(z))y(k) + z^{-nk}B(z)u(k) \tag{3.8}$$

其预测误差为：

$$e(k, \boldsymbol{\theta}) = y(k) - \hat{y}(k \mid \boldsymbol{\theta}) \tag{3.9}$$

3.2.3 试验信号选择

围护结构动态热特性辨识所用信号有特殊信号和自然信号。特殊信号包括阶跃信号、正弦信号、斜坡信号、三角波信号和伪随机信号等。自然信号是指对围护结构不施加特殊信号，直接取变化的室内外温度和太阳辐射强度等作为输入信号。在动态热特性辨识中，信号的选择应根据围护结构所处环境和可实现性等来确定。如果没有特别的要求，应取自然信号作为输入信号，其辨识结果更接近实际。

3.3 围护结构动态热工实验系统

建筑围护结构动态热特性辨识的试验装置是建筑围护结构动态热工实验系统。它是由国家自然科学基金资助建成的，主要由实验测试对象和计算机数据采集系统两部分组成。

3.3.1 实验测试对象

建筑围护结构动态热工实验系统的实验测试对象是一个旋转式实验房。该实验房建在四层楼的建筑的屋顶上，尺寸为 3m×3m×3m，通风屋顶，地面由旋转机构架空，四壁为240mm 厚砖墙，内壁抹灰，外壁为水刷石，厚度均为 20mm。其中一面墙体可任意拆换，该面墙体就是作为待辨识的实验墙体。它可以旋转至任意朝向，也可以更换为任何结构的墙体。该墙体外表面直接受到室外气温、太阳辐射和风速风向等自然气候因素的作用；其内表面受到在设定温度上下 ±2℃的范围变化的室温作用。室温在冬夏季分别用自带温度控制器的电加热器和空调器控制。

另外，为了测量室外气象参数，在实验房附近设置了一些附属设施，如，在实验房东侧约有 4m 处，安放了一座按照国家标准制作的气象参数测试台，在实验房的东南方向约

1m处，设置了可放置太阳辐射仪的平台。实验房及其附属设施的平面布置如图 3.2 所示。

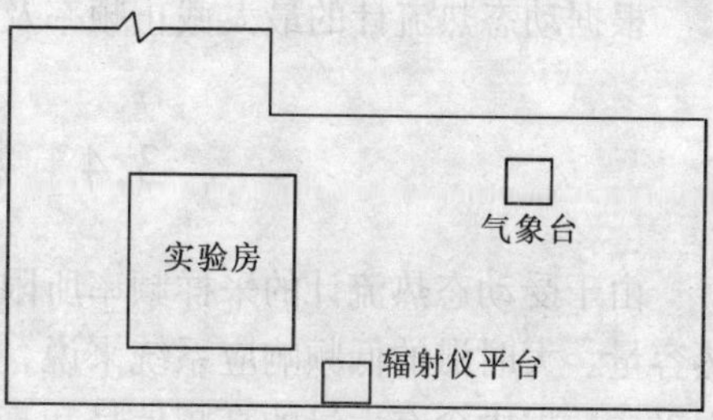

图 3.2　实验房及其附属设施平面布置简图

3.3.2　计算机数据采集系统

建筑围护结构动态热工实验系统的计算机数据采集系统由数据采集硬件和数据采集软件两部分构成。其硬件配置如图 3.3 所示，它由相应的传感器、两块 PCL－789 信号放大多通道扩展板、一块具有 A/D、D/A 及数字输入输出等功能的 PCL812 板和一台 IBM-PC/AT 286 微机等组成。PCL-812 板的 A/D 模数转换器为 12 位工业标准逐次逼近转换器（HADC574Z），可根据模拟输入量的范围用开关设定为＋/－1V、＋/－2V、＋/－5V、＋/－10V 的双极输入范围，其触发方式有软件触发、板中可编程定时器触发和外部触发器触发三种，精度为 0.015%。

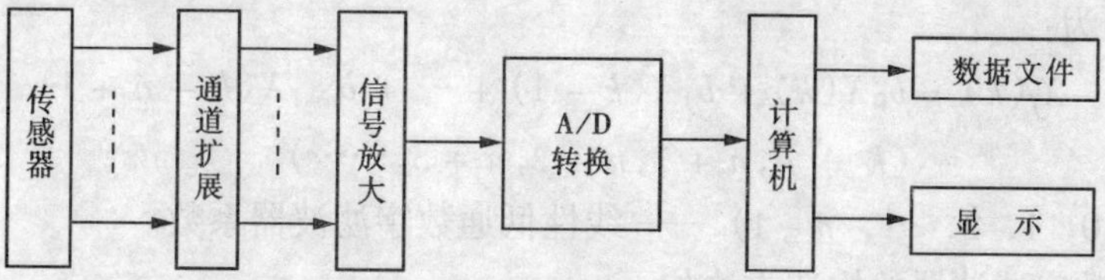

图 3.3　计算机数据采集系统

所使用的传感器有动态热流计、热电偶和太阳辐射仪等。动态热流计是自行研制和标定的[48]，用于直接测量待辨识墙体的表面热流，热流计表面与内墙表面的颜色基本保持一致，动态热流计可以随意拆卸安装。热电偶为铜—康铜型热电偶，用于测量室内外干湿球温度和实验房内外各壁面动态温度。用太阳辐射仪测量室外动态总辐射。所有的传感器输出的模拟电压信号，经信号放大、A/D 转换后，送入微机 I/O 口，由计算机进行自动采集。

3.3.3　数据采集程序

建筑围护结构动态热工实验系统配有 PCL-812 板提供的标准数据采集软件，这些标准软件同时用 C 语言、PASCAL 和 BASIC 三种语言编写。也可根据实际需要用这三种语言自行编写数据采集软件。

尽管上述建筑围护结构动态热工测试系统配有标准数据采集软件，但是由于实验测试中所测的物理量多，各传感器的输出信号有的为伏级信号，有的为毫伏级信号，需要不同的放大通道及采样时间间隔等原因，在实验测试中采用自行编制的数据采集程序。针对 C 语言对硬件操作功能强、编程灵活、库函数多且功能强、可直接调用 DOS 命令的特点，数据采集程序用 Borland C＋＋2.0 编写，用于完成 I/O 口地址设定、输入输出通道选定、输入口数据读取、数据存取显示、采样间隔控制以及数字量—物理量的转换等功能。由于采用了 C 语言编程，提高了对硬件的操作能力，消除了本计算机数据采集系统以前用 BASIC、C 语言编制的数据采集程序存在前一次读取的信号数字量对后一次读取的信号数字量有严重干扰的现象。

根据动态热流计的最大截止频率及其标定结果，数据采样时间间隔取为10s。

3.4 数 据 处 理

由于受动态热流计的采样频率所限，数据采样时间间隔取为10s。对于墙体这样的大热容量、大时滞的低频响应系统来说，这样的采样频率远远超过了它的固有响应频率，因而采样数据中含有大量的高频信号和高频干扰噪声，低频响应的墙体热力系统对这些信号的响应相当弱或根本不响应。为了在墙体动态热特性辨识中得到墙体热力系统所对应的响应频率的准确模型，应采用低通数字滤波器将这些高频信号和高频干扰噪声从采样数据中滤去。

下面介绍实验研究中所采用的低通脉冲数字滤波方法[50]。

设所测得的某一物理量的数字信号为$X(k)$，$k=1, 2, 3, \cdots\cdots$，各频带的信号为线性的。用一个n阶低通线性数字滤波器对该信号进行滤波，得到滤波后的该物理量的数字信号$X_f(k)$为：

$$X_f(k) = b_0X(k) + b_1X(k-1) + \cdots + b_{n-1}X(k-n+1)$$
$$(k = n, n+1, n+2, n+3, \cdots\cdots) \tag{3.10}$$

式中 b_i（$i=0, 1, 2, \cdots, n-1$）——线性低通数字滤波器系数。

线性低通数字滤波器的构造方法如下：

首先用Hamming窗函数（见2.3.3节）产生一个有n个点的Hamming数字窗矢量$\boldsymbol{W}=[W_0 \quad W_1 \quad W_2 \quad \cdots \quad W_{n-1}]$，其中

$$W_i = W_\gamma\left(\frac{2i}{n-1}\pi\right)(i = 0,1,2,\cdots) \tag{3.11}$$

而W_γ（·）为式（2.3.16）的Hamming窗函数。

设ω_l为滤波器的低通频率，n_i为（$n+1$）/2的整数部分，d为$n/2$的余数。当n为偶数时，取$i_0=1$；否则，$i_0=2$，$b'_1=\omega_l$。令

$$x_i = 0.5 + 0.5d + i \qquad (i = 0,1,\cdots,n_i-1) \tag{3.12}$$

$$C_i = \pi x_i \qquad (i = 0,1,2,\cdots,n_i-1) \tag{3.13}$$

$$D_i = \omega_l C_i \qquad (i = 0,1,2,\cdots,n_i-1) \tag{3.14}$$

$$b'_i = \sin(D_i)/C_i \qquad (i = 0,1,2,\cdots,n_i-1) \tag{3.15}$$

记 $[b'_{n_i} \quad b'_{n_i-1} \quad \cdots \quad b'_{i_0} b'_1 \quad b'_2 \quad \cdots \quad b'_{n_i}]_{1\times n} \overset{\Delta}{=} [a_0 \quad a_1 \quad \cdots \quad a_{n-1}]$，

$$b''_i = a_iW_i \qquad (i = 0,1,2,\cdots,n-1) \tag{3.16}$$

设Kg为以b''_i为系数的滤波器的增益系数，

$$Kg = \sum_{i=0}^{n-1} b''_i \tag{3.17}$$

那么，低通数字滤波器系数b_i（$i=0, 1, 2, \cdots, n-1$）为：

$$b_i = \frac{b''_i}{Kg} \tag{3.18}$$

在墙体动态热特性辨识的实验中用参数为$n=8$，$\omega_l=0.00005/0.05$（0.05为Nyquist

频率）的低通脉冲数字滤波器对原采样数据进行滤波，然后对滤波后的数据以 180 个数据点为采样间隔再次采样。也就是说，用于墙体动态热特性辨识研究的数据为滤掉高频信号和高频干扰噪声、采样时间间隔为 1800s 的数据。

3.5 围护结构动态热特性辨识

3.5.1 辨识对象

建筑围护结构动态热特性辨识是以实验房南侧墙体或南侧内墙面为测试对象所测得的实验数据来进行辨识计算和分析的。该侧墙体结构仍然为 240mm 厚砖墙，内壁抹灰，外壁为水刷石，厚度均为 20mm 的多层墙体，如图 3.4 所示。在实验房内部空间、南侧墙体内外表面、气象台内及辐射仪平台上布置了相应的传感器。南墙内表面的动态热流计和热电偶布置在一定高度的壁面上，如图 3.5 所示。在室内平行于墙壁面的同一高度上布置了相同数量的热电偶。在气象台内布置了相同数量的热电偶。

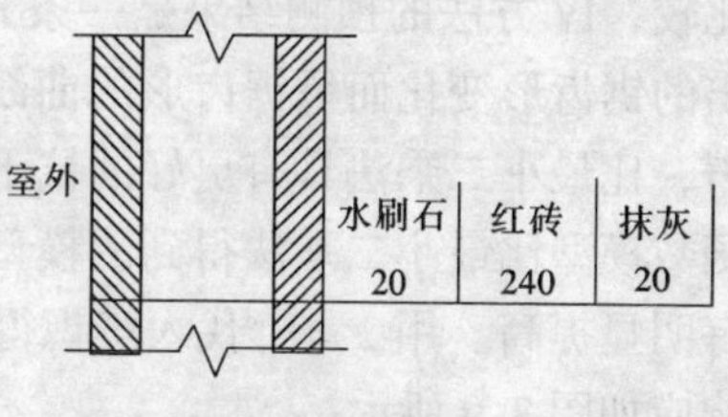

图 3.4 辨识墙体的结构

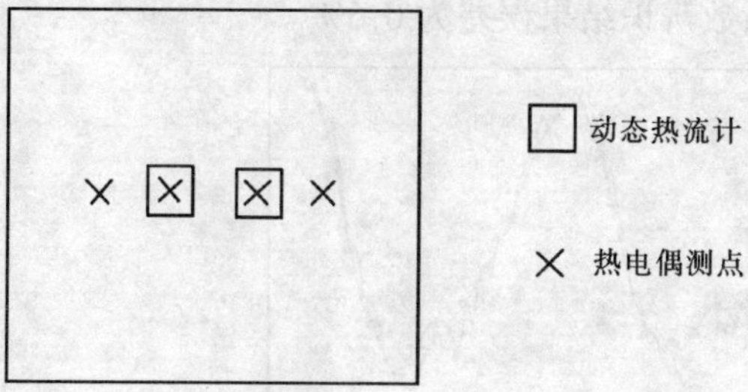

图 3.5 南墙内表面热流计和热电偶测点布置

用数据采集系统于某夏天以 10s 的采样时间间隔连续三天自动记录该面墙体内外表面有关实验数据。共测得实验数据 27665 组。用低通数字滤波器对采样时间间隔为 10s 的墙体动态实验测试的输入输出数据进行滤波，再以 180s 的间隔对滤波后的数据重新采样，得到如图 3.6 的墙体动态热特性辨识用的输入输出实验数据（采样时间间隔 $\Delta\tau$ 为 1800s）。

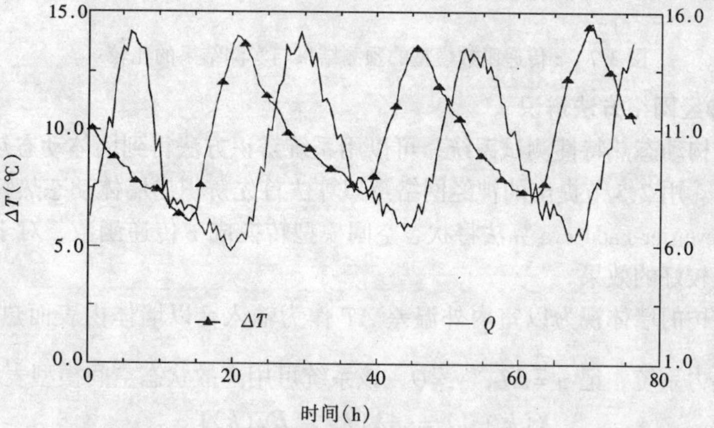

图 3.6 滤波后得到的实测输入输出数据

3.5.2 用辅助变量方法辨识

用 2.2 节的辅助变量辨识算法对这组实验数据进行辨识计算，得到如下的墙体动态热特性 z 传递函数模型（时间间隔 $\Delta\tau$ 为 1800s）：

$$Q(k)=\frac{z^{-2}(0.1165+0.0795z^{-1}-0.7156z^{-2}+0.4211z^{-3}+0.2010z^{-4})}{1-1.247z^{-1}-0.070z^{-2}+0.2765z^{-3}+0.0778z^{-4}+0.0131z^{-5}}\Delta T(k) \tag{3.19}$$

将测量和处理后的输入数据作为该模型的输入对系统输出进行预测，并与实验输出进行比较，其预测结果与实验输出非常吻合（如图 3.7 所示）。与用最小二乘法的辨识结果比较，Ⅳ方法的预测结果是一条光滑的曲线，而最小二乘法的预测结果是一条随实测输出的锯齿形变化而呈锯齿形的曲线。显然，Ⅳ方法能够去掉实验数据中的干扰信号和噪声，比最小二乘法具有更好的抗干扰性和更强的去噪能力，所得到墙体动态热特性 z 传递函数模型比最小二乘法得到的模型更接近实际系统。另外，其预测精度与最小二乘法相比有明显提高。用 $z=e^{j\omega}$ 代入辨识得到的墙体动态热特性模型的 z 传递函数中，得到的频率响应如图 3.9 所示。

当 $z=1$ 时，由式（3.19）得到墙体的稳态传热系数 $K=2.157\mathrm{W/(m^2\cdot ℃)}$，取墙体内表面换热系数 $\alpha_i=13.3\mathrm{W/(m^2\cdot ℃)}$，墙体内表面换热系数 $\alpha_e=23.3\mathrm{W/(m^2\cdot ℃)}$，墙体传热系数的理论值为 $K=2.17\mathrm{W/(m^2\cdot ℃)}$。墙体传热系数辨识结果误差为 0.6%。

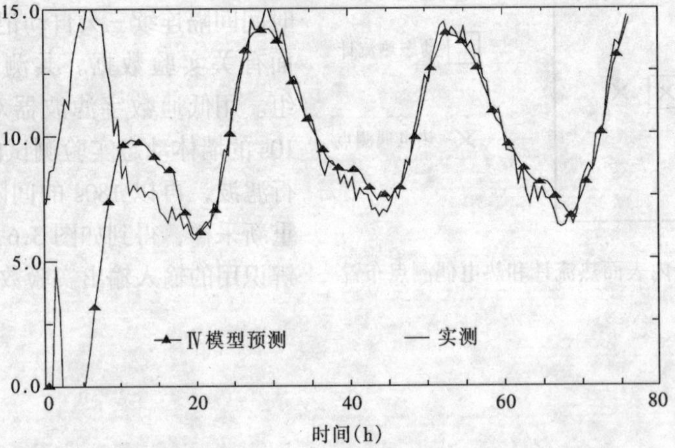

图 3.7　z 传递函数模型的预测结果与实测结果的比较

3.5.3 用神经网络方法辨识

建筑围护结构动态热特性测试系统，可以用系统辨识方法得到墙体动态热特性较简单的状态空间模型。用 2.5 节提出的神经网络辨识算法首先辨识出墙体动态热特性状态空间模型，然后用 Leverrier-Faddeeva 算法将状态空间模型转换成 z 传递函数，对于提高辨识精度和去噪能力有较好的效果。

建筑围护结构的墙体视为以室内外温差 ΔT 作为输入，以墙体内表面热流密度 Q 作为输出的动态热力系统，记 $u\overset{\Delta}{=}\Delta T$，$y\overset{\Delta}{=}Q$，该系统可用离散状态空间模型表示为：

$$\left.\begin{aligned}\boldsymbol{X}(k+1)&=A\boldsymbol{X}(k)+\boldsymbol{B}u(k)\\ y(k)&=\boldsymbol{C}X(k)+\varepsilon(k)\end{aligned}\right\} \tag{3.20}$$

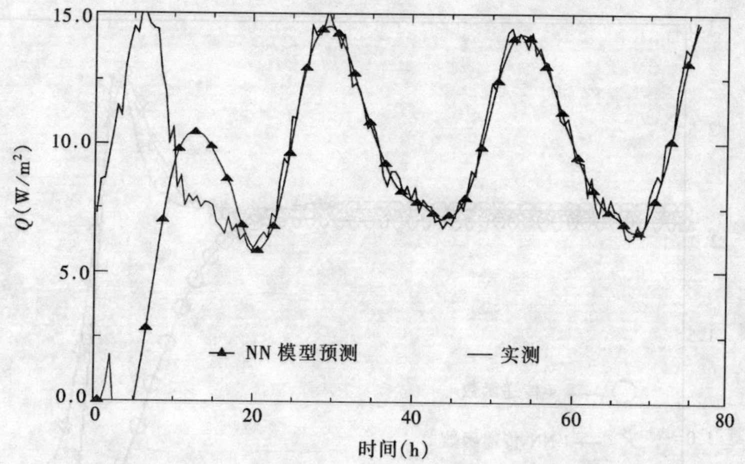

图 3.8 辨识得到的 z 传递函数模型的预测结果与实测结果的比较

先用基于神经网络（NN）的辨识方法得到的墙体动态热特性的这种状态空间模型，采用滤波后的墙体热力系统的实测动态输入输出数据（如图 3.6 所示）组成网络的输入输出样本，用 2.5 节中的神经网络及其算法训练网络，并计算出墙体热力系统的 Markov 参数，然后用本征系统实现算法 ERA 得到如下 5 阶的墙体热力系统的离散状态空间模型（采样时间间隔 $\Delta\tau$ 为 1800s）：

$$A = \begin{bmatrix} 0.9875 & -0.1230 & -0.0133 & -0.0100 & 0.0020 \\ 0.1230 & 0.9606 & -0.1202 & -0.0476 & -0.0839 \\ -0.0133 & 0.1202 & 0.5829 & -0.6285 & 0.2703 \\ 0.0100 & -0.0476 & 0.6285 & 0.1798 & -0.6320 \\ 0.0020 & 0.0839 & 0.2703 & 0.6320 & 0.4955 \end{bmatrix}$$

$$B = [0.1896 \quad -0.3711 \quad 0.3271 \quad -0.1528 \quad 0.1200]^{\mathrm{T}}$$

$$C = [0.1896 \quad 0.3711 \quad 0.3271 \quad 0.1528 \quad 0.1200]$$

再由 Leverrier-Faddeeva 算法，将状态空间模型转化为时间间隔为 1800s 的 z 传递函数，然后变换为时间间隔为 1h 的墙体 z 传递函数，其结果为：

$$H(z) = \frac{0.0107z^{-1} - 0.1278z^{-2} - 0.0087z^{-3} + 0.2528z^{-4} + 0.0406z^{-5}}{1.0 - 1.0042z^{-1} - 0.8124z^{-2} + 0.7877z^{-3} + 0.5625z^{-4} + 0.4530z^{-5}} \quad (3.21)$$

将实测温差数据作为 z 传递函数模型的输入对墙体内壁面热流进行预测，并与实测热流进行比较（如图 3.8），其预测结果与实测输出非常吻合。用神经网络算法得到的 z 传递函数 $H(z)$（ZTF）与墙体 s-传递函数 $G(s)$（STF）的频率响应（也称理论频率响应，见第 5 章）的比较，如图 3.9 所示，无论是幅值图还是相角图在低频范围内是比较一致的。在中频范围，z 传递函数的幅值略为偏大。这主要是由于折算得到的综合温差与实际不太相符及室内温度在这个频率范围波动而不能保持为恒定值的缘故。

用 $z = e^{j\omega}$ 代入基于神经网络（NN）辨识得到的墙体动态热特性模型的 z 传递函数中得到的频率响应，如图 3.9 所示，并与用辅助变量（IV）法得到的 z 传递函数的频率响应进行比较，两者的频率响应是一致的。但神经网络算法得到的 z 传递函数比用辅助变量（IV）法得到的 z 传递函数的频率响应更接近墙体 s－传递函数的频率响应。这说明神经网

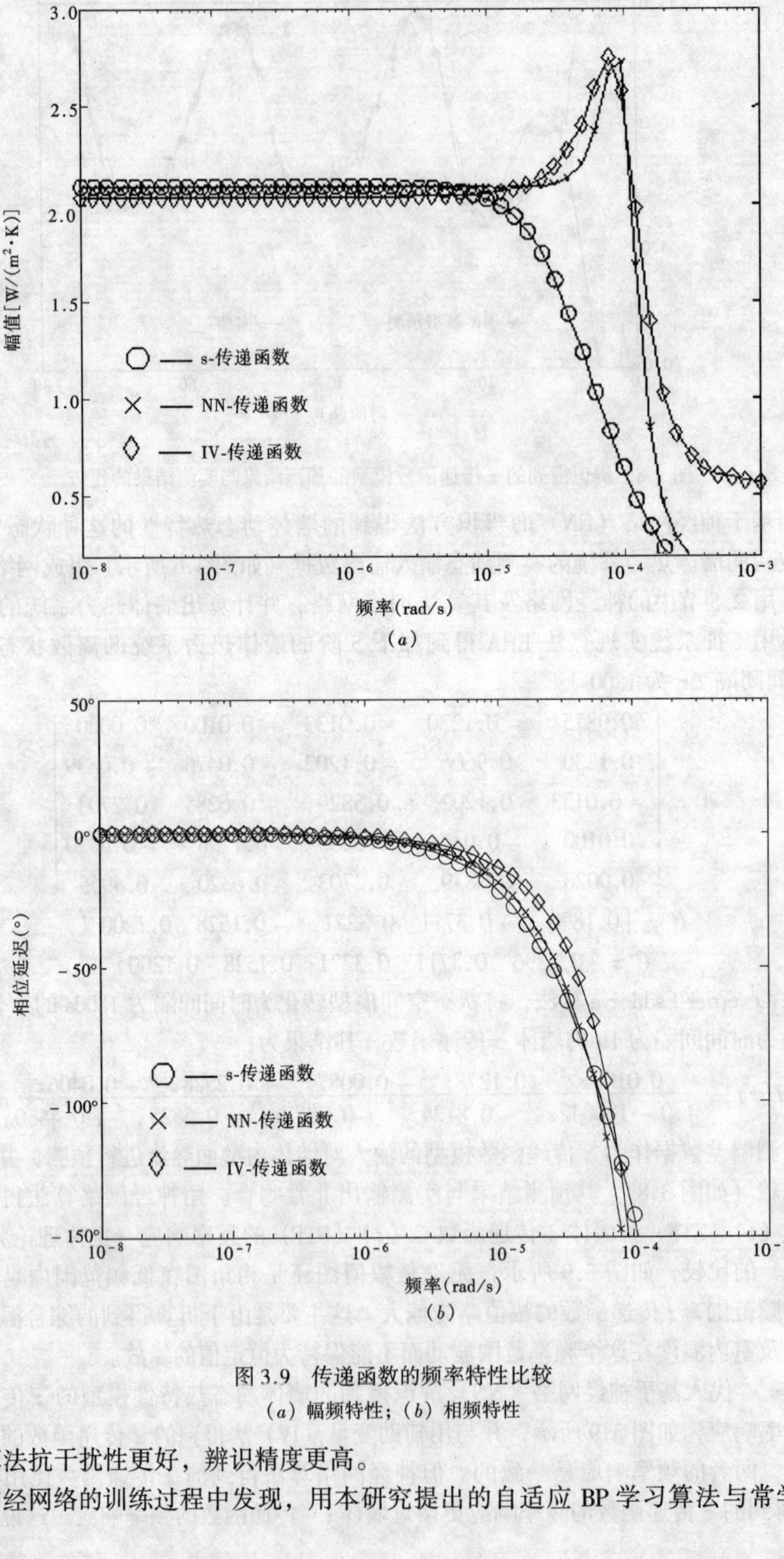

图 3.9 传递函数的频率特性比较

(*a*) 幅频特性；(*b*) 相频特性

络辨识算法抗干扰性更好，辨识精度更高。

在神经网络的训练过程中发现，用本研究提出的自适应 BP 学习算法与常学习率 BP

学习算法相比，网络的收敛速度至少提高了20倍。在当时使用386微机进行网络训练的条件下，用常学习率BP学习算法，网络需要12h以上的训练时间才收敛，如果学习率取得太大，网络就不会收敛；而用自适应BP学习算法，一般只需要30min左右的时间，网络就收敛，而且收敛时间与学习率的初始值选择没有多大关系。如果使用Pentium Ⅲ以上的微机，训练时间只需几分钟。为了进一步缩短网络训练时间，还有待于探讨新的网络学习算法，如学习率最速下降法等。

3.6 小　　结

建筑围护结构动态热特性辨识方法既可以获得复杂围护结构的动态热特性，又可以分析不同年代、不同季节和不同朝向的围护结构动态热特性，使建立的模型接近实际。本章在建立建筑围护结构热工动态测试系统的基础上，对围护结构的动态热特性进行了辨识研究。

建立的建筑围护结构动态热工测试系统具有以下特点：

(1) 可以对各种结构的墙体在不同朝向的动态热特性进行测试和辨识，以分析朝向对动态热特性的影响；

(2) 试验信号为围护结构所处的实际自然条件下的信号，辨识得到的动态热特性模型更符合实际和实用；

(3) 能够测量出墙体表面动态热流，不仅在动态热流测试技术上有了新的进展，而且简化了测试系统；

(4) 还能够对墙体表面换热过程进行测试和分析研究，将在第4章详细研究和讨论；

(5) 可方便地将测试系统移至建筑实际现场，对不同年代、不同季节和不同朝向的墙体进行测试和辨识，分析实际建筑墙体各个时期、各种季节和各个朝向的动态热特性；

(6) 可对室内外气象参数进行测量和分析[52]，等等。

用计算机数据采集系统获得的被测墙体的动态测试数据，采用最小二乘法、辅助变量法和神经网络辨识方法对墙体热力系统的数学模型 z 传递函数进行了辨识和比较研究。

通过理论分析和实际辨识表明：辅助变量法对墙体动态热特性 z 传递函数模型的辨识具有很好的抗干扰作用和很强的去噪能力，用该方法辨识得到的墙体动态热特性 z 传递函数模型比最小二乘法得到的模型更接近实际墙体热力系统，其模型的预测结果与实验输出非常吻合，提高了辨识精度和准确性。

研究中提出的基于神经网络的墙体 z 传递函数辨识方法，也取得了非常满意的结果。对所得 z 传递函数模型的预测结果及其频率响应验证表明：该方法是正确的，有很好的辨识精度和抗干扰能力。另外，其方法具有清晰明了、编程简单的优点。采用自适应BP学习算法大大地加快了网络的收敛速度，为该辨识方法的实现提供了基础。

比较研究表明：用抗干扰和去噪能力强的辅助变量方法和神经网络方法所得模型的预测结果与实测结果吻合良好，辨识出的墙体传热系数与理论值非常一致。同时也说明实验系统和辨识方法在理论上是正确的，技术上是可行的，为围护结构动态热特性建模提供了一种新的技术和方法。

第4章　建筑墙体表面换热过程辨识

4.1　建筑墙体表面换热过程研究进展

建筑热工特性分析、采暖空调系统模拟与负荷计算及建筑能耗分析都要用到一个重要的参数，这个参数就是建筑墙体表面换热系数。建筑墙体表面换热过程是影响墙体传热量的一个重要因素，表征墙体换热过程的惟一参数——表面换热系数，是确定采暖空调冷热负荷中墙体热传导部分的重要参数之一。由于墙体表面换热过程受到建筑室内外温度、相对湿度、风速、风向以及室外太阳辐射、室内蓄热体和各壁面之间的热辐射等各种因素的影响，是一个复杂的动态过程，含有对流传热与辐射传热两种方式，从而使得墙体表面换热系数难以准确测量或推算得到。在国内到目前为止，建筑墙体表面换热系数还没有得到系统的研究。国内现有的空调负荷计算方法一直采用墙体表面换热系数的经验值，且取值各异，没有较好的确定方法，从而给建筑热工、采暖空调负荷及建筑能耗分析与计算带来很大的误差。而 Wijeysundera 的研究表明：表面换热系数的 15% 不确定量可导致 15% ~ 20% 在预测热流中的不确定量[55]。因此，确定墙体表面换热系数有助于准确估计通过围护结构的得（失）热量，从而对采暖空调负荷的准确计算、采暖空调系统的设计及其预控制方案的确定、建筑能耗性能的正确评价和全年能耗的预估，对建筑热工和室内外热舒适性的研究设计以及建筑节能等都具有重要的理论和实际意义。

空气流过不同围护结构的表面时，被空气包围的固体介质表面上，发生两种彼此独立的热交换：由于辐射引起的热交换以及由于传导和对流引起的热传递。对流与热传导的影响，在计算中总是综合为一个数值，并用对流换热数 h_c 表示。在物理意义上比较明确的辐射部分，可用辐射换热系数 h_r 表示。在工程实践上，为简化表面的换热计算，通常把辐射换热和对流换热综合在一起，称为表面综合放热系数（又称为表面总放热系数）：$h_{rc} = h_r + h_c$。环境温度和风速是影响综合放热系数的主要因素。在常温下，h_{rc}的数值大小主要取决于风速，它与表面附近风速 v 的关系可整理成二次方关系[56]。

在建筑墙体内表面换热系数研究方面，约尔格斯（Jürges）通过风道实验得出光滑墙体表面对流换热系数：

$$h_{c,in} = 5.82 + 3.95v \quad (v \leqslant 4.9\text{m/s})$$

Jürges 公式对墙体表面换热系数的确定产生很大的影响。其中不同的表面温度与周围气温的影响仅以常数 5.82 来表示。将努谢尔特的温度关系式[57]：$h_c = 2.6\ (\Delta T)^{1/4}$，代入式中常数 5.82 位置，即得土木工程常用的经验公式：$h_c = 2.6\left[(\Delta T)^{1/4} + 1.54v\right](v \leqslant 4.9\text{m/s})$。

ASHRAE 手册（1981）[58]对具有不同倾斜角和不同表面反射率的内表面列出了一套数据：在静止空气中：$h_{rc,in} = h_{c,in} + 5.72$，其中 $h_{c,in}$取决于热流的方向，如表 4.1 所示；在运动空气中内表面换热系数为 11.36W/（m²·K），其中在室温下辐射换热系数取 5.9W/

$(m^2 \cdot K)$[59]。到目前为止，ASHRAE 手册（1981）中的这些数据仍被大多数美国建筑传热分析采用。

静止空气中内表面对流换系数 $h_{c,in}$ 单位：W/（$m^2 \cdot K$） **表 4.1**

热流方向	向　上	45°向　上	水　平	45°向　下	向　下
$h_{c,in}$	4.04	3.87	3.08	2.28	0.92

ASHRAE[60]又得出垂直平面的 Jürges 公式：

$$h_{c,in} = 5.6 + 3.9v \qquad (v \leqslant 4.9\text{m/s})$$

Jürges 公式已被广泛采用。然而 Sparrow 的风道实验表明[61-64]：Jürges 公式过高估计了对应的实验条件下的对流换热系数（大约 50%）。

我国常用的围护结构内表面总放热系数[65-68]是在冬季建筑物附近风速为 3m/s 时实测统计而确定，冬季8.27W/$(m^2 \cdot K)$，夏季 8.75W/$(m^2 \cdot K)$。

近年来也进行了一些实验研究以获得更满意的建筑内表面换热系数[69]，这些研究包括：1. 用一系列温度传感器测量靠近墙的空气温度梯度来推断墙体内表面换热系数[70]；2. 在恒湿度条件下使用带电加热镶板的实验仪器，使辐射影响减至最小，由测得的镶板热输入可计算此墙镶板的热损失[71]；3. 用一可控制的 Passive Solar Sunspace 通过空间整体能量平衡可得到墙体表面换热系数[72]。这些实验方法需要规模较大的实验装置，并且墙体导热热流需通过分析求解导热方程来获得。虽然这些方法对于在室内条件下测量换热系数有用，但不能直接用于在室外实际条件下测量换热系数。

在建筑外表面换热系数研究方面，Rowley 用切向风在早期风洞测量基础上研究出 v = 6.7m/s 不计辐射换热时换热系数为34W/$(m^2 \cdot K)$[73]。随后，ASHRAE 说明了 Rowley 采用的自由层风速是从气象数据中获得的建筑周围平均风速，以 Rowley 的实验结果为基础，并考虑辐射换热系数为一常量5.11W/$(m^2 \cdot K)$，提出 ASHRAE/DOE-2 计算公式：

光滑表面： $$h_{rc,out} = 8.23 + 3.83v - 0.047v^2$$

粗糙表面： $$h_{rc,out} = 11.58 + 6.806v$$

但 Yazdanian 指出 DOE-2 的计算值过高[74]。我国常用的围护结构外表面总放热系数是在冬季建筑物附近风速为 3m/s 时实测统计而确定的，仅适用于低层建筑[65]：冬季23.3W/$(m^2 \cdot K)$，夏季18.6W/$(m^2 \cdot K)$。表 4.2 是各国空调手册中所采用的围护结构外表总放热系数值。表 4.2 适当考虑了风速的影响，但辐射影响通常未被重视。但有文献认为，德国工业标准 DIN4701 对于风速 2.0m/s 所规定的表面总放热系数值23.3W/$(m^2 \cdot K)$太高了。

Sato、Ito 和 Kimura 从一实际建筑物得到了建筑物表面换热系数的对流分量计算式[75,76,77]：$h_{c,out} = 3.5 + 5.6v_c$，式中 v_c 为离开热流计表面 30cm 处的空气流动速度(m/s)。

F. 凯尔别克[78]指出，当风速在 0～5.0m/s 变化范围内时，辐射放热系数几乎仍保持不变，而当风速每变化 1.0m/s 时，对流放热系数大约变化3.7W/$(m^2 \cdot K)$。

有许多风速对外表面对流换热系数影响的研究，但这些研究大多用带建筑模型的风洞进行，而风洞试验不能产生出实际的户外瞬变条件或辐射交换效果。在风道实验中，虽然可以对于长方形和正方形平板的不同朝向进行测量，但与实际条件下墙体多方向气流相比，风道内的气流仍然是单向的。Jayamaha[79]尝试在实际的户外条件下通过测量一实验平

各国空调负荷计算时的围护结构外表面总放热系数值　　单位：W/（m^2·K）　**表 4.2**

国家	条件		冬		夏	备　注
美国	$v=6.7$m/s		34.9		23.03	ASHRAE 1977 基础篇
加拿大	$v=3.3$m/s		23.03		17.0	
西德			23.03		17.0	DIN4701（德国工业标准）
英国	墙朝向	有遮挡	正常	恶劣	23.03	IHVE（采暖通风工程师学会）指南
	S	8	10	14.0		
	W、SW、SE	10	14.0	18.95		
	NW	14.0	18.95	31.98		
	N、NE、E	14.0	18.95	83.07		
	屋面	15.05	23.03	58.05		
法国		$v=4$m/s		$v=8$m/s	14.0	AICVE（法国采暖通风工程师学会）指南
	墙面、层面	23.03		38.98		
	玻璃	24.98		42.02		
	金属板	26.93		43.93		
	楼层外表面下侧花檐表面	17.0		28.02		
日本			23.03		17.0	SHASE（日本采暖空调和卫生工程学会）手册 1975

板的热损失来估计垂直墙体中心区域的对流换热系数。在风速为 0～4m/s 时测得的垂直墙体中央区域的对流换热系数为6～10W/(m^2·K)，通过实验数据回归给出了一条直线：

$$h_{c,out} = 4.955 + 1.444v$$

虽然外表面换热系数已有许多数据，但为了统一起见，大多数美国建筑传热分析都采用 ASHRAE[58, 60, 80] 基础手册中所给出的数据：

$$h_{rc,out} = a + bv + cv^2$$

表 4.3 给出了实验确定的六种不同表面的系数 a、b 和 c 的值。

围护结构外表面换热系数计算式的系数值　　**表 4.3**

表面情况	a	b	c
灰泥	11.583	2.634	0.0
砖或粗糙的抹面	12.492	1.817	0.006
混凝土	10.788	1.874	0.0
干净松木	8.233	1.789	-0.006
光滑的抹面	10.221	1.386	0.0
玻璃、白油漆松木	8.233	1.488	0.0

建筑墙体表面换热系数的确定与热流测试密切相关。热流测试大都采用稳态热流计。建筑墙体外表面受阵风及云层蔽日等突变因素的影响，热流密度变化快，因此，墙体表面换热过程是动态传热过程。动态传热意味着沿热流方向各等温面上的热流密度是随时间变化的，即在同一时刻，通过各等温面的热流密度并不一定相等。稳态热流计使用条件是热流计壁面温差恒定，即通过热流计的热流保持稳定。因此，用稳态热流计无法直接测出墙

体表面动态热流。

传统的建筑墙体表面换热系数实验研究方法主要着眼于改进仪表和装置，借此来提高测量精度，或研制某种实验装置来克服由传感器引起的流场扰动误差。本章突破传统的建筑墙体表面换热系数研究方法，利用系统辨识方法研究建筑墙体表面换热过程，考虑到建筑墙体表面换热过程受空气流动、辐射强度及墙体表面与周围空气间的温差等因素的影响，表面热流测试过程还受到热流计特性的影响，将辨识对象视为包括墙体表面空气层、热流计的两个外保护层、胶层及其线圈芯片的多层平板传热系统，由测试过程的动态模型来考虑热流计特性的影响。测出墙体表面温度与空气温度间的温差 ΔT 作为输入信号，墙体表面热流计的热流输出信号作为系统的输出信号，既不必去关心热流计测得热流信号相对于墙体表面动态热流的时间滞后，也不必去关心由传感器引起的流场扰动。即把热流计的热阻放在包括热流计在内的墙体表面传热动态热力系统中去研究，最终得到的模型也包括热流计在内。墙体表面换热系数则是在这个模型处于稳态时剔除热流计热阻的影响而得到的。这样的处理方法绕过了对墙体表面动态热流的直接测试，直接利用贴于墙体表面的热流计测得的热流数据进行研究，节约了实验成本，具有实验原理简单、容易实现的优点。

本章在建筑墙体表面换热动态过程的数学描述基础上，用系统辨识方法对包括热流计在内的墙体表面换热过程的实验测试数据进行分析处理，得到墙体表面换热过程的动态数学模型。并通过综合分析与比较，获得墙体表面换热系数与空气流动等因素之间的定量关系式。

4.2 建筑墙体表面换热过程实验测试系统

4.2.1 实验测试对象

实验测试对象是一个旋转式实验房，该实验房建在四层高的实验楼屋顶，尺寸为3m×3m×3m，方位为正南北向，四周为空旷地区。通风屋顶，地面由旋转机构架空，四壁墙体结构为240mm厚砖墙，内壁抹灰，厚度为20mm，外壁为水刷石，具体结构如图4.1所示。建筑墙体表面换热过程辨识实验以实验房正南侧墙体内、外墙面为测试对象。

另外，为了测量室外气象参数，在实验房东侧约4m远处设置了一座按国家标准制作的气象参数测试百叶箱。

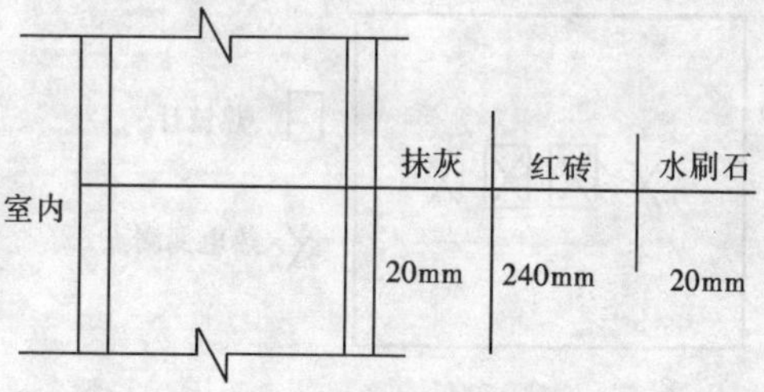

图4.1 测试的墙体结构

4.2.2 实验测试仪器及传感器

墙体表面换热过程实验所需测试参量包括温度和热流密度，在考虑自然环境影响时还需测试太阳辐射、风速等参量。

(1) 温度

温度测量包括紧贴墙体热流计背面的温度及室内外空气温度。其测量方法比较成熟，测量元件有热电偶或热电阻。本研究采用铜—康铜热电偶，标定系数为0.0372mV/℃；温差测量极限误差±0.1℃，热电偶测量精度大约为2%。

(2) 热流

实验中采用美国某公司制造的快速响应平板型热电堆式热流计测量热流。热流计响应时间为1s，其外形尺寸为100mm×100mm×1.4mm，由线圈芯片薄层及其两侧的胶层、外保护层组成。热流测量系数为34.668W/（mV·m²），其热阻已标定在热流测头上，极限误差为±2%，校准不确定度大约为5%。

(3) 太阳辐射

太阳辐射的测量采用气象观测中广泛采用的辽宁锦州三二二厂生产的总辐射传感器：9045号总辐射传感器为6.3094mV·m²/kW，9904号总辐射传感器为9.4920mV·m²/kW，误差在10°太阳角时小于±15%，在我们的试验条件下取极限误差为5%。

(4) 风速

风速采用国内某监测仪器仪表厂生产的智能型热球式风速计，在我们的测量范围内最大测量误差为±0.05m/s。

4.2.3 测试仪器设置

为保证室内（外）空气和墙体内（外）表面存在一定温差，且该信号具有充分频谱特性，能充分激励辨识系统，实验选择在微风、少云的晴天进行。墙体外表面直接受到室外气温、太阳辐射和风速、风向等自然气候因素的作用，墙体内表面受到设定温度为25±2℃空调器保持的温室作用，室内无内热源。

1. 墙体内表面测试仪器设置

南墙内侧壁面墙体中心区域分别设置两块热流计和四个铜—康铜热电偶（如图4.2）。用紧贴墙体内表面的热流计测量热流，保持热流计表面与墙体内表面的颜色基本一致。用两个铜—康铜热电偶测量热流计背面温度（以下简称背温）。用于测定室内干湿球温度的热电偶测头各两个，吊挂于室内吊顶，均匀布置。室内设置自记温湿度计一台。室内空气干湿球温度均用铜—康铜热电偶进行测定，并用自记温湿度计（毛发湿度计）进行对比。用变频风机控制被测试墙体内表面附近风速为基本均匀的恒定值，由智能型热电风速仪的定时记忆模式记录风速，定时时间100~225s。风速测头红点正对风的来向，离墙体壁面上的热流测头20cm左右，且位于垂直热流测头的正中央位置。

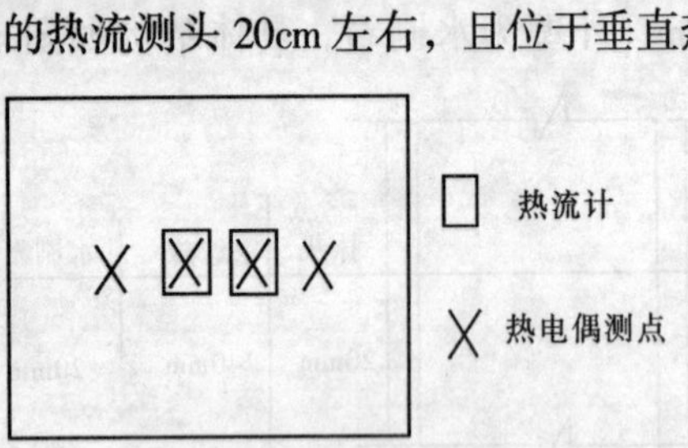

图4.2 墙体内表面传感元件布置

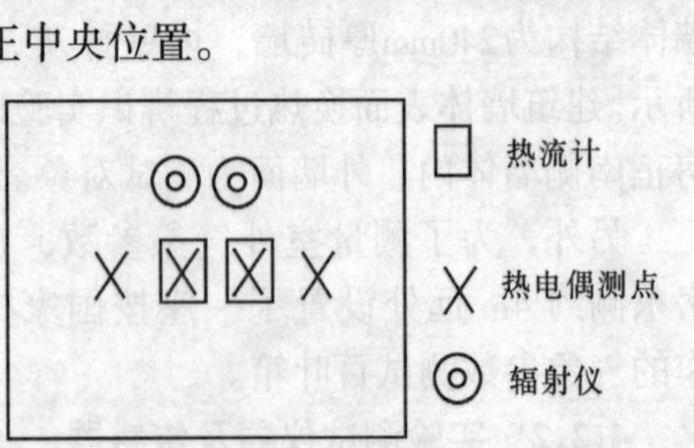

图4.3 墙体外表面传感元件布置

2. 墙体外表面测试仪器设置

一个辐射传感器（9045号）面向并平行于墙面，且离墙面30cm，用于测量墙壁对周围环境发出的辐射；另一个辐射传感器（9904号）背靠并平行于墙面，用于测量太阳和周围环境对墙壁的辐射（包括表面所吸收的日射、大气辐射、来自地面的辐射）。测得的两辐射仪读数之差为南外墙垂直表面的总辐射。用紧贴墙体外表面的热流计测量热流，保持热流计表面与墙体外表面的颜色基本一致。用两个铜—康铜热电偶测量热流计背面温度，用于测定室外干球温度的热电偶测头一个，测定室外湿球温度的热电偶测头一个，并与百叶箱内设置自记温湿度计（毛发湿度计）对比。具体布置如图 4.3 所示。用变频风机控制被测试墙体外表面附近风速为基本均匀的恒定值，用智能型热球风速仪测量离开热流计表面 20cm 处的气流速度，测量方法与墙体内表面风速测量相同。

4.2.4 计算机数据采集系统

实验数据由计算机数据采集系统自动测量和记录。计算机数据采集实际上是在计算机控制下的定时的数字化过程。实验中使用的计算机数据采集系统由数据采集硬件和数据采集软件两部分组成。

1. 计算机数据采集硬件

计算机数据采集系统硬件配置如图 4.4 所示。其中包括一台 Pentium 微机、热流计和热电偶等传感器、一块用于 A/D 和 D/A 的 PCL－812 板和两块 PCLD－789D 信号放大通道扩展板。PCL－812 板的 A/D 模数转换器为 12 位工业标准逐次逼近转换器（HADC574Z），可根据模拟输入量的范围用开关设定为 +/－1V、+/－2V、+/－5V、+/－10V 的双极输入范围，其触发方式有软件触发、板中可编程定时器触发和外部触发器触发三种，A/D 模数转换器精度为 0.015%。PCLD-789D 信号放大通道扩展板将输入输出通道扩展至 32 个；通过 DIP 开关的设定，可以选择 0.5～1000 倍的放大系数，将不同大小毫伏信号统一放大至 0～5V 电压信号。其中一块扩展板的放大倍数设定为 50，与热流测头相连，用于测量墙体表面热流计热流；另一块扩展板的放大倍数设定为 1000，与热电偶和辐射传感器相连，用于测量热流计背温、空气温度及辐射强度。

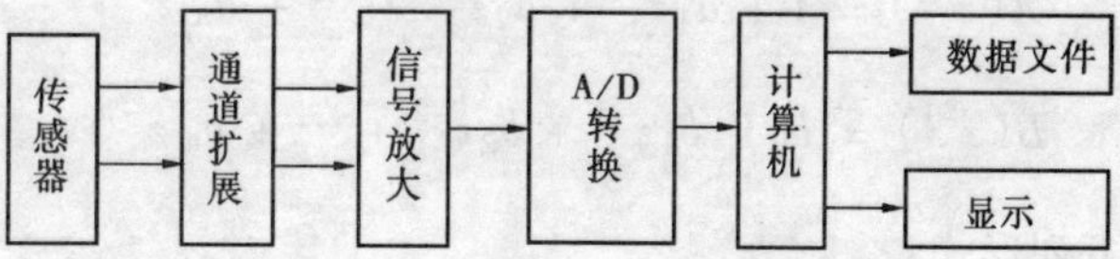

图 4.4　计算机数据采集系统

2. 计算机数据采集软件

该系统配有 PCL-812 板提供的标准数据采集软件，这些标准软件同时用 C 语言、PASCAL 和 BASIC 三种语言编写。由于本实验测试中测得的物理量多，各个传感器的输出信号有的为伏级信号，有的为毫伏级信号，需要不同的放大通道等原因，且为实验测试的灵活性起见，本实验用自行编写的数据采集程序。针对 C 语言对硬件操作功能强、编程灵活、库函数多、可直接调用 DOS 命令的特点，实验数据采集程序采用 Borland C＋＋ 2.0 编写，用于完成 I/O 口地址设定、输入输出通道选定、输入口数据读取、数据存取显示、采样间隔控制以及 D/A 转换等功能。所有的传感器输出的模拟电压信号，经信号放大、A/D 转换后，送入微机 I/O 口，由计算机进行自动记录。

数据采集软件根据数字信号处理技术中的 Nyquist 采样定理确定最低采样频率，并采用计算机外部时钟 TIMER 的查询方式实现定时采集功能。采样程序能同时对 0～32 个通道的信息进行采集和存储。采样通道、采样频率、采样容量可根据需要用人机对话方式自行设定。实验数据采集结束后，可立即在硬盘上建立数据文件，以备进一步处理之用，每次采样后显示采样结果。

每次实验连续采样 60min，采样时间间隔为 10s。此时间间隔比热流测量的时间常数（大约为 1s）大很多。用 3.4 节中 $n=6$，$\omega_l=0.0008/0.05$ 的低通脉冲数字滤波器对每次采集得到的实验数据进行滤波。

4.3 建筑墙体表面换热过程辨识数学模型

4.3.1 建筑墙体表面换热过程辨识离散数学模型

建筑墙体表面换热过程受温差、空气流速和辐射的影响，表面热流测试过程还受到热流计特性的影响。因此，可以把包括热流计在内的墙体表面传热过程视作一个动态系统。辨识的模型也是这个系统的动态模型。为简单实用见，将建筑墙体表面换热过程辨识数学模型视为以热流计背温与空气间的温差信号 ΔT 作为输入信号，墙体表面热流计测得的热流 Q 作为系统输出信号的单输入—单输出系统。可用线性时不变系统广义回归模型（ARMAX）来描述。考虑输入、输出分别具有不同的阶次，并且有纯时滞阶次 n_k，记 $u=\Delta T$，$y=Q$，$\boldsymbol{U}=[u(1)u(2)\cdots\quad u(N)]^{\mathrm{T}}$，$\boldsymbol{Y}=[y(1)\ y(2)\cdots\quad y(N)]^{\mathrm{T}}$，则墙体表面换热过程的 ARMAX 模型描述如下：

$$y(k)=-\sum_{j=0}^{n_a}a_jy(k-j)+\sum_{j=0}^{n_b}b_ju(k-n_k-j)+\varepsilon(k) \tag{4.1}$$

引入单位时延算子 z^{-1}，即 $z^{-1}y(k)=y(k-1)$

$$A(z^{-1})=1+a_1z^{-1}+a_2z^{-2}+\cdots+a_{n_a}z^{-n_a}$$

$$B(z^{-1})=b_0+b_1z^{-1}+b_2z^{-2}+\cdots+b_{n_a}z^{-n_b}$$

则（4-1）式可写成下列形式：

$$A(z^{-1})y(k)=z^{-n_k}B(z^{-1})u(k)+\varepsilon(k) \tag{4.2}$$

式中 $y(k)$——k 时刻系统输出；

$u(k)$——k 时刻系统输入；

$\varepsilon(k)$——k 时刻作用在系统上的干扰噪声；

a_j，b_j——待辨识的系统模型参数；

n_k——纯时滞阶次；

n_a——模型自回归部分的阶次；

n_b——模型外部输入的阶次。

4.3.2 墙体表面换热过程的 z 传递函数及其换热系数的推定

辨识的是包括墙体表面空气层、热流计的两个外保护层、胶层及其线圈芯片的多层平板传热系统。通过实验测试和辨识计算得到这个系统的动态模型后，可以获得这个系统在稳态时的传热系数。从这个传热系数中剔除热流计的热阻，即可得到墙体表面空气层的换热系数。

系统模型方程（4-2）的 z 传递函数为：

$$G(z)=\frac{Y(z)}{U(z)}=\frac{z^{-n_k}B(z^{-1})}{A(z^{-1})}=\frac{z^{-n_k}(b_0+b_1z^{-1}+b_2z^{-2}+\cdots+b_{n_b}z^{-n_b}}{1+a_1z^{-1}+a_2z^{-2}+\cdots+a_{n_a}z^{-n_a}} \tag{4.3}$$

式中　$Y(z)$，$U(z)$—— 输入 $y(k)$，输出 $u(k)$ 的 z 变换；

$G(z)$—— 系统的 z 传递函数。

如果通过系统辨识方法能够得到系统的 z 传递函数$G(z)$，那么，根据传递函数的基本性质，包括热流计在内的墙体表面传递系数 K 为：

$$K=G(z)\mid_{z=1} \tag{4.4}$$

由 $K=\dfrac{1}{1/h+R_0}$，可计算出墙体表面在某一空气流速下的换热系数：

$$h=\frac{K}{1-R_0K} \tag{4.5}$$

式中　R_0——热流计有效热阻，$m^2\cdot K/W$。

4.4　墙体内表面换热系数的辨识

为保证室内空气和建筑墙体内表面存在一定的温差，使输入量能充分激励辨识系统，在实验中，用自带温控器的空调器控制实验房室温在 25±2℃内波动，通过实验动态地采集了不同风速时的墙体表面热流计的热流输出及墙体热流计背面与空气间的温差数据，利用辨识的方法分别得到了墙体内表面换热系统的 z 传递函数，并由此推导出墙体内表面的换热系数，最后分析得到了墙体表面换热系数与风速之间的关系式。

4.4.1　辨识算例

这里首先给出最初对墙体内表面换热系数进行辨识研究尝试的实例。当时采用的热流计是自行设计制造和标定的，其热阻和热容较大，时间滞后较大。对如图 4.1 所示的待辨识墙体内表面，室内墙体表面附近的空气流速为 0.9±0.05m/s 时，测得输入输出信号的数据，并进行滤波处理，如图 4.5 所示。对处理后输入输出数据进行傅里叶变换，按式(2.3.3) 求得墙体表面换热过程的频率响应实验估计，用式（2.3.11）对频率响应的实验估计进行光滑，得到该过程的测量频率响应。在频域中按照式(2.3.23)进行回归得出过

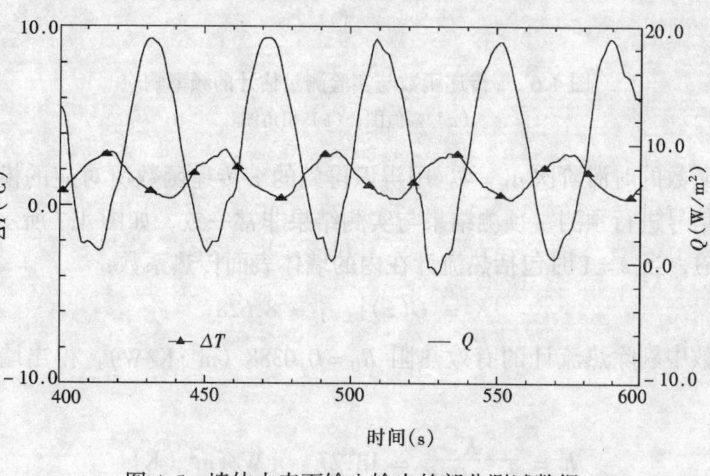

图 4.5　墙体内表面输入输出的部分测试数据

程的 z 传递函数系数。图 4.6 所示为该过程的 z 传递函数模型频率响应和测量频率响应的伯德图，该图表明 z 传递函数频率响应和测量频率响应吻合得很好。拟合得到的 z 传递函数为：

$$G(z)=\frac{z^{-4}(-0.0520+0.0455z^{-1}+0.0788z^{-2}+0.0679z^{-3}+0.0573z^{-4}+0.0603z^{-5}-0.0251z^{-6})}{1-2.9610z^{-1}+4.8932z^{-2}-6.1592z^{-3}+6.1492z^{-4}-5.0217z^{-5}+3.2427z^{-6}-1.5375z^{-7}+0.4211z^{-8}} \tag{4.6}$$

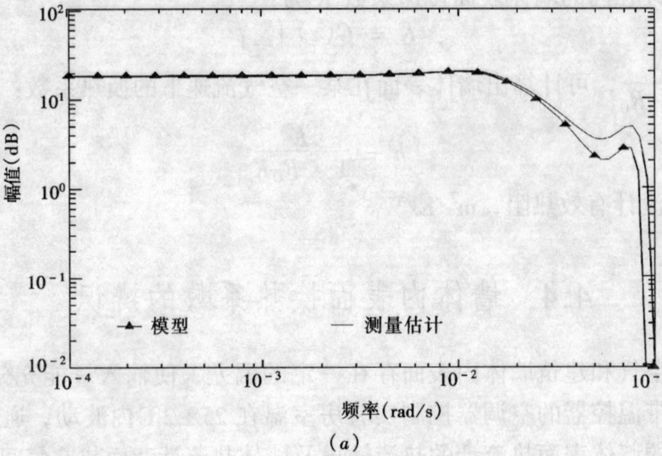

(a)

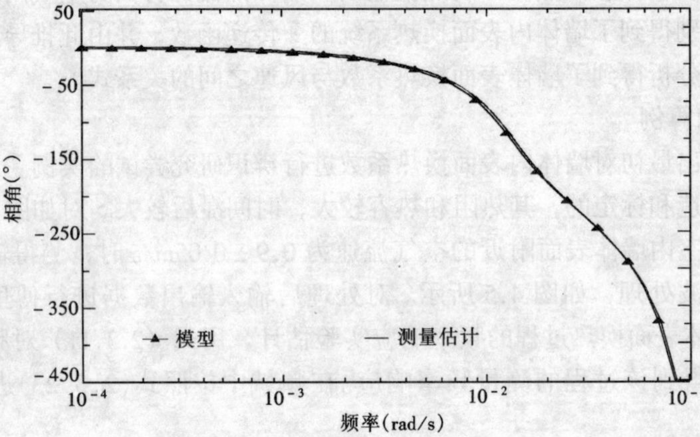

(b)

图 4.6　z 传递函数与实验测量估计的频率响应

(a) 幅值图；(b) 相角图

该 z 传递函数的时滞阶次 $n_k=4$。用辨识得到的 z 传递函数所对应的模型和测得的输入信号对输出信号进行预测，预测结果与实测结果非常一致，如图 4.7 所示。

由式 (4.6)，当 $z=1$ 时包括热流计在内的墙体表面传热系数：

$$K=G(z)\big|_{z=1}=8.628$$

从这个系数中剔除热流计的有效热阻 $R_0=0.0388$ ($m^2\cdot K/W$)，得出墙体表面换热系数：

$$h=\frac{K}{1-R_0K}=13.27 \qquad W/(m^2\cdot K)$$

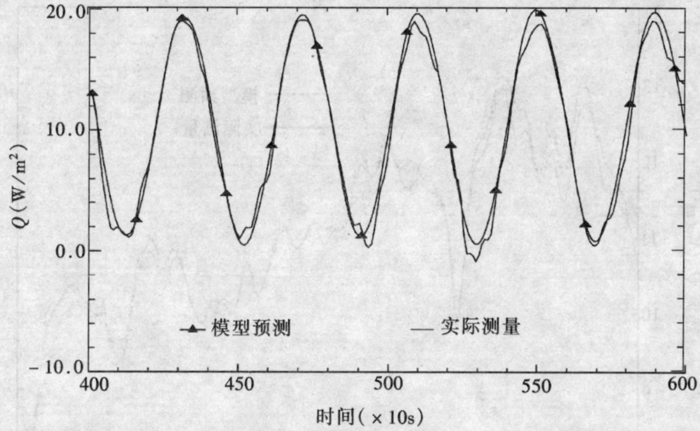

图 4.7　输出信号的实际测量与模型预测的比较

下一个算例及后面所有的测试均采用美国某公司制造的快速响应平板型热流计。对如图 4.1 所示的待辨识墙体内表面，控制其垂直于墙体内表面附近的风速为 0.8±0.05m/s 时测试一组实验数据，对测得的输入输出数据进行滤波处理，如图 4.8 所示。然后采用辅助变量法对输入输出数据进行辨识计算，得到包含热流计在内的墙体表面换热过程的 z 传递函数为：

$$G(z)=\frac{z^{-4}(1.893243-1.714844z^{-1}+3.187500z^{-2}+1.820313z^{-3})}{1+0.129883z^{-1}-0.873047z^{-2}+0.324707z^{-3}} \tag{4.7}$$

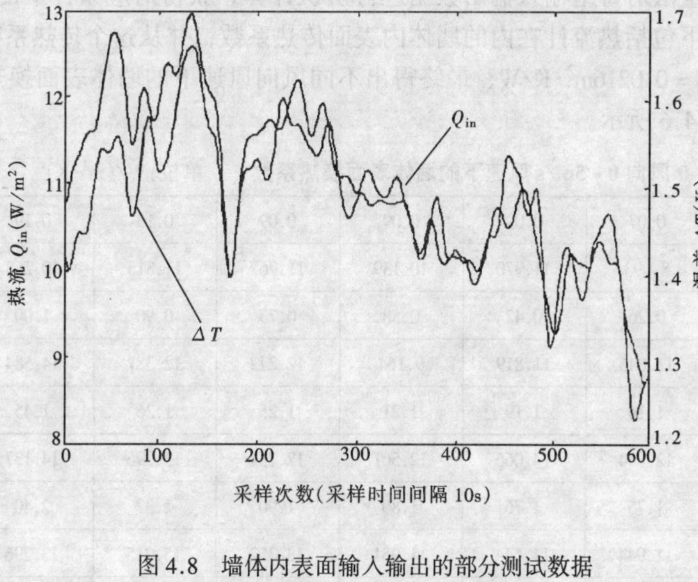

图 4.8　墙体内表面输入输出的部分测试数据

该 z 传递函数所对应的模型的预测输出和实测输出如图 4.9 所示，结果表明：两者之间吻合良好，也说明辅助变量法对该问题具有良好辨识准确性。当 $z=1$ 时，由式（4.4）和式（4.5）求得墙体表面换热系数为11.046W/(m²·K)，其中 $R_0=0.0216\text{m}^2\cdot\text{K/W}$。

通过测量不同空气流速和风向条件下的输入输出数据，用上述方法可得到各相应条件下的墙体内表面换热系数。

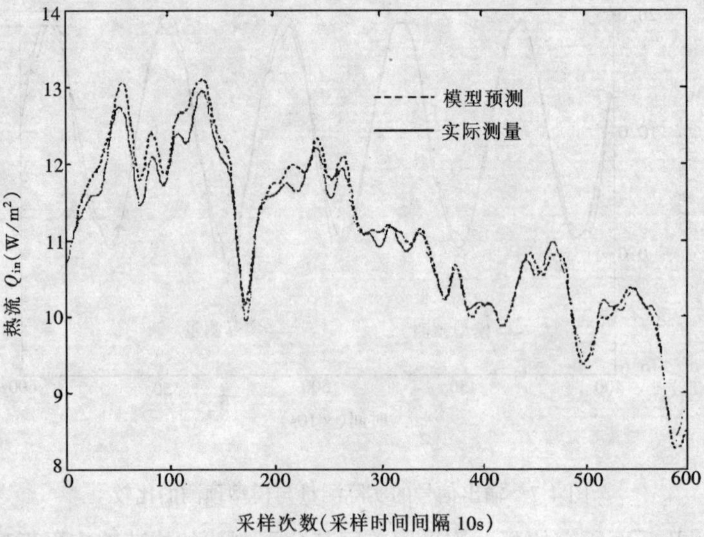

图 4.9 输出信号的实际测量与模型预测的比较

4.4.2 墙体内表面换热系数

利用建筑墙体内表面换热过程测试系统在 1999 年 6 月 ~ 9 月间于每天的 9:30 ~ 16:30 时段对墙体内表面换热过程进行了大量的实验测试，采集了不同风向风速条件下热流计背面与空气间的温差 ΔT 和墙体内表面热流计的输出热流 Q_{in}。对输入输出数据进行滤波处理，采用辅助变量法对每组输入输出数据进行辨识计算，获得对应条件下的 z 传递函数，再得到对应条件下包括热流计在内的墙体内表面传热系数，并从这个传热系数中剔除热流计的有效热阻 $R_0 = 0.0216\text{m}^2\cdot\text{K/W}$，最终得出不同风向风速下的墙体表面换热系数，如表 4.4、表 4.5、表 4.6 所示。

0°风向 0 ~ 5m/s 风速下的墙体表面换热系数 单位：W/(m²·K) **表 4.4**

风速	0.07	0.09	0.09	0.09	0.13	0.19	0.22
换热系数	8.093	11.970	10.139	11.767	11.815	10.268	10.839
风速	0.26	0.42	0.58	0.73	0.90	1.00	1.13
换热系数	11.045	11.819	9.164	12.272	12.387	14.584	13.166
风速	1.14	1.19	1.21	1.25	1.26	1.45	1.64
换热系数	12.854	14.066	12.501	12.734	13.296	14.137	14.128
风速	1.75	1.76	1.80	1.90	2.32	2.40	2.86
换热系数	11.944	11.644	11.951	13.352	15.915	13.296	15.309
风速	2.94	3.00	3.10	3.20	4.20	4.36	4.48
换热系数	15.123	15.233	15.313	16.689	16.694	16.261	17.022
风速	4.52	4.60	5.00				
换热系数	17.614	17.676	17.868				

45°风向 0～3.5m/s 风速下的墙体内表面换热系数　　单位：W/（m^2·K）　　表 4.5

风速	0.5	0.58	0.64	0.76	0.92	1.04	1.20
换热系数	11.875	9.164	12.671	12.389	12.618	11.786	12.507
风速	1.33	1.4	1.53	1.67	1.8	2.01	2.11
换热系数	13.336	13.020	13.585	13.835	12.559	13.867	13.878
风速	2.2	2.32	2.41	2.70	2.93	2.96	3.36
换热系数	14.076	15.123	14.916	14.77	15.237	15.454	15.532
风速	3.48						
换热系数	15.818						

90°风向 0～5.5m/s 风速下的墙体表面换热系数　　单位：W/（m^2·K）　　表 4.6

风速	0.35	0.50	0.70	0.80	0.90	1.00	1.19
换热系数	10.654	11.790	11.450	11.657	12.664	12.424	10.655
风速	1.32	1.40	1.55	1.69	1.80	1.92	2.00
换热系数	12.179	13.212	13.776	13.538	13.948	14.134	13.524
风速	2.26	2.31	2.42	2.53	2.61	2.78	3.00
换热系数	14.609	14.652	14.522	14.076	14.507	12.595	15.393
风速	3.21	3.30	3.42	3.51	3.6	3.64	3.78
换热系数	15.404	15.931	16.016	16.382	16.474	16.358	16.531
风速	3.94	4.59					
换热系数	17.058	17.704					

4.4.3 结果分析

1. 风速对墙体内表面换热系数的影响

室内模拟条件下，对获得的墙体内表面换热系数进行线性回归得到0°、45°和90°各风向下墙体内表面换热系数与风速间的关系式：

（1）0°风向（见图 4.10）：$h_{in} = -0.081v^2 + 1.8363v + 10.573$　　(4.8)

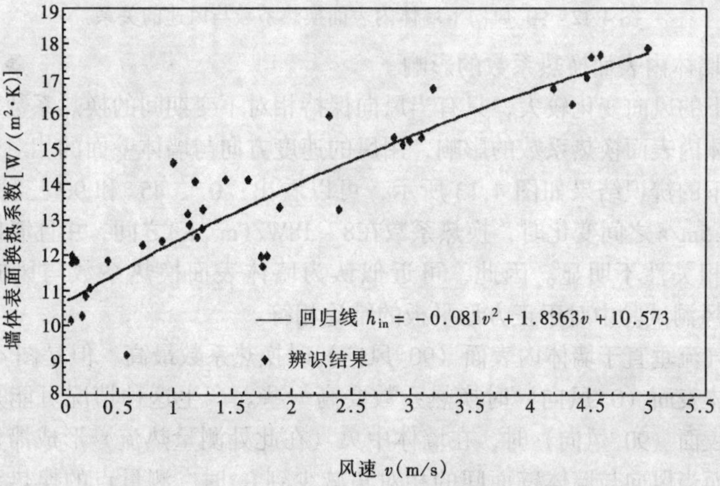

图 4.10　0°风向下墙体内表面换热系数与风速的关系

(2) 45°风向（见图 4.11）：$h_{in} = -0.212v^2 + 2.3639v + 10.128$ (4.9)

(3) 90°风向（见图 4.12）：$h_{in} = -0.00311v^2 + 1.5628v + 10.564$ (4.10)

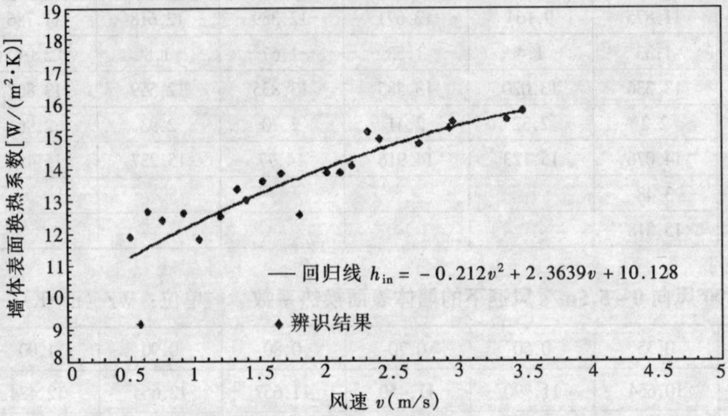

图 4.11 45°风向下墙体内表面换热系数与风速的关系

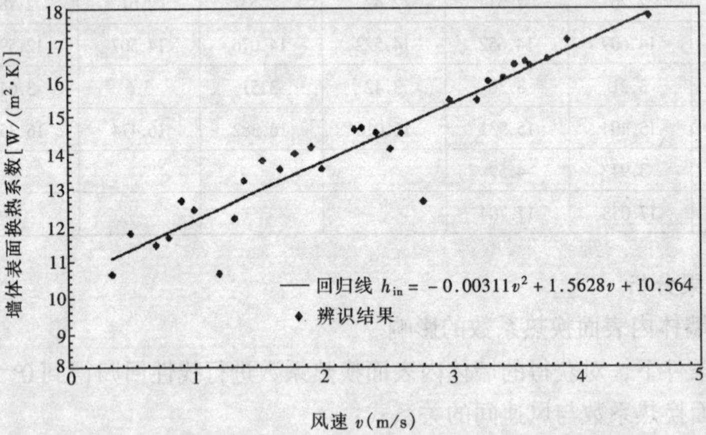

图 4.12 90°风向下墙体内表面换热系数与风速的关系

2. 风向对墙体内表面换热系数的影响

实际条件下的风向变化较大，只有当风向保持相对不变期间的换热系数才有意义。为调查风向对墙体内表面换热系数的影响，用风的速度方向与墙体壁面的相对角度来表示风向，不同风向下的辨识结果如图 4.13 所示，可以看出：0°、45°和 90°三种不同风向下，当风速在 0~5.5m/s 之间变化时，换热系数在8~18W/$(m^2 \cdot K)$之间，并且墙体表面换热系数与风向之间相关性不明显。因此，可近似认为墙体表面换热系数与风向无关。这与 Sparrow[61,62]在风洞试验中对于正方形平板的结论相符。

一般认为气流垂直于墙体内表面（90°风向）时换热系数最高。但是图 4.10 表明：当风向平行于墙体表面（0°风向）时换热系数要高一些。产生这种情况可能是由于当气流垂直于墙体内表面（90°风向）时，在墙体中央（在此处测量热流）形成滞留区，使得换热系数变小。而当风向与墙体壁面间的相对角减少到 0°时，测量点的换热系数随之有所增加。

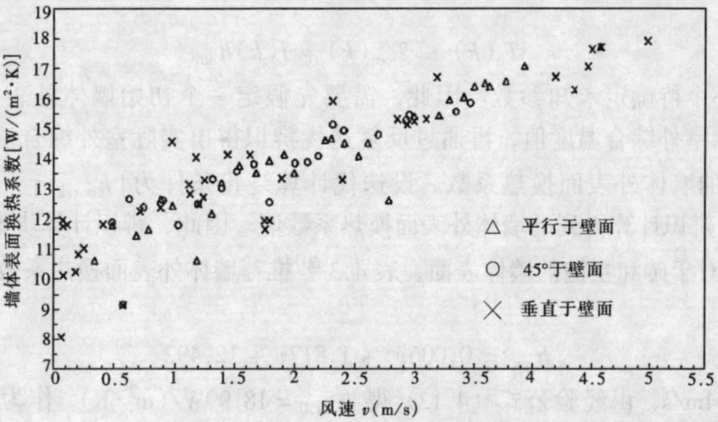

图 4.13　0°、45°、90°风向下墙体内表面换热系数的对比

4.5　建筑墙体外表面换热系数的辨识

在建筑墙体内表面换热系数辨识中选用谱分析方法和辅助变量辨识算法，但绝大部分辨识计算是用辅助变量辨识算法来完成的。实践证实辅助变量辨识算法对建筑墙体内表面换热过程辨识问题来说是比较合适的。一般来说，辅助变量辨识算法也同样适用于建筑墙体外表面换热过程。但是，在实际户外瞬变条件下，辐射强度变化快且变化范围大，室外空气综合温度测定有一定的不确定性。包括热流计在内的建筑墙体外表面换热过程受空气流动、辐射强度、墙体外表面与周围空气间的温差及热流计特性等诸多因素的影响，测量信号中含有更多的有色噪声。考虑到遗传算法与最小二乘法、辅助变量算法等局部搜索技术相比，具有高效的全局优化能力，最善于搜索复杂区域，从中找出期望值高的区域。此外，它还具有使用方便、效果稳定、可并行性强、效率高等优点，因此，一般采用遗传算法来辨识建筑墙体外表面换热系数。

4.5.1　辨识步骤与算例

下面给出用遗传算法对一组墙体外表面换热测试数据进行辨识的过程。对于待辨识的南面墙体外表面，控制平行于墙体外表面 20mm 附近的风速为 3.54 ± 0.05m/s，热流计的有效热阻 $R_0 = 0.0308m^2 \cdot K/W$，用计算机数据采集系统测得各时刻热流计背面温度 $T_b(k)$、室外空气温度 $T_{out}(k)$、外墙外表面热流计热流 $Q_{out}(k)$ 及墙面接受的辐射 $I(k)$，采样时间间隔为 10*s*。

由于墙体外表面换热过程中有很强的辐射，测量过程的动态模型中须考虑辐射的影响。在实际应用中，用室外综合温度来综合考虑室外空气温度和太阳辐射对墙体传热的影响。为了使获得的墙体外表面换热系数便于实际使用，墙体外表面换热过程数学模型视为以热流计背温与室外综合温度的差值作为输入信号，墙体表面热流计测得的热流 Q_{out} 作为系统输出信号的单输入、单输出系统。可用式（4.1）线性时不变系统广义回归模型（ARMAX）来描述，则其 z 传递函数模型仍然为式（4.3）。考虑了太阳辐射影响的室外综合温度为：

$$T_e(k) = T_{out}(k) + I(k)h_{out} \tag{4.11}$$

其中，h_{out}是一个待确定未知参数。因此，需要先假定一个初始墙体外表面换热系数值h_{out}，得出初始室外综合温度值，再通过反复迭代辨识得出实际室外综合温度真值$T_e(k)$和对应条件下的墙体外表面换热系数。设迭代计算终止条件为$|h_{out,k-1} - h_{out,k}| < 10^{-2}$，$h_{out,k}$为第 k 次辨识计算得到的墙体外表面换热系数值。因此，辨识计算步骤如下：

第一步：对于砖和粗糙的墙体表面，表 4.3[60] 推荐墙体外表面换热系数与风速的关系式为：

$$h_{out} = 0.006v^2 + 1.817v + 12.492 \tag{4.12}$$

取 $v = 3.54$m/s，由经验公式（4.12）得 $h_{out,0} = 18.99$W/(m^2·K)，作为初始值代入式（4.11）得室外综合温度初始值$T_{e,0}(k)$。墙体外表面换热过程视为以室外综合温度与热流计背温的差$\Delta T(k) = T_{e,0}(k) - T_b(k)$作为输入信号，墙体外表面热流计的热流信号$Q_{out}(k)$作为系统输出信号，用遗传算法对输入输出数据进行辨识计算，得到该组数据的条件下的墙体外表面换热过程的 z 传递函数为

$$G(z) = \frac{z^{-4}(4.417969 + 5.617188z^{-1} - 0.339844z^{-2} - 2.671875z^{-3})}{1 + 0.54280z^{-1} - 0.337402z^{-2} - 0.607422z^{-3}} \tag{4.13}$$

当 $z = 1$ 时，由式（4.4）得：$K_1 = 11.7516$W/(m^2·K)。再由式（4.5）得 $h_{out,1} = 18.418$W/(m^2·K)。$|h_{out,0} - h_{out,1}| = 0.581 > 10^{-2}$，不满足迭代终止条件。

第二步：再将得到的 $h_{out,1}$代入式（4.11）计算室外综合温度$T_{e,1}(k)$，用室外综合温度与热流计的背温的差值$\Delta T(k) = T_{e,1}(k) - T_b(k)$作为系统输入信号，仍以$Q_{out}(k)$作为系统输出信号，用遗传算法进行辨识计算得到 z 传递函数为：

$$G(z) = \frac{z^{-4}(3.015625 - 4.882813z^{-1} - 0.617188z^{-2} + 4.691406z^{-3})}{1 - 0.321289z^{-1} - 0.227539z^{-2} + 0.156250z^{-3}} \tag{4.14}$$

当 $z = 1$ 时，由式（4.4）和（4.5）计算出：$K_2 = 11.6689$W/(m^2·K)，$h_{out,2} = 18.216$W/(m^2·K)。$|h_{out,1} - h_{out,2}| = 0.202 > 10^{-2}$，不满足迭代终止条件。

第三步：再由得到的 $h_{out,2}$ 计算室外综合温度 $T_{e,2}(k)$ 和温差信号 $\Delta T(k) = T_{e,2}(k) - T_b(k)$，系统的输入输出数据如图 4.14 所示。继续用遗传算法辨识出系统的 z 传递函数为：

$$G(z) = \frac{z^{-4}(7.113281 - 5.957031z^{-1} - 3.218750z^{-2} + 6.574219z^{-3})}{1 - 0.558594z^{-1} - 0.837891z^{-2} + 0.783203z^{-3}} \tag{4.15}$$

当 $z = 1$ 时，由式（4.4）和（4.5）计算出：$K_3 = 11.6667$W/(m^2·K)，$h_{out,3} = 18.210$W/(m^2·K)。$|h_{out,2} - h_{out,3}| = 0.005 < 10^{-2}$，满足迭代终止条件。因此，认为墙体表面换热系数实际值 $h_{out} \approx h_{out,3}$，实际室外综合温度真值$T_e \approx T_{e,3}(k)$。

用辨识得到的 z 传递函数和输入信号$\Delta T(k) = T_{e,3}(k) - T_b(k)$对系统输出信号进行预测，如图 4.15 所示。输出信号的模型预测结果与实测结果两者之间吻合的很好。可见，用遗传算法多次迭代计算对该问题具有很好的辨识准确性。

4.5.2 墙体外表面换热系数及分析

4.4 节中已经指出：风向对墙体表面换热系数影响不大。因此，对于墙体外表面换热过程情况，着重测量和分析风速对建筑墙体外表面换热系数的影响。

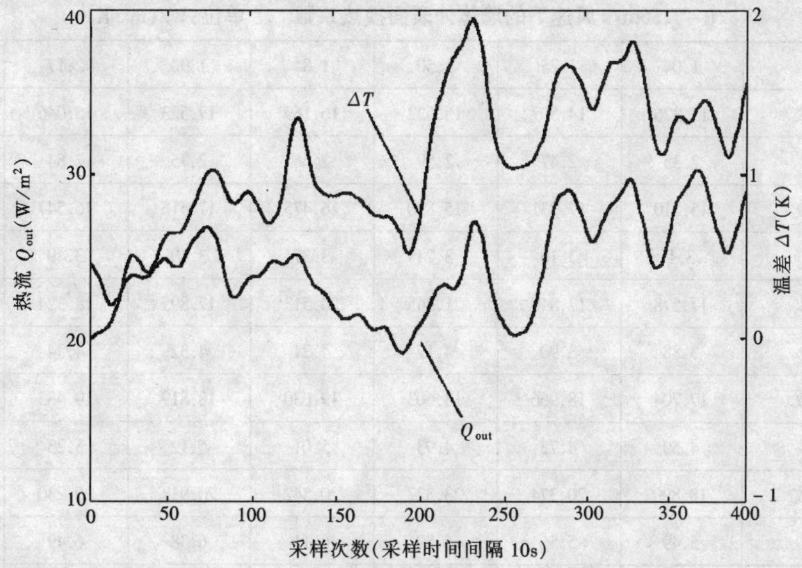

图 4.14　墙体外表面输入输出的部分测试数据

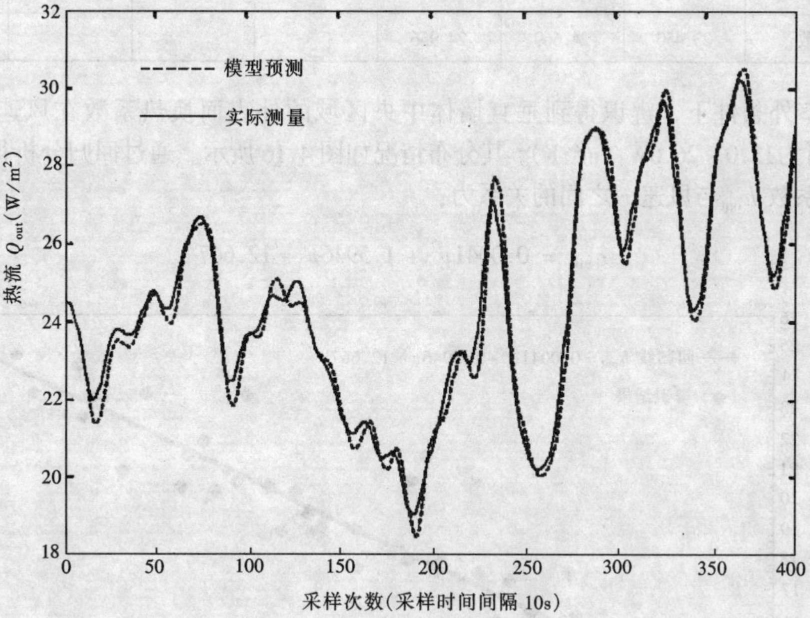

图 4.15　模型的部分预测结果与实测结果比较

利用建筑墙体外表面换热过程测试系统在 1999 年 6 月～9 月间于每天的 9:30～16:30 时段对墙体外表面换热过程进行了大量的实验测试，采集了不同风速条件下热流计背温 T_b，室外空气温度 T_{out}，墙体外表面接受的辐射 I 和墙体外表面热流计的输出热流 Q_{out}。对采集到的数据进行滤波处理后，用遗传辨识算法按照 4.5.1 节中的迭代辨识计算步骤对每组测量数据进行辨识计算，获得对应风速条件下的 z 传递函数，再得到对应风速下包括热流计在内的墙体外表面传热系数，并从这个传热系数中剔除热流计的有效热阻 $R_0 = 0.0308\text{m}^2\cdot\text{K/W}$，最终得出不同风速下的墙体表面换热系数，如表 4.7 所示。

0～7.50m/s风速下的墙体外表面换热系数　　单位：W/(m^2·K)　　表 4.7

风速	1.04	1.25	1.50	1.84	1.92	2.17	2.26
换热系数	13.326	14.507	15.532	16.169	17.523	15.046	16.244
风速	2.35	2.47	2.59	2.66	2.75	2.84	2.98
换热系数	15.210	17.231	15.890	16.475	17.516	16.547	16.695
风速	3.1	3.16	3.24	3.37	3.40	3.49	3.54
换热系数	17.578	17.840	21.345	20.513	17.895	18.324	18.210
风速	3.88	3.90	4.17	4.21	4.32	4.34	4.46
换热系数	17.704	18.966	18.603	19.030	18.819	19.433	20.172
风速	4.59	4.72	4.93	5.01	5.12	5.23	5.34
换热系数	18.890	20.374	23.327	20.542	20.913	20.230	21.811
风速	5.49	5.56	5.89	6.11	6.38	6.49	6.52
换热系数	21.410	20.330	23.369	20.835	23.297	22.637	24.372
风速	6.94	7.12	7.36				
换热系数	23.450	24.669	24.956				

实际室外条件下，辨识得到垂直墙体中央区域的外表面换热系数在风速为1.00～7.50m/s时为12.0～26.0W/(m^2·K)，其分布情况如图4.16所示。通过回归分析得出墙体外表面换热系数h_{out}与风速v之间的关系为：

$$h_{out} = 0.0041v^2 + 1.5946v + 12.667 \tag{4.16}$$

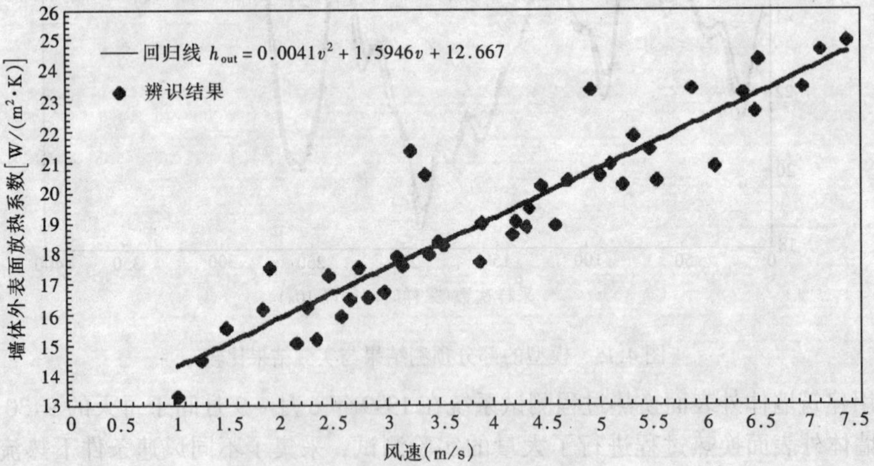

图4.16　风速对墙体外表面放热系数的影响

图4.17比较了辨识获得的墙体表面换热系数的回归曲线和ASHRAE[60]公式的计算曲线，结果显示出ASHRAE公式过高估计了墙体外表面换热系数。这与Sparrow的结论是一致的。

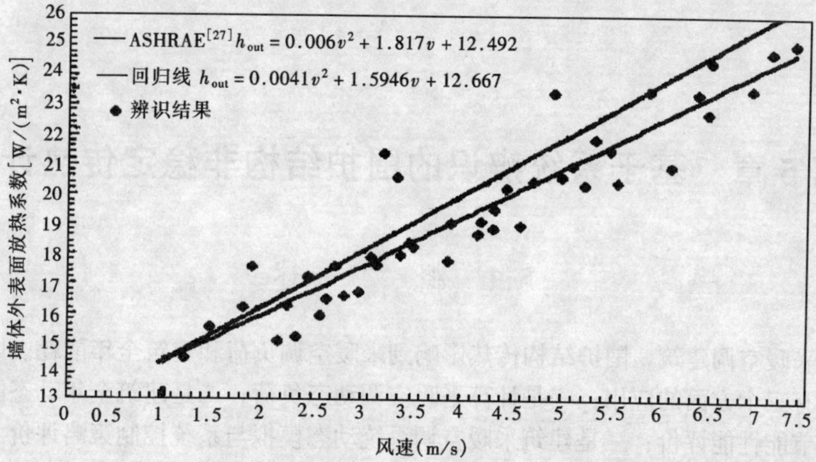

图 4.17　辨识结果与 ASHRAE 结果的比较

4.6　小　　结

本章回顾国内外对建筑墙体表面换热过程及其系数确定的研究进展情况。根据墙体表面换热过程测量的复杂性，提出对建筑墙体表面换热过程进行动态测试和用系统辨识方法获得包括测量热流计在内的墙体表面换热过程动态模型的方法来导出墙体表面换热系数。建立了建筑墙体表面换热过程动态测试系统及数据处理、模型辨识、换热系数推定与分析等方法。

在室内模拟条件下，对墙体内表面换热过程进行了大量的测试和分析。用系统辨识的辅助变量法建立墙体内表面换热过程的动态模型，模型输出的预测与实测结果之间吻合很好。通过回归分析得到了不同风向下墙体内表面换热系数与风速之间的关系。结果表明：在风速为 0～5.5m/s 时，垂直墙体壁面中央区域的内表面换热系数为8～18W/(m^2·K)，墙体内表面换热系数与风向之间关系不显著。

在风速稳定的实际室外条件下，用系统辨识的遗传算法和反复迭代计算建立墙体外表面换热过程动态模型和确定墙体外表面换热系数。模型输出的预测与实测结果之间吻合良好。研究结果表明：在风速为 1.0～7.0m/s 时，垂直墙体中央区域的外表面换热系数约为 12.0～26.0W/(m^2·K)，通过回归分析得到墙体外表面换热系数与风速之间的关系式。

大量的辨识实例和对比研究表明：本实验研究方法是可行的，实验测试方法易于实现，提出的墙体表面换热系数的推导方法及其结果是正确的，是一种较简便而又能准确测定墙体表面换热系数的新方法。本研究的实验测量方法、模型辨识方法及分析与结果可以直接应用于工程实践中。

第5章　基于系统辨识的围护结构非稳定传热计算

5.1　概　　述

对于采暖空调建筑，围护结构传热影响到采暖空调负荷和建筑全年能耗。墙体非稳定传热计算有三个方面的应用：一是计算采暖空调动态负荷；二是建筑全年动态能量模拟分析及建筑节能性能评价；三是建筑采暖空调系统动态模拟与系统控制策略评价。在这三个方面的应用中，先要计算由围护结构非稳定传热引起的得热量。

建筑围护结构的传热计算方法的发展经历了三个时期：稳定传热计算时期、准稳态传热计算时期和非稳定传热计算时期。Stephenson 和 Mitalas[31, 84, 85]于 1967 年提出的墙体反应系数方法标志着围护结构非稳定传热计算时期的开始。在用反应系数计算围护结构非稳定传热时，需要墙体和屋面，特别是重型厚实墙体的反应系数项数较多，计算量和计算机存贮空间要求较大。于是 Stephenson 和 Mitalas 继反应系数法之后又提出了传递函数法(TFM)[32]。到目前为止，反应系数方法和传递函数法在建筑能耗及采暖空调系统负荷分析中仍然是使用最广泛的计算建筑墙体非稳定传热得热的方法。在目前最流行的建筑和采暖空调系统模拟软件中，DOE-2 采用的反应系数方法，TRANSYS[86]和 HVACSIM+[87]等采用的是传递函数法。计算墙体的反应系数和 z 传递函数系数的传统方法是直接寻根法。直接寻根法存在三个弱点：第一，对于两层以上的墙体，由各层传递矩阵相乘导出复杂的双曲型 s 传递函数相当繁琐费时；第二，用数值搜索含有双曲型函数的复杂的特征方程的根时，不仅费时，而且可能会丢根，从而导致计算错误[88]；第三，在进行拉普拉斯逆变换时，求复杂的特征方程的导数较困难。这些问题不仅会使反应系数、周期反应系数和 z 传递系数计算不准确，而且花费较多的时间。因而，Hittle 提出了一种改进的寻根方法来尽可能地避免丢根现象[89]。

为了避免计算中的求根过程，用状态空间法来计算墙体的反应系数和 z 传递系数[36,37,38,90]。状态空间法的优点在于不需要求根，但需要以长时间的迭代作为代价。文献[90]认为，状态空间法本质上亦是一种差分方法，但与一般的差分方法相比，在采取一定措施（如折半—加倍、蛙跳等）之后，状态空间法具有时间步长不影响计算稳定性的突出优点。

后来，Davies[91]又提出了时域方法（TDM）来计算墙体的反应系数和 z 传递系数。这种方法是直接在时域内求解傅立叶方程的方法，因而避免了拉普拉斯变换及其逆变换。时域法建立在对傅立叶方程的两个时域解进行叠加的基础上，其中一个解描述墙体对保持稳定上升的温度激励的响应（即斜波激励），另一个解描述当环境和室内温度都保持为初始条件时系统的瞬态响应，再将两个解叠加而求出反应系数和 z 传递系数。时域法也避免了求根过程，但在计算多层墙体的响应时需要对每一层墙体进行分解；为了求出多个延迟时间，同样需要长时间的迭代过程。

本章介绍一种我们最新提出计算墙体反应系数和 z 传递系数的方法。这种方法用系统辨识方法从墙体非稳定传热的理论频率响应中辨识出一种简单的 s 传递函数来代替多层墙体的原本复杂的 s 传递函数,再从这个简单的 s 传递函数计算出墙体反应系数和 z 传递系数。这不仅避免了直接寻根法等方法所存在的问题,而且计算简单可靠、速度快、精度高。

5.2 围护结构非稳定传热得热计算

下面首先介绍在采暖空调动态负荷计算及建筑能耗分析中，墙体的反应系数、周期反应系数和 z 传递系数是如何用来计算通过墙体的传热得热量的，然后再介绍怎样用系统辨识中的 FDR 方法来计算墙体的反应系数、周期反应系数和 z 传递系数。如果有了室内外气象参数的离散数据，并已知墙体的反应系数、周期反应系数和 z 传递系数，那么可以用以下计算方法来计算通过墙体的非稳定传热得热量。

5.2.1 室内外气象参数的离散

要用反应系数、周期反应系数和 z 传递系数求通过围护结构的传热得热，首先应将随时间连续变化的扰量（即室内空气温度和室外空气综合温度的变化）离散为按时间序列分布的单元扰量。一般将室内空气温度和室外空气综合温度看作墙体内外侧的连续扰量。在围护结构非稳定传热计算中，这些扰量一般以 1h 为时间间隔进行离散。

一个非周期变化的连续扰量可看作为一个连续的时间函数 $f(\tau)$。在围护结构非稳定传热计算中，通常用等腰三角波函数和矩形波函数来离散。但采用等腰三角波进行扰量的离散，能够更加精确地表达室内外温度的变化规律。因而，通常采用单位等腰三角波作为外扰的单元扰量。图 5.1 是连续函数的三角波分解示意图。

连续扰量可以分解成等腰三角波。一个等腰三角波函数是一个单位等腰三角波函数乘以它的高。一个单位等腰三角波函数可以看作由三个斜波函数叠加组成，如图 5.2 所示。其中斜波函数 $g(\tau)$ 的定义式为：

$$g(\tau) = \begin{cases} 0, \tau < 0 \\ \dfrac{\tau}{\Delta\tau}, \tau \geqslant 0 \end{cases} \tag{5.1}$$

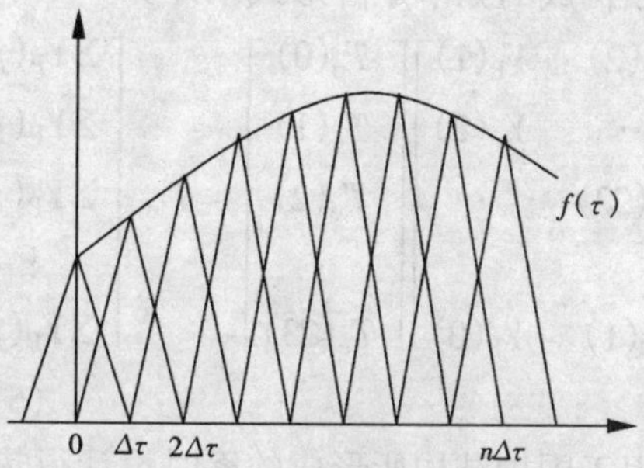

图 5.1　连续扰量的三角波分解

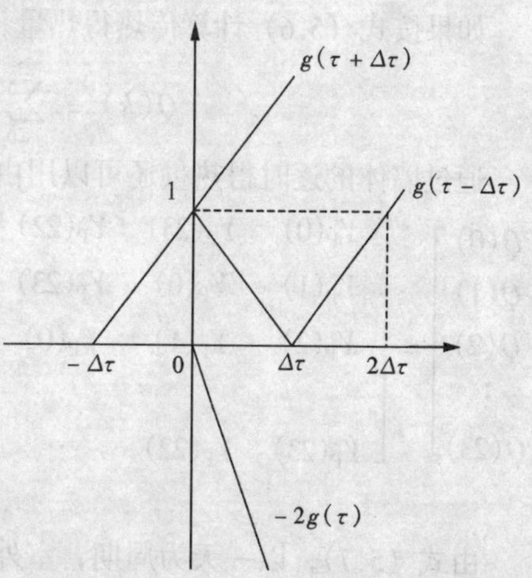

图 5.2　单位等腰三角波函数的合成

这样，单位等腰三角波函数$\theta(\tau)$可以表示为

$$\theta(\tau) = g(\tau + \Delta\tau) - 2g(\tau) + g(\tau - \Delta\tau) \tag{5.2}$$

式中 $g(\tau + \Delta\tau)$——从$-\Delta\tau$时刻开始的斜率为$1/\Delta\tau$的斜波；

$2g(\tau)$——从0时刻开始的斜率为$2/\Delta\tau$的斜波；

$g(\tau - \Delta\tau)$——从$\Delta\tau$时刻开始的斜率为$1/\Delta\tau$的斜波。

对于室内外温度扰量，离散时间$\Delta\tau$通常取1h，所以上述斜波函数$g(\tau)$就成为从零时刻开始，以斜率为1的速度增长的扰量，这样的斜波被称为单位斜波函数。

5.2.2 用反应系数计算得热量

如果室内空气温度$T_{in}(k)$和室外空气综合温度$T_e(k)$离散为随时间而变化的等间隔（一般为1h）时间序列，则k时刻通过墙体的传热得热量$Q(k)$应为

$$Q(k) = \sum_{j=0}^{\infty} Y(j) T_e(k-j) - \sum_{j=0}^{\infty} Z(j) T_{in}(k-j) \tag{5.3}$$

式中 $Y(j)$——墙体传导传热反应系数；

$Z(j)$——墙体内表面吸热反应系数。

如果室内空气温度为任意常数$T_{in,c}$，则式（5.3）可改写为：

$$Q(k) = \sum_{j=0}^{\infty} Y(j) T_e(k-j) - KT_{in,c} \tag{5.4}$$

式中 K——墙体的传热系数。

5.2.3 用周期反应系数计算得热量

对于一般采暖空调系统工程设计，在计算围护结构的传热得热量时，都是假定室内空气温度保持为某一常数，以某代表日的气象资料作为不同季节（如空调系统设计为夏季）的设计依据。也就是说，认为这种气象条件（外扰）是以24h为周期，反复作用于建筑外围护结构。这时，可用周期反应系数计算围护结构的传热得热量。

假设室内设计温度为$T_{in,s}$，通过墙体的任意时刻k的传热得热量为$Q(k)$

$$Q(k) = \sum_{j=0}^{23} Y_P(j) T_e(k-j) - KT_{in,s} \tag{5.5}$$

式中 $Y_P(k)$——墙体的周期传热反应系数。

如果按式（5.6）计算传热得热量，与公式（5.5）所得结果也是完全相等的。

$$Q(k) = \sum_{j=0}^{23} Y_P(j) [T_e(k-j) - T_{in,s}] \tag{5.6}$$

通过墙体的逐时得热量还可以用由周期反应系数构成的如下矩阵形式来计算。

$$\begin{bmatrix} Q(0) \\ Q(1) \\ Q(2) \\ \vdots \\ Q(23) \end{bmatrix} = \begin{bmatrix} Y_P(0) & Y_P(23) & Y_P(22) & \cdots & Y_P(2) & Y_P(1) \\ Y_P(1) & Y_P(0) & Y_P(23) & Y_P(22) & \cdots & Y_P(2) \\ Y_P(2) & Y_P(1) & Y_P(0) & Y_P(23) & Y_P(22) & \cdots \\ & & \ddots & & & \\ Y_P(23) & Y_P(22) & \cdots & Y_P(2) & Y_P(1) & Y_P(0) \end{bmatrix} \begin{bmatrix} T_e(0) \\ T_e(1) \\ T_e(2) \\ \vdots \\ T_e(23) \end{bmatrix} - T_{in,s} \begin{bmatrix} \Sigma Y_P(j) \\ \Sigma Y_P(j) \\ \Sigma Y_P(j) \\ \vdots \\ \Sigma Y_P(j) \end{bmatrix} \tag{5.7}$$

由式（5.7），以一天为周期，室外空气温度作用于围护结构所形成的逐时设计得热量可表示为：

$$\boldsymbol{Q} = \boldsymbol{Y}_{\mathrm{P}}\boldsymbol{T}_{\mathrm{e}} - \boldsymbol{Y}_{\mathrm{P}}\boldsymbol{T}_{\mathrm{in,s}} = \boldsymbol{Y}_{\mathrm{P}}(\boldsymbol{T}_{\mathrm{e}} - \boldsymbol{T}_{\mathrm{in,s}}) \tag{5.8}$$

式中 $\boldsymbol{Q}$——逐时传热得热量的列矢量；

$\boldsymbol{Y}_{\mathrm{P}}$——周期反应系数矩阵；

$\boldsymbol{T}_{\mathrm{e}}$——室外空气综合温度的列矢量；

$T_{\mathrm{in,s}}$——为室内设计温度值的列矢量。

5.2.4 用 z 传递系数计算得热量

当室内空气温度 T_{in}保持为0℃时，由 z 传递函数的定义可以得出 k 时刻通过围护结构传热得热量 $Q_{\mathrm{Y}}(k)$ 的计算公式为：

$$Q_{\mathrm{Y}}(k) = \sum_{i=0}^{r} b_{\mathrm{i}} T_{\mathrm{e}}(k-i) - \sum_{i=1}^{m} d_{\mathrm{i}} Q_{\mathrm{Y}}(k-i) \tag{5.9}$$

当室外空气综合温度 T_{e} 恒定为0℃时，由 z 传递函数的定义可以得出 k 时刻围护结构内表面吸热得热量 $Q_{\mathrm{Z}}(k)$ 的计算公式为：

$$Q_{\mathrm{Z}}(k) = \sum_{i=0}^{r} c_{\mathrm{i}} T_{\mathrm{in}}(k-i) - \sum_{i=1}^{m} d_{\mathrm{i}} Q_{\mathrm{Z}}(k-i) \tag{5.10}$$

室内空气温度 T_{in}和室外综合温度 T_{e} 均发生变化时，k 时刻通过墙体的得热量$Q(k)$为：

$$\begin{aligned} Q(k) &= Q_{\mathrm{Y}}(k) - Q_{\mathrm{Z}}(k) = \sum_{i=0}^{r} b_{\mathrm{i}} T_{\mathrm{e}}(k-i) - \sum_{i=1}^{m} d_{\mathrm{i}} Q_{\mathrm{Y}}(k-i) \\ &\quad - \sum_{i=0}^{r} c_{\mathrm{i}} T_{\mathrm{in}}(k-i) + \sum_{i=1}^{m} d_{\mathrm{i}} Q_{\mathrm{Z}}(k-i) \\ &= \sum_{i=0}^{r} b_{\mathrm{i}} T_{\mathrm{e}}(k-i) - \sum_{i=0}^{r} c_{\mathrm{i}} T_{\mathrm{in}}(k-i) - \sum_{i=1}^{m} d_{\mathrm{i}} Q(k-i) \end{aligned} \tag{5.11}$$

式中，$b_{\mathrm{k}}(\mathrm{W/(m^2 \cdot K)})$, $c_{\mathrm{k}}(\mathrm{W/(m^2 \cdot K)})$和 d_{k}（无量纲）为墙体的 z 传递系数。

室内空气温度为常数 $T_{\mathrm{in,c}}$时，k 时刻通过墙体的得热量$Q(k)$为：

$$Q(k) = \sum_{i=0}^{r} b_{\mathrm{i}} T_{\mathrm{e}}(k-i) - \sum_{i=1}^{m} d_{\mathrm{i}} Q(k-i) - T_{\mathrm{in,c}} \sum_{i=0}^{r} c_{\mathrm{i}} \tag{5.12}$$

由这些计算式可以看出，要准确计算通过墙体的传热得热量，必须首先准确地计算出墙体的动态热特性数据：墙体的反应系数、周期反应系数和 z 传递系数。

5.3 墙体热力系统的理论频率响应

建筑墙体由含有两侧空气层的多层墙体构成，可视为一维多层均质结构。各层的热物性参数可视为常数。其非稳定热传导偏微分方程和傅里叶方程经拉普拉斯变换后可得到以矩阵形式表示的多层墙体非稳定传热的方程式

$$\begin{bmatrix} T_{\mathrm{in}}(s) \\ Q_{\mathrm{in}}(s) \end{bmatrix} = \begin{bmatrix} A(s) & B(s) \\ C(s) & D(s) \end{bmatrix} \begin{bmatrix} T_{\mathrm{out}}(s) \\ Q_{\mathrm{out}}(s) \end{bmatrix} \tag{5.13}$$

式中 T——温度，K；

Q——热流，$\mathrm{W/m^2}$；

A、B、C、D——墙体传递矩阵元素，表征着墙体动态特性；

s——拉普拉斯变量，下标 in 和 out 分别表示墙体内外侧。

墙体的传递矩阵是多层墙体各层传递矩阵的乘积。对于含有两侧空气层的 n 层墙体，墙体的传递矩阵为：

$$\begin{bmatrix} A(s) & B(s) \\ C(s) & D(s) \end{bmatrix} = \begin{bmatrix} A_{in}(s) & B_{in}(s) \\ C_{in}(s) & D_{in}(s) \end{bmatrix} \begin{bmatrix} A_1(s) & B_1(s) \\ B_1(s) & D_1(s) \end{bmatrix} \cdots \begin{bmatrix} A_n(s) & B_n(s) \\ C_n(s) & D_n(s) \end{bmatrix} \begin{bmatrix} A_{out}(s) & B_{out}(s) \\ C_{out}(s) & D_{out}(s) \end{bmatrix} \tag{5.14}$$

对于平板型墙体结构，每层的传递矩阵的元素分别为如下形式的双曲或指数函数：

$$A_k = D_k = \mathrm{ch}(L_k \sqrt{s/a_{mk}}) \tag{5.15}$$

$$B_k = -R_k \mathrm{sh}(L_k \sqrt{s/a_{mk}}) / (L_k \sqrt{s/a_{mk}}) \tag{5.16}$$

$$C_k = -L_k \sqrt{s/a_{mk}} \mathrm{sh}(L_k \sqrt{s/a_{mk}}) / R_k \tag{5.17}$$

式中 $a_{mk}(=\lambda_k/\rho_k C_{pk})$——墙体第 k 层的导温系数；

λ_k——墙体第 k 层的导热系数，W/（m·K）；

ρ_k——墙体第 k 层的密度（kg/m^3）；

C_{pk}——墙体第 k 层的比热，J/（kg·K）；

R_k——墙体第 k 层的热阻，m^2·K/W；

L_k——墙体第 k 层的厚度，m。

文献［92］通过拉普拉斯变换导出了圆柱形和球形围护结构的传递矩阵元素的表达式。这两种围护结构的传递矩阵元素有更为复杂的函数形式，如含有贝塞尔函数。

当某层的热容与其热阻相比可以忽略时，其传递矩阵变为 $\begin{bmatrix} A_k(s) & B_k(s) \\ B_k(s) & D_k(s) \end{bmatrix} = \begin{bmatrix} 1 & -R_k \\ 0 & 1 \end{bmatrix}$。因此，墙体两侧的空气层的传递矩阵可写为 $\begin{bmatrix} A_{in}(s) & B_{in}(s) \\ B_{in}(s) & D_{in}(s) \end{bmatrix} = \begin{bmatrix} 1 & -R_{in} \\ 0 & 1 \end{bmatrix}$ 及 $\begin{bmatrix} A_{out}(s) & B_{out}(s) \\ B_{out}(s) & D_{out}(s) \end{bmatrix} = \begin{bmatrix} 1 & -R_{out} \\ 0 & 1 \end{bmatrix}$。

式（5.11）可改写成如下形式：

$$\begin{bmatrix} Q_{in}(s) \\ Q_{out}(s) \end{bmatrix} = \begin{bmatrix} G_X(s) & -G_Y(s) \\ G_Y(s) & -G_Z(s) \end{bmatrix} \begin{bmatrix} T_{in}(s) \\ T_{out}(s) \end{bmatrix} \tag{5.18}$$

式中 $G_X(s)$、$G_Z(s)$ 及 $G_Y(s)$ 分别为墙体的内、外表吸热面 s 传递函数及传热 s 传递函数。它们都是复杂的双曲型 s 传递函数。因 $A(s)D(s)-C(s)B(s)=1$，这些传递函数可写为：

$$G_X(s) = D(s)/B(s) \tag{5.19}$$

$$G_Y(s) = 1/B(s) \tag{5.20}$$

$$G_Z(s) = A(s)/B(s) \tag{5.21}$$

将 $s = j\omega (j=\sqrt{-1})$ 代入式(5.19) ~ (5.21)，即可得到复函数 $G_X(j\omega)$、$G_Z(j\omega)$ 及 $G_Y(j\omega)$，称之为墙体内、外表面吸热及传热的理论频率响应[93]，并都记为 $G(j\omega)$。这种频率响应可以将频率变量 $s = j\omega$ 代入墙体的各层传递矩阵，再由式（5.14）通过简单的矩阵相乘得到。不管是平板型、圆柱形还是球形墙体，只要知道其单层结构的传递矩阵的各元素的表达式，就可以用这种简单方式计算出墙体热力系统的理论频率响应。

5.4 墙体热力系统的多项式 s 传递函数的辨识

墙体吸热或传热 s 传递函数是由双曲函数或贝塞尔函数组成的复杂函数，求解比较困难，也容易出错。系统辨识理论告诉我们：通过试验测得系统的频率响应，再用适当的辨识算法就可以从获得的系统频率响应中构造出一些简单而又等价的系统模型，如 s 传递函数，z 传递函数等。在 5.3 节中，我们已经讨论了多层墙体热力系统的频率响应可以由简单的矩阵相乘得到。既然其他计算方法可能导致多层墙体的反应系数、周期反应系数和 z 传递系数的计算错误等问题，那么，是否可以通过墙体热力系统的频率响应和适当的辨识算法来构造出一种简单而又等价的数学函数（如多项式之比的 s 传递函数），再由这种简单的数学函数进一步计算出墙体的反应系数、周期反应系数和 z 传递系数呢？如果能够构造出这种简单的数学函数，那么通过它来求解多层墙体非稳定传热问题，既可以避免传统方法存在的诸多问题，又能使计算过程更为简单，易于实现，结果准确可靠。基于系统辨识理论的这种思想，在第 2 章中我们提出频域回归（FDR）方法。这里，将用 FDR 方法从多层墙体非稳定传热的频率响应中构造出一种多项式之比的简单的 s 传递函数，进而计算墙体的反应系数、周期反应系数和 z 传递系数。这种新方法以这个多项式之比 s 传递函数等价地代替墙体原本含有双曲型或贝塞尔函数的复杂的 s 传递函数，从而简化了求根过程，确保计算的准确性。

设多层墙体含有双曲型或贝塞尔函数的吸热和传热 s 传递函数$G(s)$，通过 FDR 方法可转化为如公式（2.4.1）所示简单的多项式 s 传递函数形式。式（2.4.1）重写如下：

$$\tilde{G}(s)=\frac{\beta_0+\beta_1 s+\beta_2 s^2+\cdots+\beta_r s^r}{1+\alpha_1 s+\alpha_2 s^2+\cdots+\alpha_m s^m}=\frac{\tilde{B}(s)}{1+\tilde{A}(s)} \tag{5.22}$$

该多项式 s 传递函数的辨识计算过程如下：

第 1 步：给定墙体的结构形式及其层数 n、墙体各层的热特性参数，包括导热系数 λ、密度 ρ、比热 C_p 和厚度 l，以及室内外侧墙面空气边界层的热阻 R_{out}，R_{in}（如果墙体含有空气夹层，也需要给出其热阻）。确定所关心的频率范围 10^{-n_1}，10^{-n_2}和计算频率点数 N。n_1，n_2 和 N 一般可分别取 8，3 和 $9(n_1-n_2)+1$。

第 2 步：在所关心的频率范围内等对数间隔地产生 N 个频率点（即：$\omega_k=10^{-n_1+(k-1)(n_1-n_2)/(N-1)}$，$(k=1, 2, \cdots, N)$。在频率点 ω_k $(k=1, 2, \cdots, N)$，将 $s=j\omega_k$ 代入墙体的各层传递矩阵计算式（5.15）~（5.17），计算各层的复数传递矩阵，通过各层传递矩阵相乘，计算墙体总的传递矩阵的各个元素，$A(j\omega_k)$，$B(j\omega_k)$，$C(j\omega_k)$ 和 $D(j\omega_k)$，进一步由式（5.19）~（5.21）得到墙体的理论频率响应 $G_X(j\omega_k)$，$G_Y(j\omega_k)$和 $G_Z(j\omega_k)$。

第 3 步：确定多项式$1+\tilde{A}(s)$和 $\tilde{B}(s)$ 的阶数 m 和 r，一般取 5 ~ 6 项且 $m=r$。从墙体横向传热的理论频率响应 $G_Y(j\omega_k)$中辨识出多项式 s 传递函数$\tilde{G}_Y(s)$ 的系数 α_i $(i=1, 2, \cdots, m)$和 β_i $(i=0, 1, 2, \cdots, r)$。同样地，可以从频率响应特性 G_X

$(j\omega_k)$ 和 $G_Z(j\omega_k)$ 中分别得到内、外表面吸热多项式 s 传递函数 $\tilde{G}_X(s)$ 和 $\tilde{G}_Z(s)$。

5.5 墙体动态热特性参数计算

用 FDR 方法得到了墙体内外表面吸热和横向传热的多项式 s 传递函数之后，就可以进一步导出墙体的动态热特性参数：反应系数、周期反应系数和 z 传递系数计算式。

5.5.1 墙体反应系数

墙体的吸热和传热反应系数的定义是：当墙体一侧温度保持为零，另一侧作用一单位温度扰量（单位等腰三角波）时，墙体两侧表面的吸热量或横向传热量的逐时值，单位为 $W/(m^2 \cdot K)$。墙体反应系数实际上就是求墙体的 s 传递函数与单位等腰三角波函数的拉普拉斯变换的乘积的拉普拉斯逆变换的逐时离散值。由于单位等腰三角波函数是由单位斜波函数组成的，为了求出墙体热力系统对单位等腰三角波温度函数的响应，就应先求得其对单位斜波温度函数的响应。下面以墙体的横向传热为例，导出反应系数的计算公式。

1. 单位斜波激励下的响应

单位斜波函数 $g(\tau)$ 的拉普拉斯变换为：$L[g(\tau)] = 1/s^2$。

当室内温度保持为零时，墙体传热多项式 s 传递函数 $\tilde{G}_Y(s)$ 对墙体外侧单位温度斜波函数的响应，即为在该温度函数激励下通过墙体进入室内的热流 $q(\tau)$。用拉普拉斯逆变换表示如下：

$$q(\tau) = L^{-1}\left(\frac{\tilde{G}_Y(s)}{s^2}\right) = L^{-1}\left(\frac{\tilde{B}(s)}{s^2(1+\tilde{A}(s))}\right) \tag{5.23}$$

设多项式 $1+\tilde{A}(s)$ 有 m 个负实根（$-s_i\ i=1, 2, \cdots, m$），由海维赛德（Heaviside）展开式可以得到

$$\begin{aligned} q(\tau) &= L^{-1}\left(\frac{\tilde{B}(s)}{s^2(1+\tilde{A}(s))}\right) \\ &= \lim_{s\to 0}\frac{\mathrm{d}}{\mathrm{d}s}\left[s^2\frac{\tilde{B}(s)}{s^2(1+\tilde{A}(s))}\mathrm{e}^{s\tau}\right] + \sum_{i=1}^{m}\frac{\tilde{B}(s)}{[s^2(1+\tilde{A}(s))]'}\mathrm{e}^{s\tau}\Bigg|_{s=-s_i} \end{aligned} \tag{5.24}$$

当 $\tau=0$ 时，尚无扰量作用，其传热量 $q(0)$ 应为零。当 $s=0$ 时，墙体传热多项式 s 传递函数 $\tilde{G}_Y(s)$ 等于墙体的总传热系数 K。因此，可以得到在单位斜波函数扰量作用下，墙体传热多项式 s 传递函数 $\tilde{G}_Y(s)$ 的响应为

$$q(\tau) = K\tau + \sum_{i=1}^{m}\delta_i(1-\mathrm{e}^{-s_i\tau}) \tag{5.25}$$

式中 δ_i（$i=1, 2, \cdots, m$）是 $\tilde{G}_Y(s)/s^2$ 在第 i 个根处的留数，其计算式为：

$$\delta_i = -\tilde{B}(-s_i)/[s_i^2\tilde{A}'(-s_i)] \tag{5.26}$$

2. 单位等腰三角波扰量作用下的响应

墙体传热反应系数定义为，当室内温度保持为零，在墙体外侧施加一个单位等腰三角波的温度扰量时，室内侧热流的逐时值。当室内温度保持为零，在墙体外侧施加一个单位等腰三角波的温度扰量时，室内侧热流$\vartheta(\tau)$可以用下式表示

$$\vartheta(\tau)=q(\tau-\Delta\tau)-2q(\tau)+q(\tau+\Delta\tau) \tag{5.27}$$

用式（5.25）、(5.27) 求得的结果是时间的连续函数。为了便于传热得热量的计算，应将其离散为时间序列。也就是，按 $\tau_k=k\Delta\tau$ 离散（此处 k 为整数计数，$\Delta\tau$ 通常取 1h）得到逐时值 $\vartheta(\tau_k)$ （$\tau_k=0\Delta\tau$，$1\Delta\tau$，$2\Delta\tau$，…），即为墙体传热反应系数 $Y(0)$，$Y(1)$，$Y(2)$，…。用公式表示为：

$$Y(k)=\vartheta(\tau_k) \qquad (k=0,1,2,\cdots) \tag{5.28}$$

当 $\tau=0\Delta\tau$（即 $k=0$）时，墙体只受一个斜波函数 $g(\tau+\Delta\tau)$ 的作用。根据式（5.25），首项反应系数 $Y(0)$ 为

$$Y(0)=\frac{1}{\Delta\tau}q(0\Delta\tau+\Delta\tau)=K+\sum_{i=1}^{m}\frac{\delta_i}{\Delta\tau}(1-e^{-s_i\Delta\tau}) \tag{5.29}$$

当 $\tau\geqslant\Delta\tau$（即 $k\geqslant1$）时，墙体受到三个斜波扰量的作用。由（5.25）和（5.27）式有：

$$Y(k)=-\sum_{i=1}^{m}\frac{\delta_i}{\Delta\tau}(1-e^{-s_i\Delta\tau})^2e^{-(k-1)s_i\Delta\tau},k\geqslant1 \tag{5.30}$$

用相同的方法可分别推导出墙体的外表面吸热反应系数 $X(k)$ 和内表面吸热反应系数 $Z(k)$。由于用 FDR 方法得到的墙体内外表面吸热和横向传热的多项式 s 传递函数形式是一样的，$X(k)$ 和 $Z(k)$ 与 $Y(k)$ 有相同的计算式。墙体反应系数存在以下性质：

$$\sum_{k=0}^{\infty}X(k)=\sum_{k=0}^{\infty}Y(k)=\sum_{k=0}^{\infty}Z(k)=K \tag{5.31}$$

5.5.2 墙体周期反应系数

在进行空调系统负荷计算时，一般假设设计日的室外空气综合温度周期性（反复）地作用于外围护结构。在这种周期性扰量的作用下，采用周期反应系数（分别用符号 $X_P(k)$、$Y_P(k)$ 和 $Z_P(k)$ 表示）计算围护结构的传热得热量是相当方便的。在计算时，这种周期性扰量仍然离散为单位三角波。如果一个单位等腰三角波扰量以固定的周期 T_0 反复出现，这时，其反应系数可以用叠加原理求得。如已知单位等腰三角波作用下的传热反应系数 $Y(k)$，周期反应系数 $Y_P(k)$ 等于瞬态非周期反应系数加上一个附加值 $\Delta Y(k)$，即

$$Y_P(k)=Y(k)+\Delta Y(k)$$

$$\Delta Y(k)=Y(k+M)+Y(k+2M)+Y(k+3M)+\cdots \tag{5.32}$$

其中 M 为一个周期内的采样次数，即 $T_0=M\Delta\tau$（$\Delta\tau$ 为采样时间）。用辨识得到的多项式 s 传递函数可以方便地求得周期反应系数。以周期传热反应系数 $Y_P(k)$ 为例，可以由式（5.29)、(5.30）和（5.32）导出：

$$Y_P(0)=K+\sum_{i=1}^{m}\frac{\delta_i}{\Delta\tau}(1-e^{-s_i\Delta\tau})\frac{1-e^{-(M-1)s_i\Delta\tau}}{1-e^{-Ms_i\Delta\tau}} \tag{5.33}$$

$$Y_P(k)=-\sum_{i=1}^{m}\frac{\delta_i}{\Delta\tau}(1-e^{-s_i\Delta\tau})^2\frac{e^{-(k-1)s_i\Delta\tau}}{1-e^{-Ms_i\Delta\tau}},1\leqslant k\leqslant M-1 \tag{5.34}$$

假设室外扰量以 24h 为周期变化，$\Delta\tau$ 取 1h，则 M 等于 24。

墙体内外表面吸热周期反应系数$X_P(k)$和$Z_P(k)$与$Y_P(k)$有相同的计算式，且墙体周期反应系数具有以下性质：

$$\sum_{k=0}^{\infty} X_P(k) = \sum_{k=0}^{\infty} Y_P(k) = \sum_{k=0}^{\infty} Z_P(k) = K \tag{5.35}$$

5.5.3 墙体 z 传递系数

对于墙体热力系统，采用的系统扰量通常是单位等腰三角波温度信号。因此，下面讨论的z传递函数是指墙体热力系统在单位等腰三角波脉冲激励下响应的Z变换。墙体对单位斜波函数的传热响应由式（5.25）确定。对式（5.25）按等时间间隔$\Delta\tau$（$\Delta\tau = 1\text{h}$）进行离散，单位斜波激励序列的Z变换为

$$Z[q^*(\tau)] = Z[K\tau] + Z[\sum_{i=1}^{m} \delta_i] - Z[\sum_{i=1}^{m}]\delta_i e^{-s_i\tau}] \tag{5.36}$$

其中$q^*(\tau)$为$q(\tau)$的逐时离散序列。可以看出，$Z[q^*(\tau)]$为斜波函数、阶跃函数和指数函数的Z变换之和。由Z变换的基本定理和性质得：

$$\begin{aligned} Z[q^*(\tau)] &= \frac{K\Delta\tau}{z(1-z^{-1})^2} + \sum_{i=1}^{m} \frac{\delta_i}{1-z^{-1}} - \sum_{i=1}^{m} \frac{\delta_i}{1-e^{-s_i\Delta\tau}z^{-1}} \\ &= \frac{B_1(z)}{z(1-z^{-1})^2 \prod_{i=1}^{m}(1-e^{-s_i\Delta\tau}z^{-1})} \end{aligned} \tag{5.37}$$

式中B_1（z）是通分以后的分子，应为z^{-1}的r阶多项式。因此墙体的传热z传递函数$G_Y(z)$应等于墙体对单位等腰三角波的传热响应逐时离散序列$\vartheta^*(\tau)$的Z变换。由式（5.27）得

$$\begin{aligned} G_Y(z) &= Z[\vartheta^*(\tau)] \\ &= \frac{1}{\Delta\tau}\{Z[q^*(\tau+\Delta\tau)] - 2Z[q^*(\tau)] + Z(q^*(\tau-\Delta\tau)]\} \\ &= \frac{1}{\Delta\tau}Z[q^*(\tau)](z-2-z^{-1}) = \frac{z(1-z^{-1})^2}{\Delta\tau}Z[q^*(\tau)] \end{aligned} \tag{5.38}$$

其中$\vartheta^*(\tau)$为$\vartheta(\tau)$的逐时离散序列。将式（5.37）代入式（5.38），可得到墙体的传热z传递函数，并写成两个z^{-1}多项式之比的形式如下：

$$G_Y(z) = \frac{B_1(z)/\Delta\tau}{\prod_{i=1}^{m}(1-e^{-s_i\Delta\tau}z^{-1})} = \frac{b_0 + b_1z^{-1} + b_2z^{-2} + \cdots + b_r z^{-r}}{1 + d_1z^{-1} + d_2z^{-2} + \cdots + d_m z^{-m}} \tag{5.39}$$

式（5.39）两侧分母的零幂次项系数均等于1，所以两侧分母相等。根据等式两侧z^{-1}的同幂次项系数相等的原则，可得出传递系数d_i的计算式如下：

$$\begin{cases} d_0 = 1 \\ d_1 = -(e^{-s_1\Delta\tau} + e^{-s_2\Delta\tau} + \cdots e^{-s_m\Delta\tau}) \\ d_2 = e^{-(s_1+s_2)\Delta\tau} + e^{-(s_1+s_3)\Delta\tau} + \cdots + e^{-(s_1+s_m)\Delta\tau} \\ \vdots \\ d_m = (-1)^m e^{-(s_1+s_2+\cdots+s_m)\Delta\tau} \end{cases} \tag{5.40}$$

可以看出，z传递系数d_i由多项式s传递函数$\tilde{G}_Y(s)$的分母的诸根$-s_i$惟一确定。而

z 传递系数 b_i 的值可以由式（5.38）和式（5.39）共同确定，且首项系数 $b_0 = Y(0)$。

同样地，围护结构的内外表面吸热 z 传递函数 $G_Z(z)$、$G_X(z)$ 及相应的 z 传递系数 c_i、a_i 都分别可以由多项式 s 传递函数 $\tilde{G}_Z(s)$ 和 $\tilde{G}_X(s)$ 导出。当 $z=1$ 时，墙体传热 z 传递函数和内外表面吸热 z 传递函数值都应等于墙体的传热系数 K，即：

$$\sum_{k=0} a_k \Big/ \sum_{k=0} d_k = \sum_{k=0} c_k \Big/ \sum_{k=0} d_k = \sum_{k=0} b_k \Big/ \sum_{k=0} d_k = K \tag{5.41}$$

5.6 计 算 实 例

5.6.1 墙体反应系数算例

Ouyang 和 Haghighat[38]用状态空间法和直接求根法计算出一个三层混凝土墙体的传热反应系数 $Y(k)(k=0, 1, 2, 3\cdots)$。该三层混凝土墙体由两层混凝土和中间的隔热层构成，各层的厚度及有关热特性参数列于表 5.1 中。用 FDR 方法辨识得到的墙体传热多项式 s 传递函数如下：

$$\tilde{G}_Y(s) = \frac{-4.9035\times10^{-5} + 2.3510\times10^{-7}s - 6.9965\times10^{-10}s^2 + 1.3877\times10^{-12}s^3 - 1.7751\times10^{-15}s^4 + 1.1396\times10^{-18}s^5}{1.0 + 3.1946\times10^{-3}s + 3.5972\times10^{-6}s^2 + 1.4998\times10^{-9}s^3 + 1.2129\times10^{-13}s^4 + 2.3019\times10^{-18}s^5}$$

通过式（5.26）可以进一步计算出它的传热反应系数 $Y(k)$。将三种方法的计算结果都列于表 5.2 中进行比较，可以看出，基于系统辨识的 FDR 方法的计算精度是相当高的。

三层混凝土墙体参数 **表 5.1**

墙体结构	l(m)	λ[W/(m·K)]	ρ(kg/m)	C_P[J/(kg·K)]	R(m²·K/W)
室外空气层					0.0500
混凝土	0.089	1.7300	2235	1106	0.0514
隔热层	0.127	0.0744	24	992	1.7070
混凝土	0.089	1.7300	2235	1106	0.0514
室内空气层					0.1600

三层混凝土墙的反应系数 $Y(k)$ [W/(m²·K)] 的比较 **表 5.2**

k	系统辨识方法	状态空间法	直接求根法
0	0.00001521	0.00001771	0.00001549
1	0.00163441	0.00164078	0.00164541
2	0.00849218	0.00852682	0.00852884
3	0.01600825	0.01606351	0.01605804
4	0.02127237	0.02132861	0.02132482
5	0.02453370	0.02458189	0.02458376
6	0.02630043	0.02634117	0.02634535
7	0.02697839	0.02701426	0.02701681
8	0.02687682	0.02690951	0.02690827
9	0.02622975	0.02625774	0.02625429
10	0.02521328	0.02523350	0.02523131
11	0.02395904	0.02397017	0.02397118
12	0.02256462	0.02256861	0.02257155
13	0.02110158	0.02110207	0.02110402
14	0.01962166	0.01962103	0.01962030

续表

k	系统辨识方法	状态空间法	直接求根法
15	0.01816159	0.01815949	0.01815708
16	0.01674674	0.01674130	0.01673967
17	0.01539396	0.01538425	0.01538486
18	0.01411377	0.01410104	0.01410310

5.6.2 周期反应系数算例

Spitler 从 z 传递系数中间接计算出了美国 ASHRAE 给出的具有代表性的 41 种墙体结构和 42 种屋顶结构的传热周期反应系数[88]。用基于系统辨识的方法计算 ASHRAE 墙体组 10 的传热周期反应系数。将 ASHRAE 墙体组 10 的两种计算结果列于表 5.3 进行比较。两者的传热周期反应系数非常一致。

ASHRAE 墙体组 10 的传热周期反应系数 [W/ (m^2·K)] 的比较 **表 5.3**

j	Y_P (j)*	Y_P (j) #	j	Y_P (j)*	Y_P (j) #
0	0.002946	0.002954	12	0.036863	0.03689
1	0.008195	0.008182	13	0.030405	0.030433
2	0.036684	0.036614	14	0.024928	0.024956
3	0.069334	0.069236	15	0.020339	0.020365
4	0.087338	0.087249	16	0.01653	0.016554
5	0.092183	0.092116	17	0.013391	0.013413
6	0.088912	0.08887	18	0.010819	0.010839
7	0.081362	0.081341	19	0.008722	0.00874
8	0.071974	0.071971	20	0.007019	0.007034
9	0.062202	0.062212	21	0.005639	0.005653
10	0.052858	0.052877	22	0.004525	0.004537
11	0.044356	0.04438	23	0.003627	0.003637

注：*—系统辨识方法，#—Spitler 计算结果。

5.6.3 z 传递系数算例

1. ASHRAE 墙体组 6

Harris 和 McQuiston[94]用直接寻根法给出了 41 组典型墙体和 42 组典型屋顶的传递系数 b_k 和 d_k 的值。这些值又用 SI 单位在 ASHRAE 基础手册[95]中给出。其中墙体组 6 的有关参数列于表 5.4 中。用系统辨识的 FDR 方法得到墙体横向传热多项式 s 传递函数。在应关心的频率范围内比较了多项式频率响应与墙体非稳定传热的理论频率响应，如图 5.3 所示。结果表明墙体的多项式 s 传递函数能在幅值和相位上以 1.0×10^{-7}W/ (m^2·K) 和 1.0×10^{-7}rad 的精度逼近墙体的双曲型 s 传递函数。也就是说，FDR 方法能给出一个简单而又等价的多项式 s 传递函数来代替多层墙体原本复杂的双曲型 s 传递函数。

用多项式 s 传递函数进一步计算出墙体的传热 z 传递系数并列于表 5.5 中，与 ASHRAE 结果进行比较。ASHRAE 的结果是从英制单位转换为 SI 单位的。两种方法的 z 传递函数的 $G(z)|_{z=1}$分别为 1.12938 和 1.12932W/(m^2·K)。墙体的 K 值是 1.12938W/(m^2·K)。结果表

明:墙体的传热 z 传递系数非常一致。

ASHRAE 墙体组 6 的参数 **表 5.4**

材料	参数				
	L (mm)	λ [W/(m·K)]	ρ (kg/m³)	C_P [J/(kg·K)]	R (m²·K/W)
室外空气层					0.0586
灰砂浆	25.39	0.6924	1858	8368	0.0367
高密度混凝土	101.59	1.7310	2243	8368	0.0587
隔热层	25.30	0.0433	32	8368	0.5846
石膏灰浆	19.05	0.7270	1602	8368	0.0262
室内空气层					0.1206

ASHRAE 手册还计算了通过该墙体 1m² 面积的逐时得热量。计算中采用的室外空气综合温度列于表 5.8 中。室内设计温度为 24℃。该室外综合温度反复作用于墙体外表面。在相同的条件下，用本文得到的 z 传递系数计算该墙体的传热得热量。两组得热量的结果列于表 5.8 中并进行比较。各时刻的得热量之间的最大差别仅为 10^{-3}W/m² 数量级。这种差别主要是因 ASHRAE 对他们的 z 传递系数进行单位转换造成的。因此，基于系统辨识得到的 z 传递系数能非常准确地计算墙体的得热量。

墙体组 6 的 z 传递系数 **表 5.5**

	b_0	b_1	b_2	b_3	b_4	b_5
ASHRAE	0.002870	0.053266	0.060031	0.007228	0.000050	0.000000
系统辨识	0.002868	0.053248	0.060036	0.007236	0.000051	0.000000
	d_0	d_1	d_2	d_3	d_4	d_5
ASHRAE	1.000000	−1.175800	0.300710	−0.015606	0.000006	0.000000
系统辨识	1.000000	−1.175710	0.300608	−0.015605	0.000005	0.000000

2. 空心砖墙

Davies[91]用时域方法（TDM）计算了一个空心砖墙的 z 传递系数。该墙体的有关参数列于表 5.6 中，其传热 z 传递系数列于表 5.7 中。基于系统辨识方法得到墙体的传热多项式 s 传递函数，并进一步计算出该墙体的传热 z 传递系数，列于表 5.7 中并与时域方法的结果进行比较。b_k 值间的差别不大于 0.000010W/（m²·K）。两种方法得到的 z 传递函数的频率响应在所关心的频率范围内是一致的，如图 5.4 所示。当 $z=1$ 时两种方法得到的 $G_Y(z)|_{z=1}$正好都等于 K 值，即 1.83033W/（m²·K）。

在 ASHRAE 墙体组 6 相同的室外空气综合温度计算条件下，用两种方法的 z 传递系数计算通过该墙体的逐时得热量，其结果列于表 5.8 中。比较表明：两种方法能够给出几乎相同的得热量。

空心砖墙的参数 **表 5.6**

材料	参数				
	L (mm)	λ (W/m·K)	ρ (kg/m³)	C_P (J/kgK)	R (m²·K/W)
室外空气层					0.060
砌砖层	105	0.840	1700	800	0.125
空心层					0.180
高密度混凝土	100	1.630	2300	1000	0.06135
室内空气层					0.120

空心砖墙的传热 z 传递函数系数 表 5.7

k	0	1	2	3	4	5
b_k*	0.000178	0.013915	0.043475	0.018078	0.001052	0.000006
b_k#	0.000179	0.013915	0.043460	0.018036	0.001034	0.000005
d_k*	1.000000	−1.619841	0.724516	−0.064305	0.001542	−0.000006
d_k#	1.000000	−1.620834	0.726131	−0.065025	0.001594	0.000000

注：*—系统辨识方法；#—时域方法。

墙体的传热得热量 表 5.8

时间 (h)	室外空气综合温度 (℃)	ASHRAE 墙体组 6		空心砖墙	
		得热量* (W/m²)	得热量# (W/m²)	得热量* (W/m²)	得热量** (W/m²)
1	24.4	11.646	11.645	23.165	23.166
2	24.4	9.999	9.998	21.194	21.195
3	23.8	8.517	8.515	19.155	19.155
4	23.3	7.203	7.201	17.146	17.146
5	23.3	6.016	6.014	15.212	15.213
6	23.8	4.960	4.958	13.375	13.375
7	25.5	4.081	4.079	11.671	11.671
8	27.2	3.473	3.472	10.166	10.166
9	29.4	3.209	3.207	8.955	8.955
10	31.6	3.304	3.303	8.112	8.112
11	33.8	3.755	3.754	7.690	7.690
12	36.1	4.523	4.523	7.709	7.709
13	43.3	5.584	5.584	8.165	8.165
14	49.4	7.162	7.163	9.107	9.107
15	53.8	9.498	9.498	10.747	10.747
16	55.0	12.441	12.442	13.210	13.210
17	52.7	15.591	15.592	16.396	16.396
18	45.5	18.406	18.408	19.982	19.982
19	30.5	20.260	20.262	23.461	23.461
20	29.4	20.392	20.393	26.138	26.138
21	28.3	19.019	19.020	27.378	27.378
22	27.2	17.157	17.157	27.325	27.325
23	26.1	15.247	15.246	26.407	26.407
24	25.0	13.403	13.402	24.950	24.950

注：*—系统辨识方法；#—ASHRAE；**—时域方法。

5.7 小　结

本章基于系统辨识方法从墙体传热的理论频率响应辨识出两个多项式之比的 s 传递函数来替代墙体原本复杂的 s 传递函数，再进一步导出计算墙体传热得热量所需要的反应系数、周期反应系数和 z 传递系数的计算式。

连续变化的室内外温度一般离散为温度等腰三角波序列。墙体的吸热、传热反应系数可以通过相应的吸热或传热多项式 s 传递函数对单位等腰三角波温度扰量的响应的拉普拉斯逆变换得到。墙体的 z 传递函数通过多项式 s 传递函数对单位等腰三角波温度扰量的响应的 Z 变换得到。周期反应系数计算是以室外温度扰量周期变化为基础的。周期反应系数可以直接由多项式 s 传递函数对单位温度三角波扰量的响应计算得到。

基于系统辨识的墙体非稳定传热计算方法简化了求根过程，避免了因失根而导致的计算错误；计算精度很好，计算结果可靠；方法简单，易于编程实现。大量的计算实例证实了这种方法的简单性、高效性、正确性及可靠性。

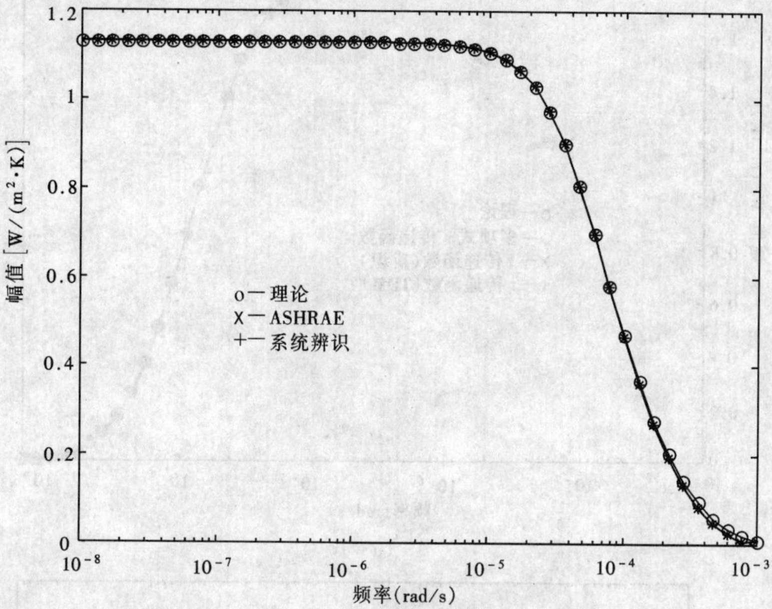

(a)

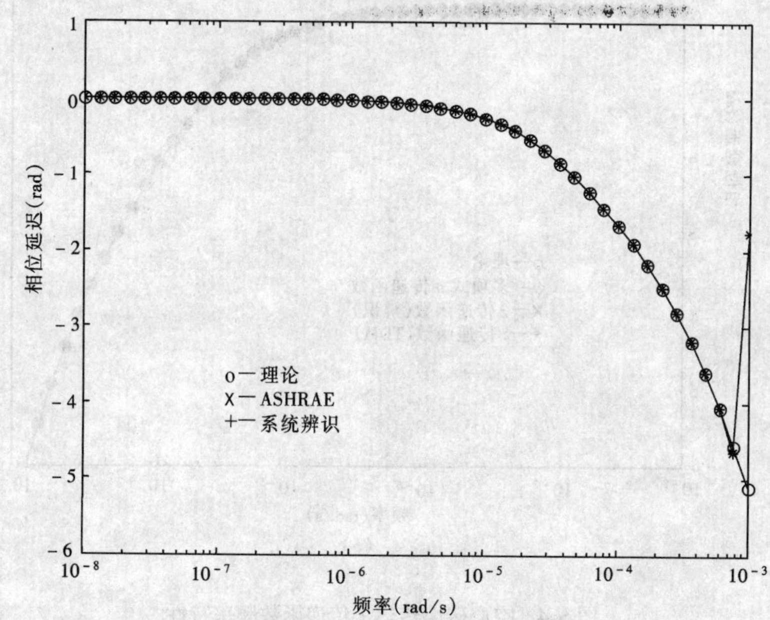

(b)

图 5.3 ASHRAE 墙体组 6 传热 z 传递函数的频率特性

(a) 幅频特性；(b) 相频特性

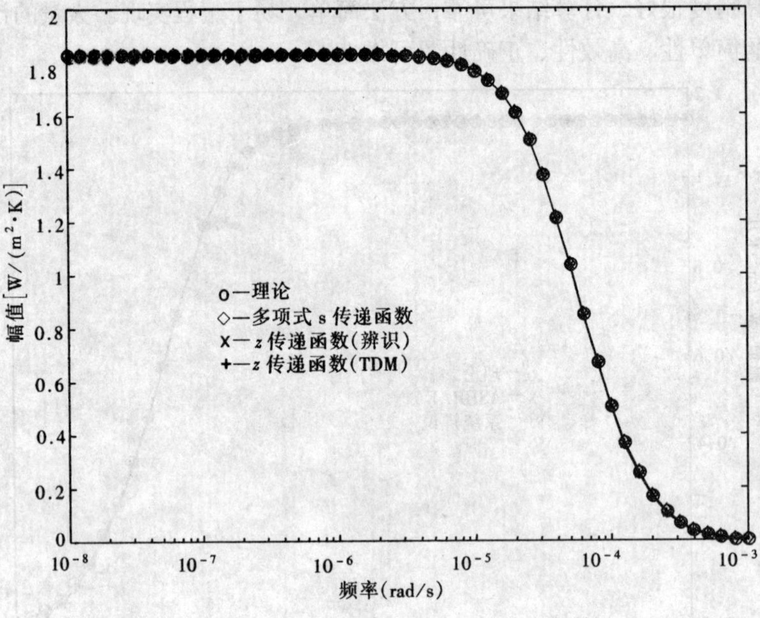

(*a*)

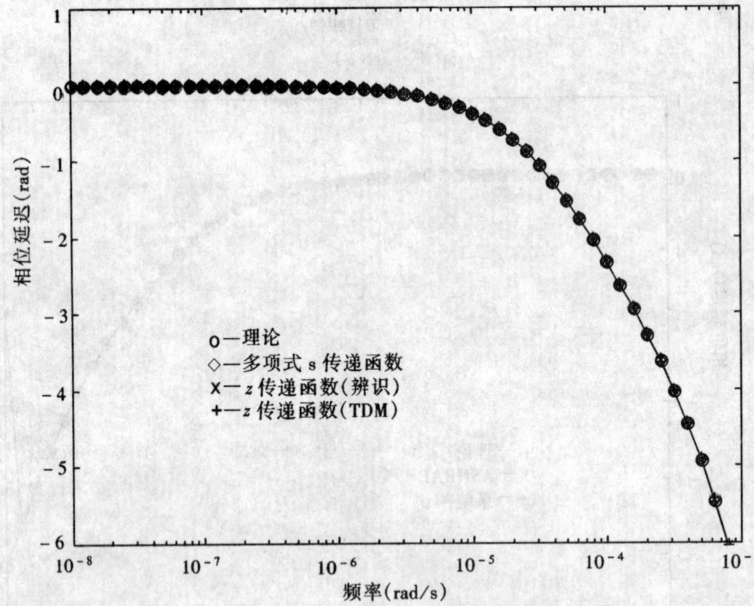

(*b*)

图 5.4　空心砖墙传热 *z* 传递函数频率特性

(*a*) 幅频特性；(*b*) 相频特性

第 6 章　建筑围护结构动态吸放湿过程的理论基础

6.1　建筑围护结构湿特性研究进展

建筑围护结构和室内的部分物体一般是由多孔性材料组成，在周围空气湿度上升时吸收水分，反之则释放水分，即所谓吸放湿特性。当材料中的温度和含湿量分布发生变化时，发生水分传导和相变过程；含湿量的变化和相变的发生，又影响着材料的传热系数等热物性参数和温度分布的变化。因此，在建筑围护结构中热湿传导过程是热湿的联合传导过程。但在建筑湿过程的研究中应根据具体的外部条件和不同的使用目的，分清主次因素的作用及其相互影响的程度，采用适当的分析方法。

6.1.1　围护结构湿特性研究的目的和意义

在暖湿气候中，当墙体中的湿传导过程和周围空气湿度水平发生变化时，容易引起墙体内部和表面结露。当空气和墙体中温度急剧下降到露点温度以下时，墙体表面也会发生结露现象，出现凝结水。当墙体结露时，表面会出现凝结水浸渍现象，导致霉菌生长，使墙体表面装饰材料因霉变而损坏剥落，严重地影响墙体的使用寿命和美观。据美国饭店旅馆协会统计，由于这方面的原因每年所花费的维修费用达 6800 万美元之多[107]。从这个意义上讲，围护结构湿传导特性的研究目的就是为了对围护结构结露条件进行分析。用热湿联合传导的数学模型对不同结构的墙体的结露条件进行分析，为在建筑设计中采用结露概率小的围护结构提供理论依据，为减少室内表面和墙体结露时间提供相应措施，以减少霉害等带来的损失。

另一方面，墙体和室内物体湿过程还影响到围护结构的热工特性和建筑能耗。这些物体的吸放湿过程直接影响着室内湿度水平和潜热负荷；吸放湿过程引起含湿量的变化和相变以及温度分布的变化，从而直接或间接地影响着显热负荷；而室内湿度的变化又影响到室内设施的耐用性、居住人员的健康和舒适性。从这个意义上讲，建筑湿特性研究的另一个目的是为了分析建筑湿过程对空调负荷及室内湿度水平的影响和建筑表面对室内湿度的调节作用。

随着空调负荷计算的进一步精确化，人们开始考虑从前未曾考虑的一些因素对空调负荷和建筑能耗的影响，其中围护结构和室内物体的吸放湿过程是其中的重要因素之一。从某种意义上讲，空调区域的湿负荷是由空气交换、人员设备产湿和材料吸放湿三个部分组成。计算空调湿负荷的传统方法只考虑了前两部分，这些方法在计算房间湿度条件和空调负荷时可能会导致显著的误差。室内表面材料可以吸收室内产湿量的三分之一[108]。在暖湿气候地区，湿负荷是空调负荷的主要部分之一。空调间歇运行时，对于一般的办公室系统需用 1～2h 来除去因夜间通风和空气渗漏带入的被室内表面所吸收的湿量[109, 110]。因而对吸放湿过程的研究显得尤为重要。另外，空调冷（热）、湿负荷也是确定空调设备容量的基本依据，在选择空调设备和革新空调系统时，要求对提出的方案进行分析评估，如果没有准确的分析工具对空调负荷进行估算，就会使空调系统不能满足负荷的需要或造成初投资的浪费。因此，在国外对建筑吸放湿过程的研究越来越受到重视，并已成为建筑能耗分析技术的重要组成部分。

6.1.2 围护结构湿特性研究的历史与现状

现有的建筑围护结构湿特性研究的理论方法都是以早期的对多孔材料的热湿过程的研究所取得的成果为基础的。由于多孔体材料的湿过程中存在液体分子扩散、蒸汽扩散、表面扩散、Kuden 扩散，毛细流和纯水力流动，使问题变得十分复杂，在数学上很难描述。早期的传统方法是求得各个因素所形成的水分迁移的总和[111, 112, 113]。这些方法表明，可以用总的水分扩散梯度和湿度梯度来表示水分迁移总量。

在 20 世纪 60 年代，用以不可逆热力学的现象学理论为基础的流动方程来研究多孔体材料的湿过程十分流行，该理论是由 Barringer[114]，Groot[115, 116, 117]和 Fitts[118]等人提出的。其中 Luikov[111, 119, 120]的研究，Cary 与 Taylor[121, 122]在土壤科学中的应用，以及 Valchar[123]，Roques 和 Cornish[124]，Fortes 和 Okos[125, 126]的工作都是这一研究的典型例子。

Harmathy[127]对多孔材料湿过程的研究工作为建筑湿过程研究打下了坚实的理论基础。他提出的多孔体材料湿扩散理论认为：多孔体材料中所有与含湿量有关的水分运动（除了有多孔体结构的渗透以外），都发生在蒸汽相。还要提到的是 Berger 与 Pei[128]，他们用定常渗透率计算出蒸汽和液体的传导。这些研究无疑为建筑湿过程的研究作了理论和方法上的准备。

人们以前就已认识到建筑内表面的吸放湿过程对室内湿度水平有影响，但建筑湿过程对空调负荷及室内条件的影响方面的研究是近几年应空调负荷计算精确化和建筑节能分析的要求才出现的，并且越来越受到重视。由于发生在居民住宅和商业建筑中的吸放湿过程是与室内湿度水平及其变化特性有关的动态交变过程，分析吸放湿对室内湿度的影响则需要一个与时间相关的动态模型。因此，对建筑材料动态吸放湿过程的理论和实验研究在近几年相继出现了。

Kusuda[129]首先建立了考虑室内表面吸放湿过程的室内湿度计算模型。该模型假设吸放湿过程发生在材料表面的薄层里并且与室内湿度达到瞬时平衡。该模型需要的两个参数——表面传质系数和室内表面含湿量是在特殊的围护结构中通过实验测定的。这些参数值通常不适用其他情况。然而 Kusuda 发现表面传质系数对房间特征不敏感，可以用诸如 Lewis 关系式计算。Kusuda 和 Miki 为了估算一些建筑材料在某一周围空气条件下的表面湿条件，用红外反射测试技术进行实测研究[130]，这些实测结果可用于 Kusuda 的计算模型，从而使建筑材料的吸放湿量及其对室内湿度的影响可以不借助于表面平均含湿量这一未知参数就能计算出来。但是，由于在不同的周围空气条件下每种材料的湿条件都需要计算，这就需要进行大量的实验测试，而且实测结果的应用范围只能局限于测试时的室内环境。

Franssen 和 Koppen 提出了在瞬时平衡和墙体为半无限体假设条件下求解一维非稳态扩散方程的理论方法[131]。但经实验验证，这些假设对某些材料是可以接受的，而对于那些暴露的环境条件和时间不同的材料则是不正确的，他们也没有提到吸放湿的交变性。Miller 在建筑能耗分析模型中提出了用简单的电阻电容电路描述材料的动态湿特性[132]，其中要用到的与 Kusuda 提出的模型相同的两个参数，须通过实验来测得。在 Martin 和 Verschoor 的实验研究中，为了估算材料的潜热贮存量对供冷能耗的影响，对 50 种材料的循环吸放湿过程进行了测量，结果表明大多数材料的湿响应，诸如表面和内部的含湿量，呈指数衰减特性[109]。然而在各种可能的初始边界条件下，用实验的方法测得吸放湿流量是一项极为困难的任务。

Fairey 等人研制出用于计算建筑材料吸放湿流量的三维有限元模型[133]，该模型也同样假设材料表面与环境达到瞬时平衡，通过求解一组热湿传导微分方程可以求得吸放湿量，但是求解这些方程需要诸如湿传导势等传导系数，这些系数只有极少数材料是可以获得的，而且很难计算。另外，瞬时平衡的假设对某些材料在一定条件下才能适用。Keresteciogle 提出一个用于计算吸放湿的更简单的集中参数法，并提出了用于吸放湿动态建模的具有均匀含湿量的等效渗透深度的理论[134, 135]。在建立建筑内部动态吸放湿模型时，由于等效渗透深度本身是一个不可靠的参数，再加上确立该参数也相当困难，该方法就难以实用。等效渗透深度方法的主要限制是在相当短的时间里总的吸放湿量的循环积分必须为零，从而导致该方法不能适用于长期湿贮存过程。

Thomas 提出一个比较实用的计算室内表面吸放湿的数学模型[136]，该方法中用隐式有限差分数值方法求解热湿传导控制方程，计算结果与实验结果比较一致。其数值解的精度与时间步长和节点间距有关。想求得较精确的解需采用较小的时间空间步长，从而使该方法不适用于求解室内长期吸放湿问题。

Isetti 提出一个计算室内水蒸气含量及其相应的潜热的基于正弦边界条件的时间相关模型[137]，该模型考虑到了对室内湿度变化特性有显著影响的墙体贮湿容量，然而，由于许多干扰因素对室内环境特征的作用，在大多数情况下，稳态正弦特性是不适用的。另外，在房间或分成两个不同区域的空间里特别是发生内区流动的空间，要得到这样的边界条件几乎是不可能的。

为了模拟温湿度的动态特性，Barringer 用辨识每种材料的质量变化时间常数的方法来建立室内表面和家具的吸放湿模型[114]，并假设对应于室内湿度阶跃变化的材料含湿量的变化率遵循指数衰减规律。虽然许多研究已证实了材料的这一指数变化特性，但是，由于室内材料的水分分布和几何特征千变万化，该时间常数是没有意义的。而且对于特殊形状的材料，无论通过理论分析还是实验来确定该时间常数都是不可能的。

El Diasty 于 1993 年用 Biot 数［材料湿传导阻力（V_m/Ae）$/Dv$ 与对流传湿阻力 $1/h_m$ 之比］将材料吸放湿过程分为三类：极大 Biot 数情况，中等 Biot 数和极小 Biot 数情况[138]。分析认为材料表面湿瞬时平衡假设仅适用于极大 Biot 数情况；集中参数模型仅适用于极小 Biot 数情况。对于中等 Biot 数情况，他用动量法求解水蒸气压为湿扩散惟一驱动力的湿传导控制微分方程，但该方法也难以处理复杂的室内环境的变化情况，而且在迭代求解时有可能出现振荡现象。

Cunningham（1983，1984，1988）在这个方面也做了富有实质性的工作[139, 140, 141]，他用集中参数法建立了用于分析含有多孔体材料的空心墙中的含湿量的模型。为了简化模型，假设湿传导系数为固定的平均值，该模型只适合于墙体的长期湿特性。日本的松本·卫在建筑湿特性方面也做了大量的研究工作[142]。

在墙体结露方面的研究，较早的研究方法是用水分分布法来分析在不同的条件下墙体水分蓄积及其结露条件[143, 144, 145, 146]，这些研究已认识到空气对流和水蒸气的联合作用将引起墙体中的水分迁移，但在计算分析中并没有考虑空气对流影响。TenWolde 用一维稳态模型来分析多层墙体中由扩散和对流引起的水分运动[147]，并用该方法的计算结果来判断墙体的结露条件和位置。后来，美国国家标准技术研究所（NIST）开发了一个在等温条件下计算热湿联合传导的详细模型（MOIST）[148]，并用于分析不同墙体结构在美国各地区不同季节中的结露情况。

本章在前人研究的基础上主要根据建筑围护结构吸放湿特性建立相应的理论基础和数学模型。首先，以水蒸气分压和温度作为驱动力、以等温吸放湿曲线为基础，建立了建筑多孔体材料在吸放湿范围内热湿同时传导过程的方程，并讨论其线性化条件；导出该线性方程的频率解法及其解；提出了用传递函数法分析室内表面材料的吸放湿特性，导出相应的传递函数。

6.2 建筑围护结构热湿同时传导方程及其线性化

6.2.1 建筑围护结构热湿同时传导基本方程

对于多孔体建筑围护结构材料在吸放湿范围内热湿同时传导过程,可作如下假设:湿传输是由水蒸气密度(或水蒸气分压)梯度产生的,且存在局部热动力平衡,总压为常数,无压差、重力作用,材料基体为刚性的。那么,其热湿同时传导基本方程可通过如下推导得到。

多孔体建筑围护结构中的热流密度 J_q 和湿度密度 J_w 可表示为:

$$J_q = -\lambda_e \nabla T \tag{6.2.1}$$

$$J_w = -D_\mu \nabla \mu - D_T \nabla T \tag{6.2.2}$$

$$\lambda_e = \theta\lambda_{air} + (1-\theta)\lambda_s \tag{6.2.3}$$

式中 λ_e——等效热传导率，W/（m·K）；

λ_{air}——空气热传导率，W/（m·K）；

λ_s——多孔体材料本体热传导率，W/（m·K）；

θ——空隙率,%,(体积基准)；

μ——水的化学势（$RvT\ln h$），J/kg;

h——水的焓值，J/kg;

D_μ——水分传导率，kg/m·s（J/kg）;

D_T——温度作用下的水分传导率，kg/（m·s·K）。

把多孔体材料看成连续体，J_w 可用液相水分传导密度 J_{lw}和气相水分传导密度 J_{vw}之和表示；

$$J_w = J_{lw} + J_{vw} \tag{6.2.4}$$

$$J_{lw} = -D_{l\mu}\nabla\mu - D_{lT}\nabla T \tag{6.2.5}$$

$$J_{vw} = -D_{v\mu}\nabla\mu - D_{vT}\nabla T \tag{6.2.6}$$

$$D_\mu = D_{l\mu} + D_{v\mu} \tag{6.2.7}$$

$$D_T = D_{lT} + D_{vT} \tag{6.2.8}$$

式中 $D_{l\mu}$——液相水分传导率，kg/m·s（J/kg）;

$D_{v\mu}$——汽相水分传导率，kg/m·s（J/kg）;

D_{lT}——温度作用下液相水分传导率，kg/(m·s·K)；

D_{vT}——温度作用下汽相水分传导率，kg/(m·s·K)。

由 Hemathy 提出的湿传导理论认为[127]：在材料的含水率低于其固有含水率（无自由水存在）时，也就是说不存在多孔体结构渗透时，多孔体材料中的水分传导以水蒸气扩散占绝对主导地位。因而在建筑围护结构中无自由水和冰存在时（绝大部分建筑围护结构属于此情况），有：

$$D_{l\mu}=0,\qquad D_{lT}=0 \tag{6.2.9}$$

即：

$$D_{\mu}=D_{v\mu}\qquad D_{T}=D_{vT} \tag{6.2.10}$$

从而由蒸汽扩散理论，湿流密度 J_w 可用多孔体材料中的水蒸气密度梯度表示：

$$J_w=J_{vw}=-(D_{vT}\nabla T+D_{v\mu}\nabla\mu)=-D_{v\rho}\nabla\rho_v \tag{6.2.11}$$

式中 ρ_v——水蒸气密度，kg/m³；

$D_{v\rho}$——材料的水蒸气传导率，kg·m²/(s·kg)。

在常温常压下，水蒸气可视为理想气体，J_w 也可以用水蒸气分压梯度表示：

$$J_w=J_{vw}=-(D_{v\rho}/RvT)\nabla P=-\lambda'\nabla P \tag{6.2.12}$$

式中 P——水蒸气分压（Pa）；

Rv——理想气体常数，461.52J/(kg·K)；

λ'——材料的水蒸气传导率，kg/(m·s·Pa)。

材料的水蒸气扩散率 D_v 与空气中水蒸气分子扩散率 D_a 的关系可由式（6.2.13）表示[111, 112, 125, 149]：

$$D_v=\theta(D_a/\tau_0)P_B/(P_B-P) \tag{6.2.13}$$

式中 P_B——大气压力，Pa；

τ_0——折合因子。

τ_0 与渗透率的关系为：

$$\tau_0=D_a/(\lambda' RvT)P_B/(P_B-P) \tag{6.2.14}$$

当温度在 1366K 以内时，空气中水蒸气分子扩散率遵循如下关系[150]：

$$D_a=(9.26\times10^{-4}/P_B)\,T^{2.5}/(T+245) \tag{6.2.15}$$

在日温变化不大的情况下，λ' 可视为常数。

由多孔体材料中的热和水分平衡，可得如下偏微分方程：

$$(C\rho)_e\frac{\partial T}{\partial t}=-\nabla J_q-r\left[\nabla J_{wv}+\frac{\partial\rho_v(\theta-\delta)}{\partial t}\right] \tag{6.2.16}$$

$$\frac{\partial\rho_w\delta}{\partial t}+\frac{\partial\rho_v(\theta-\delta)}{\partial t}=-\nabla J_{wv} \tag{6.2.17}$$

式中 ρ_w——液态水密度，kg/m³；

r——水分吸附热，J/kg；

δ——含水率（多孔体材料中液相水分占有的体积与材料总体积之比%）；

$(C\rho)_e$——等效热容，J/（kg·K）；

$$(C\rho)_e=\theta(C\rho)_{air}+(1-\theta)(C\rho)_s \tag{6.2.18}$$

其中下标 s 表示材料本体。

多孔体材料的平衡含湿量通常是由重量比 We（kg/kg）给出的，即每公斤干多孔体材料在与环境空气达到湿平衡时所含有的水分重量，则：

$$\delta = \frac{\rho_b}{\rho_w} We \tag{6.2.19}$$

将式（6.2.12），（6.2.17），（6.2.19）代入式（6.2.16），得：

$$(C\rho)_e \frac{\partial T}{\partial t} = \nabla(\lambda_e \nabla T) + r\rho_b \frac{\partial We}{\partial t} \tag{6.2.20}$$

将式（6.2.12），（6.2.19）代入式（6.2.17），并由 $\rho_v = P/RvT$，且 $\frac{\theta - \delta}{RvT^2} \ll (C\rho)\frac{\partial P}{\partial t}$，可得：

$$(C\rho)' \frac{\partial P}{\partial t} = \nabla(\lambda \nabla P) - \rho_b \frac{\partial We}{\partial t} \tag{6.2.21}$$

其中，$(C\rho)' = \frac{\theta - \delta}{RvT}$。

根据等温吸放湿曲线 $We = We(\phi)$，可推导出$\frac{\partial We}{\partial t}$与$\frac{\partial P}{\partial t}$和$\frac{\partial T}{\partial t}$之间的表示式。下面给出由形式为 $We = We(\phi) = a\phi^b + c\phi^d$[151]的等温吸放湿曲线导出的$\frac{\partial We}{\partial t}$与$\frac{\partial P}{\partial t}$和$\frac{\partial T}{\partial t}$之间的关系式。

$$\phi = \frac{\rho_v}{\rho_{v,s}} = \frac{P}{P_s} \tag{6.2.22}$$

$$\frac{\partial We}{\partial t} = A_T \frac{\partial P}{\partial t} - B_P \frac{\partial T}{\partial t} \tag{6.2.23}$$

式中 ϕ——相对湿度，%；

$\rho_{v,s}$——饱和水蒸气密度，kg/m³；

$$\rho_{v,s} = \frac{1}{RvT} e^{[23.7093 - 4111/(T - 35.45)]} \tag{6.2.24}$$

P_s——饱和水蒸气分压，Pa；

$$P_s = \rho_{v,s} RvT = e^{[23.7093 - 4111/(T - 35.45)]} \tag{6.2.25}$$

$$A_T = \left(\frac{\partial We}{\partial P}\right)_T = (ab\phi^b + cd\phi^d)/P \tag{6.2.26}$$

$$B_P = -\left(\frac{\partial We}{\partial P}\right)_P = (ab\phi^b + cd\phi^d)\frac{4111}{(T - 35.45)^2} \tag{6.2.27}$$

将式（6.2.23）代入式（6.2.20）和（6.2.21），得：

$$((C\rho)' + \kappa)\frac{\partial P}{\partial t} - v\frac{\partial T}{\partial t} = \nabla(\lambda' \nabla P) \tag{6.2.28}$$

$$((C\rho)_e + rv)\frac{\partial T}{\partial t} - r\kappa\frac{\partial P}{\partial t} = \nabla(\lambda_e \nabla T) \tag{6.2.29}$$

其中

$$\kappa = \rho_b\left(\frac{\partial We}{\partial P}\right)_T \tag{6.2.30}$$

$$v = \rho_b\left(\frac{\partial We}{\partial T}\right)_P \tag{6.2.31}$$

在围护结构表面，边界条件为：

$$\alpha'(P_a - P) = -\lambda \frac{\partial P}{\partial n} \tag{6.2.32}$$

$$\alpha(T_a - T) = -\lambda_e \frac{\partial T}{\partial n} \tag{6.2.33}$$

式中 α'——表面湿交换系数，kg /（m^2·s·Pa）；

α——表面换热系数，W/（m^2·K）；

P_a——室内外空气水蒸气分压，Pa；

T_a——室内外空气温度，K。

方程（6.2.28），（6.2.29）就是适用于吸湿性范围的建筑围护结构热湿同时传导的基本方程。在建筑围护结构中的热湿同时传导过程一般可视为一维的，则方程（6.2.28），（6.2.29）可改写为：

$$\frac{\partial P}{\partial t} = \frac{\lambda'}{(C\rho)' + \kappa}\frac{\partial^2 P}{\partial x^2} + \frac{v}{(C\rho)' + \kappa}\frac{\partial T}{\partial t} \tag{6.2.34}$$

$$\frac{\partial T}{\partial t} = \frac{\lambda_e}{(C\rho)_e + rv}\frac{\partial^2 T}{\partial x^2} + \frac{r\kappa}{(C\rho)_e + rv}\frac{\partial P}{\partial t} \tag{6.2.35}$$

边界条件：

$$\alpha'(P_a - P) = -\lambda \frac{\partial P}{\partial x} \tag{6.2.36}$$

$$\alpha(T_a - T) = -\lambda_e \frac{\partial T}{\partial x} \tag{6.2.37}$$

在建筑围护结构中，λ'，λ_e 可取为定值。如果 κ，v 取定值，方程（6.2.34），（6.2.35）成为线性方程，它比非线性方程求解要简便得多。

6.2.2 围护结构热湿同时传导方程的线性化

一般地，多孔体墙体材料的水蒸气传导率 λ 和等效热传导率 λ_e 可以看作为常数，与水蒸气分压力和温度的变化关系不大。如果 κ，v 能取为常数，方程（6.2.34）和（6.2.35）可以用解线性方程的方法来求解。用建筑材料的等温吸放湿曲线，根据 κ，v 的表达式可求得 κ，v 与温度和相对湿度（水蒸气分压）的关系曲线。下面对建筑材料的 κ，v 与温度和相对湿度的关系曲线进行分析。其中石膏板和木板 κ，v 与温度和相对湿度的关系曲线如图 6.1（a）和（b）和图 6.2（a）和（b）所示。石膏板的等温吸放湿曲线有关数据为：$\rho_b = 725\text{kg/m}^3$，$a = 0.0726$，$b = 0.3972$，$c = 0.0078$，$d = 1.1706$；木板的等温吸放湿曲线有关数据为：$\rho_b = 365\text{kg/m}^3$，$a = 0.1506$，$b = 6.665$，$c = 0.1262$，$d = 0.4932$[151]。通过分析发现：虽然 κ，v 与温度和相对湿度的关系较大，但如果日温变化幅度为 10℃左右，相对湿度变化幅度在 20% ~ 80% 的范围内，κ，v 可取为常数。除了一些特殊情况，如：所处地区的日温变化幅度在 20℃以上、其相对湿度处在 10% 以下或 90% 以上的范围的建筑墙体，及一些内外表面有自由水存在的墙体（如浴室、有飘雨的墙壁等）以外，大部分墙体（尤其是温湿气候地区）都处在日温变化幅度为 10℃左右，相对湿度变化幅度在 20% ~ 80% 的范围内，即多孔体建筑围护结构处在吸湿性范围内，那么建筑材料的 κ，v 可取为常数，则其热湿同时传导的基本方程（6.2.34）和（6.2.35）就成为线性方程。

通过对相关参数 κ，v 的分析，认为：在通常的室内外温度和相对湿度的变化范围内（日温变化幅度为 10℃左右，相对湿度变化幅度在 20% ~ 80% 之间），围护结构在吸放湿性范围内，其热湿同时传导方程是线性的，可以用线性方法来分析和求解。

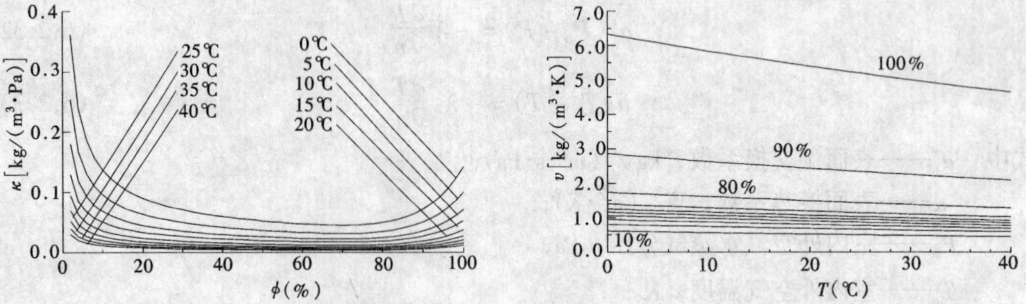

(*a*) (*b*)

图 6.1 石膏板的 κ、v 随温度和相对湿度的变化关系

(*a*) κ 的变化情况；(*b*) v 的变化情况

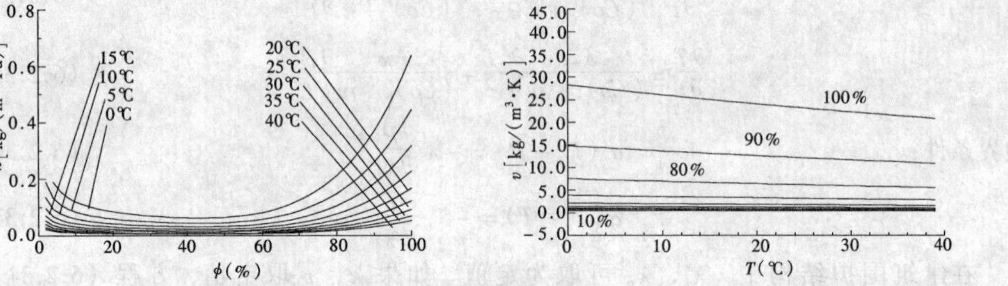

(*a*) (*b*)

图 6.2 木板的 κ、v 随温度和相对湿度的变化关系

(*a*) κ 的变化情况；(*b*) v 的变化情况

6.3 围护结构热湿同时传导线性方程的求解

6.3.1 基本方程的矢量表示及其边界条件

6.2 节已经推导出了无自由水时，处于吸放湿状态的墙体热湿同时传导基本方程，湿的传导是以水蒸气扩散支配的，水蒸气扩散的驱动力是水蒸气分压。在室内外空气温湿度变化的通常范围内，多孔体材料的水蒸气渗透率 λ'、等效热传导率 λ_e 以及与水蒸气扩散有关的参数 κ，v 可取为常数，热湿同时传导基本方程（6.2.34），（6.2.35）变为线性方程，则可以改写成如下矢量形式：

$$\frac{\partial}{\partial t}\boldsymbol{U}=\frac{\partial^2}{\partial x^2}\boldsymbol{A}\cdot\boldsymbol{U} \tag{6.3.1}$$

式中

$$\boldsymbol{U}=[P,\ T]^{\mathrm{T}} \tag{6.3.2}$$

$$\boldsymbol{A}=\frac{1}{1-b_{\mathrm{T}}b_{\mathrm{P}}}\begin{bmatrix} a_{\mathrm{P}} & a_{\mathrm{T}}b_{\mathrm{P}} \\ a_{\mathrm{P}}b_{\mathrm{T}} & a_{\mathrm{T}} \end{bmatrix} \tag{6.3.3}$$

$$\left.\begin{aligned} a_P &= \frac{\lambda'}{(C\rho)' + \kappa}, \quad a_T = \frac{\lambda_e}{(C\rho)_e + rv} \\ b_P &= \frac{v}{(C\rho)' + \kappa}, \quad b_T = \frac{rk}{(C\rho)_e + rv} \end{aligned}\right\} \tag{6.3.4}$$

墙体两侧的边界条件为：

$$\boldsymbol{Q} = \overset{*}{\boldsymbol{\Lambda}}\overset{*}{\boldsymbol{U}} \tag{6.3.5}$$

其中 $\boldsymbol{Q} = [\boldsymbol{Q}_0, \boldsymbol{Q}_l]^T$

$$\boldsymbol{Q}_0 = [Q_{M,x=0}, Q_{H,x=0}]^T, \ \boldsymbol{Q}_l = [Q_{M,x=l}, Q_{H,x=l}]^T \tag{6.3.6}$$

$$\overset{*}{\boldsymbol{\Lambda}} = \begin{bmatrix} \boldsymbol{\Lambda} & 0 \\ 0 & \boldsymbol{\Lambda} \end{bmatrix}, \ \boldsymbol{\Lambda} = \begin{bmatrix} -\lambda' & 0 \\ 0 & -\lambda_e \end{bmatrix} \tag{6.3.7}$$

$$\overset{*}{\boldsymbol{U}} = [\boldsymbol{U}'_{x=0}, \boldsymbol{U}'_{x=l}]^T, \ \boldsymbol{U}' = \frac{\partial}{\partial x}\boldsymbol{U} \tag{6.3.8}$$

其中，Q_H，Q_M 分别为热流密度（W/m^2）和湿流密度［kg/（m^2·s)］；$x=0$ 为室内侧，$x=l$为室外侧。

如果墙体两侧含空气边界层，其边界条件为：

对于室内侧，

$$\overset{*}{\boldsymbol{Q}}_i = \overset{*}{\boldsymbol{\alpha}}_i \cdot \overset{*}{\boldsymbol{U}}_i \tag{6.3.9}$$

$$\overset{*}{\boldsymbol{Q}}_i = [Q_i, Q_0]^T, \ Q_i = [Q_{M,i}, Q_{H,i}]^T \tag{6.3.10}$$

其中，$Q_{H,i}$，$Q_{M,i}$分别为室内侧空气边界层的热流和湿流密度；

$$\overset{*}{\boldsymbol{\alpha}}_i = \begin{bmatrix} \boldsymbol{\alpha}_i & -\boldsymbol{\alpha}_i \\ \boldsymbol{\alpha}_i & -\boldsymbol{\alpha}_i \end{bmatrix}, \ \boldsymbol{\alpha}_i = \begin{bmatrix} \boldsymbol{\alpha}'_i & 0 \\ 0 & \boldsymbol{\alpha}_i \end{bmatrix} \tag{6.3.11}$$

$$\overset{*}{\boldsymbol{U}}_i = [U_i, U_0]^T, \ \boldsymbol{U}_i = [P_i, T_i]^T, \ \boldsymbol{U}_0 = [P, T]^T_{x=0} \tag{6.3.12}$$

对于室外侧，

$$\overset{*}{\boldsymbol{Q}}_e = \overset{*}{\alpha}_e \cdot \overset{*}{\boldsymbol{U}}_e \tag{6.3.13}$$

$$\overset{*}{\boldsymbol{Q}}_e = [\boldsymbol{Q}_l, \boldsymbol{Q}_e]^T, \ \boldsymbol{Q}_e = [Q_{M,e}, Q_{H,e}]^T \tag{6.3.14}$$

其中，$Q_{H,e}$，$Q_{M,e}$分别为室外侧空气边界层的热流和湿流密度；

$$\overset{*}{\boldsymbol{\alpha}}_e = \begin{bmatrix} \boldsymbol{\alpha}_e & -\boldsymbol{\alpha}_e \\ \boldsymbol{\alpha}_e & -\boldsymbol{\alpha}_e \end{bmatrix}, \ \boldsymbol{\alpha}_e = \begin{bmatrix} \boldsymbol{\alpha}'_e & 0 \\ 0 & \boldsymbol{\alpha}_e \end{bmatrix} \tag{6.3.15}$$

$$\overset{*}{\boldsymbol{U}}_e = [\boldsymbol{U}_l, \boldsymbol{U}_e]^T, \ \boldsymbol{U}_e = [P_e, T_e]^T, \ \boldsymbol{U}_l = [P, T]^T_{x=l} \tag{6.3.16}$$

6.3.2 引入新变量的基本方程

下面引入两个新变量，将原变量（P，T）变换到新变量，同时通过线性变换将墙体热湿同时传导线性方程（6.3.1）变换为两个独立的与纯热传导方程同型的方程。

式（6.3.3）的矩阵 $\boldsymbol{A}$ 的特征值（s_1，s_2）为：

$$\left.\begin{aligned} s_1 \\ s_2 \end{aligned}\right\} = \frac{1}{2a_P a_T}\left[(a_T + a_P) \pm \sqrt{(a_T - a_P)^2 + 4a_P a_T b_P b_T}\right] \tag{6.3.17}$$

如果 $s_1 \neq s_2$，矩阵 $\boldsymbol{A}$ 可对角化如下：

$$\boldsymbol{S}\cdot\boldsymbol{A}\cdot\boldsymbol{S}^{-1}=\begin{bmatrix}s_1 & 0\\ 0 & s_2\end{bmatrix}=\begin{bmatrix}\dfrac{1}{a_1} & 0\\ 0 & \dfrac{1}{a_2}\end{bmatrix} \tag{6.3.18}$$

式中 $a_1=\dfrac{1}{s_1}$，$a_2=\dfrac{1}{s_2}$，s_k（$k=1$，2）；相当于纯热传导方程中的温度传导率的意义。一般 a_1，a_2 是正的。

$$\boldsymbol{S}=a_{\mathrm{T}}\ (s_1-s_2)\begin{bmatrix}B_{22} & -B_{11}\\ B_{22} & A_{11}\end{bmatrix} \tag{6.3.19a}$$

$$\boldsymbol{S}^{-1}=\frac{1}{b_{\mathrm{T}}}\begin{bmatrix}A_{11} & B_{11}\\ -B_{22} & B_{22}\end{bmatrix} \tag{6.3.19b}$$

式中：

$$\left.\begin{aligned}A_{11}=\frac{a_{\mathrm{T}}s_1-1}{a_{\mathrm{T}}\ (s_1-s_2)},\ A_{22}=\frac{b_{\mathrm{P}}}{a_{\mathrm{P}}\ (s_1-s_2)}\\ B_{11}=\frac{a_{\mathrm{P}}s_1-1}{a_{\mathrm{P}}\ (s_1-s_2)},\ B_{22}=\frac{b_{\mathrm{T}}}{a_{\mathrm{T}}\ (s_1-s_2)}\end{aligned}\right\} \tag{6.3.20}$$

其中，A_{11}，A_{22}，B_{11}，B_{22}之间存在如下关系：

$$\begin{cases}A_{11}B_{11}=A_{22}B_{22}\\ A_{11}+B_{11}=1\end{cases} \tag{6.3.21}$$

用矩阵 S 左乘方程（6.3.1）的两边，得：

$$\frac{\partial}{\partial t}\boldsymbol{S}\cdot\boldsymbol{U}=\frac{\partial^2}{\partial x^2}\boldsymbol{S}\cdot\boldsymbol{A}\cdot\boldsymbol{S}^{-1}\cdot\boldsymbol{S}\cdot\boldsymbol{U} \tag{6.3.22}$$

记 $\boldsymbol{S}\cdot\boldsymbol{U}=\boldsymbol{X}=\ [X_1,\ X_2]^{\mathrm{T}}$，$\boldsymbol{S}\cdot\boldsymbol{A}\cdot\boldsymbol{S}^{-1}=\overset{*}{\boldsymbol{A}}$，则式（6.3.22）可写作：

$$\frac{\partial}{\partial t}\boldsymbol{X}=\frac{\partial^2}{\partial x^2}\overset{*}{\boldsymbol{A}}\cdot X \tag{6.3.23}$$

其中，$\overset{*}{\boldsymbol{A}}$为式（6.3.18）的对角化矩阵。式（6.3.23）为两个相互独立的与纯热传导方程同型的线性偏微分方程（6.3.24）。这样就容易分别求得这两个方程的解。

$$\begin{cases}\dfrac{\partial}{\partial t}X_1=\dfrac{1}{a_1}\dfrac{\partial^2}{\partial x^2}X_1\\ \dfrac{\partial}{\partial t}X_2=\dfrac{1}{a_2}\dfrac{\partial^2}{\partial x^2}X_2\end{cases} \tag{6.3.24}$$

$$\begin{cases}X_1=a_{\mathrm{T}}\ (s_1-s_2)\ (B_{22}P-B_{11}T)\\ X_1=a_{\mathrm{T}}\ (s_1-s_2)\ (B_{22}P+A_{11}T)\end{cases} \tag{6.3.25}$$

只要求得方程（6.3.24）的解 X_1，X_2，经反变换则可得原方程（6.3.1）的解：

$$\begin{cases}P=\dfrac{1}{b_{\mathrm{T}}}\ (A_{11}X_1+B_{11}X_2)\\ T=\dfrac{1}{b_{\mathrm{T}}}\ (-B_{22}X_1+B_{22}X_2)\end{cases} \tag{6.3.26}$$

6.3.3 单层墙体的传递矩阵与导纳矩阵

下面求出墙体热湿同时传导线性方程（6.3.1）在拉普拉斯变换后的像空间 s 域上的

解，即复频域解。当 $s=j\omega$（$j=\sqrt{-1}$），则可得到其频率响应的解。

单层均质墙体热湿动力学系统如图 6.3 所示。墙体热湿动力学系统的数学模型是一个偏微分方程组，因此，它是一个含有时空变量的多变量系统。当用拉普拉斯变换求解方程时，方程中的时间变量被拉普拉斯变量 s 代替。对于线性多变量系统，在 s 域中其输入输出之比称为传递函数，而这时的传递函数是个超越函数，由这些函数组成的联结输入向量与输出向量之间的关系的矩阵则称为传递矩阵。这里，先求得单层墙体的传递矩阵，下一节再利用多层墙体中各层间的串联耦合关系求得多层墙体的传递矩阵。

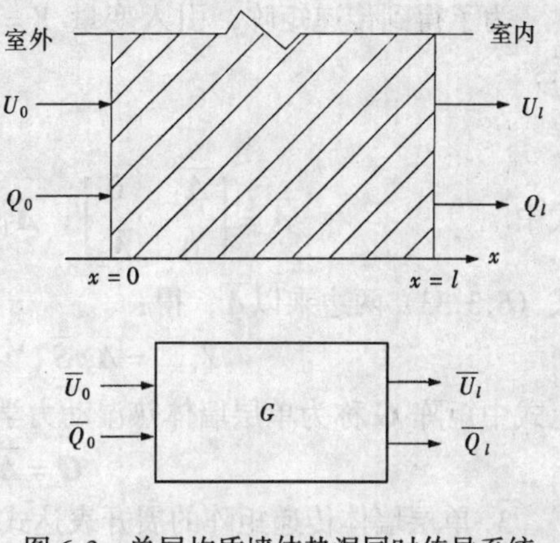

图 6.3 单层均质墙体热湿同时传导系统

首先，求得两个独立的基本方程（6.3.24）的 s 域解，然后由此求得原变量（P，T）的 s 域解。在下文中，与时间有关的 P，$\frac{\partial P}{\partial x}$，$T$，$\frac{\partial T}{\partial x}$ 在拉普拉斯变换域中记作 $\overline{P}$，$\overline{P'}$，$\overline{T}$，$\overline{T'}$；与时间有关的 X_i，$\frac{\partial X_i}{\partial x}$（$i=1$，2）在拉普拉斯变换域中记作 $\overline{X_i}$，$\overline{X'_i}$。

1. 单层墙体独立方程的解

独立方程（6.3.23）在 $x=0$ 处的单边边界条件下的 s 域解为：

$$\overline{\boldsymbol{X}}_{x=x}=\overline{\boldsymbol{F}}\cdot\overline{\boldsymbol{X}}_{x=0} \tag{6.3.27}$$

其中，

$$\overline{\boldsymbol{X}}_{x=x}=[\overline{\boldsymbol{X}}_1,\ \overline{\boldsymbol{X}'}_1,\ \overline{\boldsymbol{X}}_2,\ \overline{\boldsymbol{X}'}_2]^{\mathrm{T}} \tag{6.3.28}$$

$$\overline{\boldsymbol{F}}=\begin{bmatrix}\boldsymbol{F}_1 & 0\\ 0 & \boldsymbol{F}_2\end{bmatrix} \tag{6.3.29a}$$

$$\boldsymbol{F}_1=\begin{bmatrix}\mathrm{ch}\ (\sqrt{a_1 s}x) & (\sqrt{a_1 s})^{-1}\mathrm{sh}\ (\sqrt{a_1 s}x)\\ \sqrt{a_1 s}\,\mathrm{sh}\ (\sqrt{a_1 s}x) & \mathrm{ch}\ (\sqrt{a_1 s}x)\end{bmatrix} \tag{6.3.29b}$$

$$\boldsymbol{F}_2=\begin{bmatrix}\mathrm{ch}\ (\sqrt{a_2 s}x) & (\sqrt{a_2 s})^{-1}\mathrm{sh}\ (\sqrt{a_2 s}x)\\ \sqrt{a_2 s}\,\mathrm{sh}\ (\sqrt{a_2 s}x) & \mathrm{ch}\ (\sqrt{a_2 s}x)\end{bmatrix} \tag{6.3.29c}$$

2. 单层墙体的传递矩阵

用式（6.3.19）中的 $\boldsymbol{S}$、$\boldsymbol{S}^{-1}$ 将 $\overline{\boldsymbol{X}}$ 向原变量 $\overline{\boldsymbol{U}}$ 变换如下：

$$\overline{\boldsymbol{U}}=\overline{\boldsymbol{S}}^{-1}\cdot\overline{\boldsymbol{X}} \tag{6.3.30}$$

$$\overline{\boldsymbol{U}}=[\overline{P},\ \overline{P'},\ \overline{T},\ \overline{T'}] \tag{6.3.31}$$

$$\overline{\boldsymbol{S}}=a_{\mathrm{T}}\ (s_1-s_2)\begin{bmatrix}B_{22}\cdot\boldsymbol{I} & -B_{11}\cdot\boldsymbol{I}\\ B_{22}\cdot\boldsymbol{I} & A_{11}\cdot\boldsymbol{I}\end{bmatrix} \tag{6.3.32a}$$

$$\overline{\boldsymbol{S}}^{-1}=\frac{1}{b_{\mathrm{T}}}\begin{bmatrix}A_{11}\cdot\boldsymbol{I} & B_{11}\cdot\boldsymbol{I}\\ -B_{22}\cdot\boldsymbol{I} & B_{22}\cdot\boldsymbol{I}\end{bmatrix} \tag{6.3.32b}$$

其中，$\boldsymbol{I}$ 为 2×2 的单位矩阵。

式（6.3.27）的两边左乘矩阵 $\overline{\boldsymbol{S}}^{-1}$，即可得到原变量 $\boldsymbol{U}=[P,\ T]^{\mathrm{T}}$ 在 s 域中的解

$$\overline{U}_{x=x}=\overline{S}^{-1}\cdot\overline{F}\cdot\overline{S}\cdot\overline{U}_{x=0} \tag{6.3.33}$$

为了得到传递矩阵，引入变量 $\boldsymbol{Y}=[\overline{P},\ \overline{Q_M},\ \overline{T},\ \overline{Q_H}]^T$ 代替$\overline{\boldsymbol{U}}$，$\overline{\boldsymbol{U}}$与 $\boldsymbol{Y}$ 存在如下关系：

$$\boldsymbol{Y}=\overline{\boldsymbol{\Lambda}}\cdot\overline{\boldsymbol{U}} \tag{6.3.34}$$

式中
$$\overline{\boldsymbol{\Lambda}}=\begin{bmatrix}\overline{\boldsymbol{\Lambda}}_1 & 0\\ 0 & \overline{\boldsymbol{\Lambda}}_2\end{bmatrix},\ \overline{\boldsymbol{\Lambda}}_1=\begin{bmatrix}1 & 0\\ 0 & -\lambda'\end{bmatrix},\ \overline{\boldsymbol{\Lambda}}_2=\begin{bmatrix}1 & 0\\ 0 & -\lambda_e\end{bmatrix} \tag{6.3.35}$$

式（6.3.33）两边乘以$\overline{\boldsymbol{\Lambda}}$，得：

$$\boldsymbol{Y}_{x=x}=\overline{\boldsymbol{\Lambda}}\cdot\overline{\boldsymbol{S}}^{-1}\cdot\overline{\boldsymbol{F}}\cdot\overline{\boldsymbol{S}}\cdot\overline{\boldsymbol{\Lambda}}^{-1}\cdot\boldsymbol{Y}_{x=0}=\boldsymbol{G}\cdot\boldsymbol{Y}_{x=0} \tag{6.3.36}$$

上式中矩阵 $\boldsymbol{G}$ 称为单层墙体热湿动力学系统的传递矩阵。

$$\boldsymbol{G}=\overline{\boldsymbol{\Lambda}}\cdot\overline{\boldsymbol{S}}^{-1}\cdot\overline{\boldsymbol{F}}\cdot\overline{\boldsymbol{S}}\cdot\overline{\boldsymbol{\Lambda}}^{-1} \tag{6.3.37}$$

3. 单层墙体传递矩阵的展开表达式

矩阵 $\overline{\boldsymbol{F}}$ 可对角化如下：

$$\overline{\boldsymbol{F}}=\overline{\boldsymbol{a}}\cdot\overline{\boldsymbol{u}}\cdot\overline{\boldsymbol{e}}\cdot\overline{\boldsymbol{u}}\cdot\overline{\boldsymbol{a}}^{-1} \tag{6.3.38}$$

式中
$$\overline{\boldsymbol{a}}=\begin{bmatrix}\overline{\boldsymbol{a}}_1 & 0\\ 0 & \overline{\boldsymbol{a}}_2\end{bmatrix},\ \overline{\boldsymbol{a}}_1=\begin{bmatrix}1 & 0\\ 0 & \sqrt{a_1 s}\end{bmatrix},\ \overline{\boldsymbol{a}}_2=\begin{bmatrix}1 & 0\\ 0 & \sqrt{a_2 s}\end{bmatrix} \tag{6.3.39}$$

$$\overline{\boldsymbol{u}}=\begin{bmatrix}\boldsymbol{u} & 0\\ 0 & \boldsymbol{u}\end{bmatrix},\ \boldsymbol{u}=\frac{1}{\sqrt{2}}\begin{bmatrix}1 & 1\\ 1 & -1\end{bmatrix} \tag{6.3.40}$$

$$\overline{\boldsymbol{e}}=\begin{bmatrix}\boldsymbol{e}_1 & 0\\ 0 & \boldsymbol{e}_2\end{bmatrix},$$

$$\boldsymbol{e}_1=\begin{bmatrix}\exp(\sqrt{a_1 s}x) & 0\\ 0 & \exp(-\sqrt{a_1 s}x)\end{bmatrix}, \tag{6.3.41}$$

$$\boldsymbol{e}_2=\begin{bmatrix}\exp(\sqrt{a_2 s}x) & 0\\ 0 & \exp(-\sqrt{a_2 s}x)\end{bmatrix}$$

矩阵$\overline{\boldsymbol{u}}$，$\boldsymbol{u}$为酉矩阵。

用式（6.3.38）来展开式（6.3.37）中的 $\boldsymbol{G}$，则可得到单层墙体传递矩阵的展开表达式，用这个展开表达式可求得多层墙体的传递矩阵的展开表达式。

$$\begin{aligned}\boldsymbol{G}&=\begin{bmatrix}A_{11}\cdot\boldsymbol{\Lambda}_1\cdot\boldsymbol{F}_1\cdot\boldsymbol{\Lambda}_1^{-1} & -A_{22}\cdot\boldsymbol{\Lambda}_1\cdot\boldsymbol{F}_1\cdot\boldsymbol{\Lambda}_2^{-1}\\ -B_{22}\cdot\boldsymbol{\Lambda}_2\cdot\boldsymbol{F}_1\cdot\boldsymbol{\Lambda}_1^{-1} & B_{11}\cdot\boldsymbol{\Lambda}_2\cdot\boldsymbol{F}_1\cdot\boldsymbol{\Lambda}_2^{-1}\end{bmatrix}\\ &+\begin{bmatrix}B_{11}\cdot\boldsymbol{\Lambda}_1\cdot\boldsymbol{F}_2\cdot\boldsymbol{\Lambda}_1^{-1} & A_{22}\cdot\boldsymbol{\Lambda}_1\cdot\boldsymbol{F}_2\cdot\boldsymbol{\Lambda}_2^{-1}\\ B_{22}\cdot\boldsymbol{\Lambda}_2\cdot\boldsymbol{F}_2\cdot\boldsymbol{\Lambda}_1^{-1} & A_{11}\cdot\boldsymbol{\Lambda}_2\cdot\boldsymbol{F}_2\cdot\boldsymbol{\Lambda}_2^{-1}\end{bmatrix}\\ &=\sum_{i=1}^{2}\begin{bmatrix}A(i)\cdot\boldsymbol{\Lambda}_1\cdot\boldsymbol{F}_i\cdot\boldsymbol{\Lambda}_1^{-1} & (-1)^iA(3)\cdot\boldsymbol{\Lambda}_1\cdot\boldsymbol{F}_i\cdot\boldsymbol{\Lambda}_2^{-1}\\ (-1)^iA(4)\cdot\boldsymbol{\Lambda}_2\cdot\boldsymbol{F}_i\cdot\boldsymbol{\Lambda}_1^{-1} & A(3-i)\cdot\boldsymbol{\Lambda}_2\cdot\boldsymbol{F}_i\cdot\boldsymbol{\Lambda}_2^{-1}\end{bmatrix}\end{aligned} \tag{6.3.42}$$

式中，$A(1)=A_{11}$，$A(2)=B_{11}$，$A(3)=A_{22}$，$A(4)=B_{22}$ (6.3.43)

根据式（6.3.21），存在如下关系：

$$A(1)\cdot A(2)=A(3)\cdot A(4)$$
$$A(1)+A(2)=1 \tag{6.3.44}$$

在式（6.3.33）的 Σ 中，$i=1$ 的项与 a_1 有关，$i=2$ 的项与 a_2 有关。再利用式（6.3.38）的关系，可把式（6.3.42）表示如下：

$$\boldsymbol{G}=\frac{1}{2}\sum_{i=1}^{2}\begin{bmatrix} A(i)\cdot\boldsymbol{P}_{1,i}\cdot\boldsymbol{v}\cdot\boldsymbol{e}_i\cdot\boldsymbol{v}\cdot\boldsymbol{P}_{1,i}^{-1} & (-1)^iA(3)\cdot\boldsymbol{P}_{1,i}\cdot\boldsymbol{v}\cdot\boldsymbol{e}_i\cdot\boldsymbol{v}\cdot\boldsymbol{P}_{2,i}^{-1} \\ (-1)^iA(4)\cdot\boldsymbol{P}_{2,i}\cdot\boldsymbol{v}\cdot\boldsymbol{e}_i\cdot\boldsymbol{v}\cdot\boldsymbol{P}_{1,i}^{-1} & A(3-i)\cdot\boldsymbol{P}_{2,i}\cdot\boldsymbol{v}\cdot\boldsymbol{e}_i\cdot\boldsymbol{v}\cdot\boldsymbol{P}_{2,i}^{-1}\end{bmatrix} \tag{6.3.45}$$

式中 $$\boldsymbol{P}_{1,i}=\begin{bmatrix}1 & 0\\ 0 & -\lambda'\sqrt{a_is}\end{bmatrix},\ \boldsymbol{P}_{2,i}=\begin{bmatrix}1 & 0\\ 0 & -\lambda_e\sqrt{a_is}\end{bmatrix}\ (i=1,\ 2) \tag{6.3.46}$$

$$\boldsymbol{v}=\begin{bmatrix}1 & 1\\ 1 & -1\end{bmatrix} \tag{6.3.47}$$

另外，$\boldsymbol{e}_i$（$i=1$，2）为式（6.3.41），$\boldsymbol{v}$ 为式（6.3.40）的酉矩阵的$\sqrt{2}$倍。

4. 单层墙体传递矩阵的性质

由式（6.3.37）及式（6.3.45）可得单层墙体传递矩阵 $\boldsymbol{G}$ 具有如下性质：

定理 1 （i） $$|\boldsymbol{G}|=1 \tag{6.3.48}$$

（ii） $$\boldsymbol{G}^{-1}(x)=\boldsymbol{G}(-x) \tag{6.3.49}$$

（iii） $$\boldsymbol{G}(x)\Big|_{s\to 0}=\begin{bmatrix}\overline{\boldsymbol{R}}_1 & 0\\ 0 & \overline{\boldsymbol{R}}_2\end{bmatrix} \tag{6.3.50}$$

其中 $$\overline{\boldsymbol{R}}_1=\begin{bmatrix}1 & -R'\\ 0 & 1\end{bmatrix},\ \overline{\boldsymbol{R}}_2=\begin{bmatrix}1 & -R\\ 0 & 1\end{bmatrix} \tag{6.3.51}$$

R'——湿传导阻力（$m^2\cdot s\cdot Pa/kg$），$R'=x/\lambda'$；

R——热传导阻力（$m^2\cdot K/W$），$R=x/\lambda_e$。

下面证明定理 1。

（i）的证明很简单，证明如下：

$$|\boldsymbol{G}|=|\overline{\boldsymbol{\Lambda}}|\cdot|\overline{\boldsymbol{S}}^{-1}|\cdot|\overline{\boldsymbol{F}}|\cdot|\overline{\boldsymbol{S}}|\cdot|\overline{\boldsymbol{\Lambda}}^{-1}|=|\overline{\boldsymbol{F}}|=|\boldsymbol{F}_1|\times|\boldsymbol{F}_2|=1$$

（ii）的证明如下：

由 $\boldsymbol{G}=\overline{\boldsymbol{\Lambda}}\cdot\overline{\boldsymbol{S}}^{-1}\cdot\overline{\boldsymbol{F}}\cdot\overline{\boldsymbol{S}}\cdot\overline{\boldsymbol{\Lambda}}^{-1}$可知：

要证明 $\boldsymbol{G}^{-1}(x)=\boldsymbol{G}(-x)$，只要证明 $\overline{\boldsymbol{F}}^{-1}(x)=\overline{\boldsymbol{F}}(-x)$即可。

由式（6.3.38）～（6.3.41）可知：

$$\overline{\boldsymbol{F}}^{-1}=\overline{\boldsymbol{a}}\cdot\overline{\boldsymbol{u}}\cdot\overline{\boldsymbol{e}}^{-1}\cdot\overline{\boldsymbol{u}}\cdot\overline{\boldsymbol{a}}^{-1}$$

且由 $\overline{\boldsymbol{e}}^{-1}(x)=\overline{\boldsymbol{e}}(-x)$可得：$\overline{\boldsymbol{F}}^{-1}(x)=\overline{\boldsymbol{F}}(-x)$，即

$$\boldsymbol{G}^{-1}(x)=\boldsymbol{G}(-x)$$

（iii）的证明如下：

由式（6.3.45）可得：

$$\boldsymbol{G}=\sum_{i=1}^{2}\begin{bmatrix} A(i)\cdot\boldsymbol{E}_{1,i} & (-1)^iA(3)\cdot\boldsymbol{E}_{2,i}\\ (-1)^iA(4)\cdot\boldsymbol{E}_{3,i} & A(3-i)\cdot\boldsymbol{E}_{4,i}\end{bmatrix} \tag{6.3.52}$$

$$\boldsymbol{E}_{1,i}=\begin{bmatrix}\mathrm{ch}(\sqrt{a_is}x) & -\dfrac{1}{\lambda'\sqrt{a_is}}\mathrm{sh}(\sqrt{a_is}x)\\ -\lambda'\sqrt{a_is}\,\mathrm{sh}(\sqrt{a_is}x) & \mathrm{ch}(\sqrt{a_is}x)\end{bmatrix}$$

$$E_{2,i}=\begin{bmatrix}\operatorname{ch}(\sqrt{a_i s}x) & -\frac{1}{\lambda_e\sqrt{a_i s}}\operatorname{sh}(\sqrt{a_i s}x)\\ -\lambda'\sqrt{a_i s}\operatorname{sh}(\sqrt{a_i s}x) & \frac{\lambda'}{\lambda_e}\operatorname{ch}(\sqrt{a_i s}x)\end{bmatrix}$$

$$E_{3,i}=\begin{bmatrix}\operatorname{ch}(\sqrt{a_i s}x) & -\frac{1}{\lambda'\sqrt{a_i s}}\operatorname{sh}(\sqrt{a_i s}x)\\ -\lambda_e\sqrt{a_i s}\operatorname{sh}(\sqrt{a_i s}x) & \frac{\lambda_e}{\lambda'}\operatorname{ch}(\sqrt{a_i s}x)\end{bmatrix}$$

$$E_{4,i}=\begin{bmatrix}\operatorname{ch}(\sqrt{a_i s}x) & -\frac{1}{\lambda_e\sqrt{a_i s}}\operatorname{sh}(\sqrt{a_i s}x)\\ -\lambda_e\sqrt{a_i s}\operatorname{sh}(\sqrt{a_i s}x) & \operatorname{ch}(\sqrt{a_i s}x)\end{bmatrix}$$

$$\left.E_{1,i}\right|_{s\to0}=\begin{bmatrix}1 & -\frac{x}{\lambda'}\\ 0 & 1\end{bmatrix} \tag{6.3.53a}$$

$$\left.E_{2,i}\right|_{s\to0}=\begin{bmatrix}1 & -\frac{x}{\lambda_e}\\ 0 & \frac{\lambda'}{\lambda_e}\end{bmatrix} \tag{6.3.53b}$$

$$\left.E_{3,i}\right|_{s\to0}=\begin{bmatrix}1 & -\frac{x}{\lambda'}\\ 0 & \frac{\lambda_e}{\lambda'}\end{bmatrix} \tag{6.3.53c}$$

$$\left.E_{4,i}\right|_{s\to0}=\begin{bmatrix}1 & -\frac{x}{\lambda_e}\\ 0 & 1\end{bmatrix} \tag{6.3.53d}$$

由式（6.3.53）、(6.3.44)，得：

$$\left.G(x)\right|_{s\to0}=\begin{bmatrix}1 & -\frac{x}{\lambda'} & 0 & 0\\ 0 & 1 & 0 & 0\\ 0 & 0 & 1 & -\frac{x}{\lambda_e}\\ 0 & 0 & 0 & 1\end{bmatrix}=\begin{bmatrix}\overline{R}_1 & 0\\ 0 & \overline{R}_2\end{bmatrix}$$

即(iii)得证。

5. 单层墙体的导纳矩阵及其性质

由式（6.3.27）可推导出以墙体两侧表面的水蒸气分压和温度作为输入，它们的导数作为输出的解：

$$T'_X=E_X\cdot T_X \tag{6.3.54}$$

其中
$$T'_X=[X'_{1,x=0},\ X'_{2,x=0},\ X'_{1,x=x},\ X'_{2,x=x}]^T \tag{6.3.55}$$

$$T_X=[X_{1,x=0},\ X_{2,x=0},\ X_{1,x=x},\ X_{2,x=x}]^T \tag{6.3.56}$$

$$E_X=\begin{bmatrix}-E_{X1} & E_{X2}\\ -E_{X2} & E_{X1}\end{bmatrix} \tag{6.3.57a}$$

$$\boldsymbol{E}_{X1}=\begin{bmatrix}\sqrt{a_1}s\,\mathrm{cth}(\sqrt{a_1}sx) & 0\\ 0 & \sqrt{a_1}s\,\mathrm{cth}(\sqrt{a_2}sx)\end{bmatrix} \tag{6.3.57b}$$

$$\boldsymbol{E}_{X1}=\begin{bmatrix}\sqrt{a_1}s\,\mathrm{sh}^{-1}(\sqrt{a_1}sx) & 0\\ 0 & \sqrt{a_1}s\,\mathrm{sh}^{-1}(\sqrt{a_2}sx)\end{bmatrix} \tag{6.3.57c}$$

将式（6.3.54）变换到原变量，得：

$$\boldsymbol{T}'=\overset{*}{\boldsymbol{S}}{}^{-1}\cdot\boldsymbol{T}_X=\overset{*}{\boldsymbol{S}}{}^{-1}\cdot\boldsymbol{E}_X\cdot\boldsymbol{T}_X=\overset{*}{\boldsymbol{S}}{}^{-1}\cdot\boldsymbol{E}_X\cdot\overset{*}{\boldsymbol{S}}\cdot\boldsymbol{T} \tag{6.3.58}$$

其中

$$\boldsymbol{T}'=[P'_{x=0},\ T'_{x=0},\ P'_{x=x},\ T'_{x=x}]^T \tag{6.3.59}$$

$$\boldsymbol{T}=[P_{x=0},\ X_{x=0},\ X_{x=x},\ X_{x=x}]^T \tag{6.3.60}$$

$$\overset{*}{\boldsymbol{S}}=\begin{bmatrix}S & 0\\ 0 & S\end{bmatrix}\quad（S\text{ 为式（6.3.19））} \tag{6.3.61}$$

引入 $\boldsymbol{Q}=[\overline{Q}_{M,x=0},\ \overline{Q}_{H,x=0},\ \overline{Q}_{M,x=x},\ \overline{Q}_{H,x=x}]^T$ 代替 $\boldsymbol{T}$，得：

$$\boldsymbol{Q}=\overset{*}{\boldsymbol{\Lambda}}\cdot\boldsymbol{T}=\overset{*}{\boldsymbol{\Lambda}}\cdot\overset{*}{\boldsymbol{S}}{}^{-1}\cdot\boldsymbol{E}_X\cdot\overset{*}{\boldsymbol{S}}\cdot\boldsymbol{T}=\boldsymbol{P}\cdot\boldsymbol{T} \tag{6.3.62}$$

式中 $\overset{*}{\Lambda}$ 为式（6.3.7），

$$\boldsymbol{P}=\overset{*}{\boldsymbol{\Lambda}}\cdot\overset{*}{\boldsymbol{S}}{}^{-1}\cdot\boldsymbol{E}_X\cdot\overset{*}{\boldsymbol{S}} \tag{6.3.63}$$

$\boldsymbol{P}$ 就是单层墙体的导纳矩阵。实质上，$\boldsymbol{P}$ 是以墙体两侧表面的水蒸气分压和温度作为输入，以两侧表面的热流和湿流密度作为输出的传递矩阵。为了与前文中的传递矩阵相区别，这里称之为导纳矩阵。

单层墙体的导纳矩阵具有如下性质：

定理 2 单层墙体的导纳矩阵中的四个 2×2 的子矩阵满足对角互易取反原则。

定理 2 的证明很简单，单层墙体的导纳矩阵 $\boldsymbol{P}$ 用四个 2×2 的子矩阵表示为：

$$\boldsymbol{P}=\begin{bmatrix}\boldsymbol{P}_A & \boldsymbol{P}_B\\ \boldsymbol{P}_C & \boldsymbol{P}_D\end{bmatrix} \tag{6.3.64}$$

由式(6.3.57a),(6.3.61)及（6.3.7）通过矩阵相乘容易证得：$\boldsymbol{P}_A=-\boldsymbol{P}_D$，$\boldsymbol{P}_B=-\boldsymbol{P}_C$，即

$$\boldsymbol{P}=\begin{bmatrix}\boldsymbol{P}_A & \boldsymbol{P}_B\\ -\boldsymbol{P}_B & -\boldsymbol{P}_A\end{bmatrix} \tag{6.3.65}$$

也就是说，定理 2 成立。

6.3.4 多层墙体传递矩阵及其性质

1. 多层墙体传递矩阵

多层墙体的热湿动力学系统如图 6.4 所示。它的传递矩阵可用单层墙体的传递矩阵的积表示：

$$\boldsymbol{Y}^{(n)}=\boldsymbol{G}^{(n)}\cdot\boldsymbol{G}^{(n-1)}\cdots\boldsymbol{G}^{(k)}\cdots\boldsymbol{G}^{(1)}\cdot\boldsymbol{Y}^{(0)}=\overline{\boldsymbol{G}}^{(n)}\cdot\boldsymbol{Y}^{(0)} \tag{6.3.66}$$

式中 n——墙体层数；

$\boldsymbol{Y}^{(k)}=[\overline{P},\ \overline{Q}_M,\ \overline{T},\ \overline{Q}_H]^T_{x=L_k}$；

$\boldsymbol{G}^{(k)}$（$k=1,2,\cdots,n$）——第 k 层墙体的传递矩阵；

$\overline{\boldsymbol{G}}^{(n)}$——$n$ 层墙体的总传递矩阵。

为了求得多层墙体的总传递矩阵的显式表达式，下文中与第 K 层有关的变量或表达式均加上右上标（k），与总层数有关的变量或表达式均加上横杠“—”和右上标（n）。多层墙体的总传递矩阵 $\overline{\boldsymbol{G}}^{(n)}$ 可用式（6.3.45）进行乘积，并整理成与单层墙体的传递矩阵同型的表达式如下：

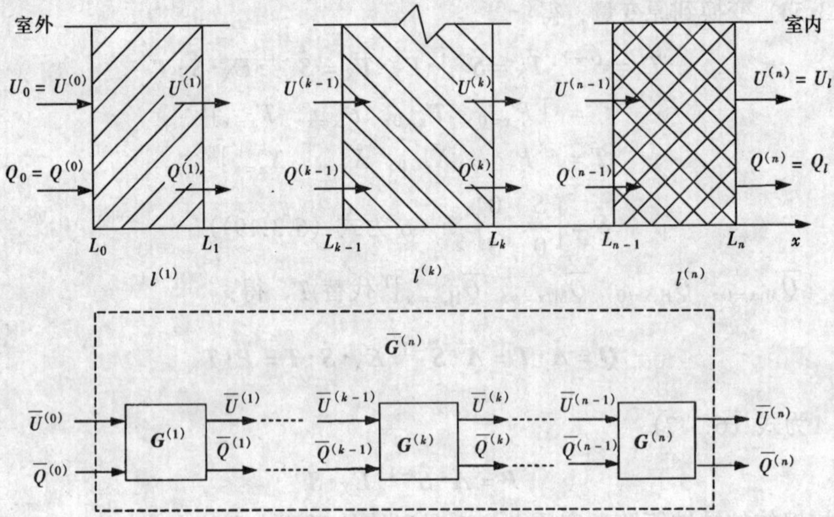

图 6.4 多层墙体线性热湿同时传导系统

定理 3

$$\overline{\boldsymbol{G}}^{(n)} = \left(\frac{1}{2}\right)^n \sum_{i(1)=1}^{2}\cdots\sum_{i(n)=1}^{2}\cdot\sum_{t(1)=1}^{2}\cdots\sum_{t(n-1)=1}^{2}\begin{bmatrix}\overline{\boldsymbol{A}}^{(n)} & \overline{\boldsymbol{B}}^{(n)}\\ \overline{\boldsymbol{C}}^{(n)} & \overline{\boldsymbol{D}}^{(n)}\end{bmatrix} \tag{6.3.67}$$

$$\left.\begin{aligned}
\overline{\boldsymbol{A}}^{(n)} &= \overline{\alpha}^{(n)}\cdot\boldsymbol{p}_{1,i(n)}^{(n)}\cdot\boldsymbol{v}\cdot\overline{\boldsymbol{e}}^{(n)}\cdot\overline{\boldsymbol{v}}^{(n)}\cdot\boldsymbol{p}_{1,i(1)}^{(1)-1}\\
\overline{\boldsymbol{B}}^{(n)} &= \overline{\beta}^{(n)}\cdot\boldsymbol{p}_{1,i(n)}^{(n)}\cdot\boldsymbol{v}\cdot\overline{\boldsymbol{e}}^{(n)}\cdot\overline{\boldsymbol{v}}^{(n)}\cdot\boldsymbol{p}_{2,i(1)}^{(1)-1}\\
\overline{\boldsymbol{C}}^{(n)} &= \overline{\gamma}^{(n)}\cdot\boldsymbol{p}_{2,i(n)}^{(n)}\cdot\boldsymbol{v}\cdot\overline{\boldsymbol{e}}^{(n)}\cdot\overline{\boldsymbol{v}}^{(n)}\cdot\boldsymbol{p}_{1,i(1)}^{(1)-1}\\
\overline{\boldsymbol{D}}^{(n)} &= \overline{\delta}^{(n)}\cdot\boldsymbol{p}_{2,i(n)}^{(n)}\cdot\boldsymbol{v}\cdot\overline{\boldsymbol{e}}^{(n)}\cdot\overline{\boldsymbol{v}}^{(n)}\cdot\boldsymbol{p}_{2,i(1)}^{(1)-1}
\end{aligned}\right\} \tag{6.3.68}$$

其中

$$\begin{aligned}
\overline{\alpha}^{(n)} &= A^{(1)}(i(1))\cdot\prod_{k=2}^{n}\{[A^{(k)}(i(k))\cdot A^{(k-1)}(i(k-1))\cdot q^{(k)}\\
&\quad + (-1)^{i(k)+i(k-1)}\cdot A^{(k)}(3)\cdot A^{(k-1)}(4)\cdot r^{(k)}]/A^{(k-1)}(i(k-1))\}
\end{aligned} \tag{6.3.69a}$$

$$\begin{aligned}
\overline{\beta}^{(n)} &= (-1)^{i(1)}A(3-i(1))\,\overline{\alpha}^{(n)}/A^{(1)}(4)\\
&= (-1)^{i(1)}\cdot A^{(1)}(3)\cdot\overline{\alpha}^{(n)}/A^{(1)}(i(1))
\end{aligned} \tag{6.3.69b}$$

$$\begin{aligned}
\overline{\gamma}^{(n)} &= (-1)^{i(n)}A^{(n)}(3-i(n))\cdot\overline{\alpha}^{(n)}/A^{(n)}(3)\\
&= (-1)^{i(n)}\cdot A^{(n)}(4)\cdot\overline{\alpha}^{(n)}/A^{(n)}(i(n))
\end{aligned} \tag{6.3.69c}$$

$$\overline{\delta}^{(n)} = \overline{\beta}^{(n)}\cdot\overline{\gamma}^{(n)}/\overline{\alpha}^{(n)} \tag{6.3.69d}$$

$$q^{(k)} = 1 + (-1)^{t(k-1)}(\lambda^{(k)}\sqrt{a_{i(k)}})^{-1}\cdot\lambda^{(k-1)}\sqrt{a_{i(k-1)}} \tag{6.3.70a}$$

$$r^{(k)} = 1 + (-1)^{t(k-1)}(\lambda_{\mathrm{e}}^{(k)}\sqrt{a_{i(k)}})^{-1}\cdot\lambda_{\mathrm{e}}^{(k-1)}\sqrt{a_{i(k-1)}} \tag{6.3.70b}$$

$$\overline{e}^{(n)} = \begin{bmatrix} \exp \overline{\omega}^{(n)} & 0 \\ 0 & \exp\left(-\overline{\omega}^{(n)}\right) \end{bmatrix} \tag{6.3.71a}$$

$$\overline{\omega}^{(n)} = \Big[l^{(n)}\sqrt{a_{i(n)}^{(n)}} + (-1)^{t(n-1)} l^{(n-1)}\sqrt{a_{i(n-1)}^{(n-1)}} + (-1)^{t(n-1)+t(n-2)} l^{(n-2)}\sqrt{a_{i(n-2)}^{(n-2)}} + \cdots + (-1)^{t(n-1)+\cdots+t(1)} l^{(1)}\sqrt{a_{i(1)}^{(1)}}\Big]\sqrt{s} \tag{6.3.71b}$$

$$\overline{v}^{(n)} = \begin{bmatrix} 1 & (-1)^{t(n-1)+\cdots+t(1)} \\ 1 & (-1)^{t(n-1)+\cdots+t(1)} \end{bmatrix} = v \cdot \overline{J}^{(n)} \tag{6.3.72a}$$

$$\overline{J}^{(n)} = \begin{bmatrix} 1 & 0 \\ 0 & (-1)^{t(n-1)+\cdots+t(1)} \end{bmatrix} \tag{6.3.72b}$$

式中　$l^{(k)}$（$k=1$，2，…，n）——多层墙体的第 k 层的厚度，m。

下面用数学归纳法证明定理 3。

（1）当 $n=2$ 时，用式（6.3.45）代入式（6.3.66），并展开可得二层墙体的传递矩阵的显式表达式为：

$$\overline{G}^{(2)} = G^{(2)} \cdot G^{(1)} = \left(\frac{1}{2}\right)^2 \sum_{i(1)=1}^{2} \sum_{i(2)=1}^{2} \begin{bmatrix} \overline{A}^{(2)} & \overline{B}^{(2)} \\ \overline{C}^{(2)} & \overline{D}^{(2)} \end{bmatrix} \tag{6.3.73}$$

$$\left.\begin{aligned}
\overline{A}^{(2)} &= A^{(2)}(i(2)) \cdot A^{(1)}(i(1)) \cdot p_{1,i(2)}^{(2)} \cdot \overline{m}_1^{(2)} \cdot p_{1,i(1)}^{(1)-1} \\
&\quad + (-1)^{i(2)+i(1)} A^{(2)}(3) \cdot A^{(1)}(4) \cdot p_{1,i(2)}^{(2)} \cdot \overline{m}_2^{(2)} \cdot p_{1,i(1)}^{(1)-1} \\
\overline{B}^{(2)} &= (-1)^{i(1)} A^{(2)}(i(2)) \cdot A^{(1)}(3) \cdot p_{1,i(2)}^{(2)} \cdot \overline{m}_1^{(2)} \cdot p_{1,i(1)}^{(1)-1} \\
&\quad + (-1)^{i(2)} A^{(2)}(3) \cdot A^{(1)}(3-i(1)) \cdot p_{1,i(2)}^{(2)} \cdot \overline{m}_2^{(2)} \cdot p_{2,i(1)}^{(1)-1} \\
\overline{C}^{(2)} &= (-1)^{i(2)} A^{(2)}(4) \cdot A^{(1)}(i(1)) \cdot p_{2,i(2)}^{(2)} \cdot \overline{m}_1^{(2)} \cdot p_{1,i(1)}^{(1)-1} \\
&\quad + (-1)^{i(1)} A^{(2)}(4) \cdot A^{(1)}(3) \cdot p_{2,i(2)}^{(2)} \cdot \overline{m}_2^{(2)} \cdot p_{1,i(1)}^{(1)-1} \\
\overline{D}^{(2)} &= (-1)^{i(2)+i(1)} A^{(2)}(4) \cdot A^{(1)}(3) \cdot p_{2,i(2)}^{(2)} \cdot \overline{m}_1^{(2)} \cdot p_{2,i(1)}^{(1)-1} \\
&\quad + A^{(2)}(3-i(2)) \cdot A^{(1)}(3-i(1)) \cdot p_{2,i(2)}^{(2)} \cdot \overline{m}_2^{(2)} \cdot p_{2,i(1)}^{(1)-1}
\end{aligned}\right\} \tag{6.3.74}$$

$$\left.\begin{aligned}
\overline{m}_1^{(2)} &= v \cdot \overline{e}_{i(2)}^{(2)} \cdot v \cdot p_{1,i(2)}^{(2)-1} \cdot p_{1,i(1)}^{(1)} \cdot v \cdot \overline{e}_{i(1)}^{(1)} \cdot v \\
\overline{m}_2^{(2)} &= v \cdot \overline{e}_{i(2)}^{(2)} \cdot v \cdot p_{2,i(2)}^{(2)-1} \cdot p_{2,i(1)}^{(1)} \cdot v \cdot \overline{e}_{i(1)}^{(1)} \cdot v
\end{aligned}\right\} \tag{6.3.75}$$

展开式(6.3.75)中$\overline{m}_1^{(2)}$ 中的$v \cdot p_{1,i(2)}^{(2)-1} \cdot p_{1,i(1)}^{(1)} \cdot v$，得：

$$v \cdot p_{1,i(2)}^{(2)-1} \cdot p_{1,i(1)}^{(1)} \cdot v = \begin{bmatrix} 1+(\lambda^{(2)}\sqrt{a_{i(2)}})^{-1} \cdot \lambda^{(1)}\sqrt{a_{i(1)}} & 1-(\lambda^{(2)}\sqrt{a_{i(2)}})^{-1} \cdot \lambda^{(1)}\sqrt{a_{i(1)}} \\ 1-(\lambda^{(2)}\sqrt{a_{i(2)}})^{-1} \cdot \lambda^{(1)}\sqrt{a_{i(1)}} & 1+(\lambda^{(2)}\sqrt{a_{i(2)}})^{-1} \cdot \lambda^{(1)}\sqrt{a_{i(1)}} \end{bmatrix} \tag{6.3.76}$$

式(6.3.76)代入式(6.3.75)的$\overline{m}_1^{(2)}$ 中得：

$$\overline{m}_1^{(2)} = [1+(\lambda^{(2)}\sqrt{a_{i(2)}})^{-1} \cdot \lambda^{(1)}\sqrt{a_{i(1)}}] \cdot v \cdot \begin{bmatrix} \exp[(l^{(2)}\sqrt{a_{i(2)}} + l^{(1)}\sqrt{a_{i(1)}})\sqrt{s}] & 0 \\ 0 & \exp[-(l^{(2)}\sqrt{a_{i(2)}} + l^{(1)}\sqrt{a_{i(1)}})\sqrt{s}] \end{bmatrix} \cdot v + [1-(\lambda^{(2)}\sqrt{a_{i(2)}})^{-1} \cdot \lambda^{(1)}\sqrt{a_{i(1)}}] \cdot v \cdot \begin{bmatrix} \exp[(l^{(2)}\sqrt{a_{i(2)}} + l^{(1)}\sqrt{a_{i(1)}})\sqrt{s}] & 0 \\ 0 & \exp[-(l^{(2)}\sqrt{a_{i(2)}} + l^{(1)}\sqrt{a_{i(1)}})\sqrt{s}] \end{bmatrix} \cdot v$$

$$= [1+(\lambda^{(2)}\sqrt{a_{i(2)}})^{-1}\cdot\lambda^{(1)}\sqrt{a_{i(1)}}]\cdot \boldsymbol{v}\cdot\begin{bmatrix}\exp[(l^{(2)}\sqrt{a_{i(2)}}+l^{(1)}\sqrt{a_{i(1)}})\sqrt{s}] & 0\\ 0 & \exp[-(l^{(2)}\sqrt{a_{i(2)}}+l^{(1)}\sqrt{a_{i(1)}})\sqrt{s}]\end{bmatrix}\cdot\boldsymbol{v}+[1-(\lambda^{(2)}\sqrt{a_{i(2)}})^{-1}\cdot\lambda^{(1)}\sqrt{a_{i(1)}}]\cdot\boldsymbol{v}\cdot$$

$$\begin{bmatrix}\exp[(l^{(2)}\sqrt{a_{i(2)}}-l^{(1)}\sqrt{a_{i(1)}})\sqrt{s}] & 0\\ 0 & \exp[-(l^{(2)}\sqrt{a_{i(2)}}-l^{(1)}\sqrt{a_{i(1)}})\sqrt{s}]\end{bmatrix}\cdot\boldsymbol{v}$$

其中 $$v=\begin{bmatrix}1 & -1\\ 1 & 1\end{bmatrix}=v\begin{bmatrix}1 & 0\\ 1 & -1\end{bmatrix}$$

即 $$\overline{\boldsymbol{m}}_1^{(2)}=\sum_{t(1)=1}^{2} q^{(2)}\cdot\boldsymbol{v}\cdot\overline{\boldsymbol{e}}^{(2)}\cdot\overline{\boldsymbol{v}}^{(2)} \tag{6.3.77a}$$

同样可得: $$\overline{\boldsymbol{m}}_2^{(2)}=\sum_{t(1)=1}^{2} r^{(2)}\cdot\boldsymbol{v}\cdot\overline{\boldsymbol{e}}^{(2)}\cdot\overline{\boldsymbol{v}}^{(2)} \tag{6.3.77b}$$

式中，$q^{(2)}$，$r^{(2)}$和$\overline{\boldsymbol{e}}^{(2)}$，$\overline{\boldsymbol{v}}^{(2)}$分别为式（6.3.70）和（6.3.71），（6.3.72）在 k，n 为2时的情形。

用式（6.3.77）代入式（6.3.74），并整理，便可得到二层墙体的传递矩阵如式（6.3.67）~（6.3.72）在 $n=2$ 时的显式表达式。也就是说，当 $n=2$ 时，定理3成立。

(2) 设 $n=m-1$ 时定理3成立，下面证明当 $n=m$ 时定理3亦成立。

用单纯的矩阵相乘$\overline{\boldsymbol{G}}^{(m)}=\boldsymbol{G}^{(m)}\cdot\overline{\boldsymbol{G}}^{(m-1)}$，并展开可得：

$$\overline{\boldsymbol{G}}^{(m)}=\boldsymbol{G}^{(m)}\cdot\overline{\boldsymbol{G}}^{(m-1)}=\left(\frac{1}{2}\right)^m\sum_{i(m)=1}^{2}\cdots\sum_{i(1)=1}^{2}\cdot\sum_{t(m-2)=1}^{2}\cdots\sum_{t(1)=1}^{2}\begin{bmatrix}\overline{\boldsymbol{A}}^{(m)} & \overline{\boldsymbol{B}}^{(m)}\\ \overline{\boldsymbol{C}}^{(m)} & \overline{\boldsymbol{D}}^{(m)}\end{bmatrix} \tag{6.3.78}$$

$$\left.\begin{aligned}\overline{\boldsymbol{A}}^{(m)}&=A^{(m)}(i(m))\cdot\overline{\alpha}^{(m-1)}\cdot\boldsymbol{p}_{1,i(m)}^{(m)}\cdot\overline{\boldsymbol{m}}_1^{(m)}\cdot\boldsymbol{p}_{1,i(1)}^{(1)-1}\\&\quad+(-1)^{i(m)}A^{(m)}(3)\cdot\overline{\gamma}^{(m-1)}\cdot\boldsymbol{p}_{1,i(m)}^{(m)}\cdot\overline{\boldsymbol{m}}_2^{(m)}\cdot\boldsymbol{p}_{1,i(1)}^{(1)-1}\\ \overline{\boldsymbol{B}}^{(m)}&=A^{(m)}(i(m))\cdot\overline{\beta}^{(m-1)}\cdot\boldsymbol{p}_{1,i(m)}^{(m)}\cdot\overline{\boldsymbol{m}}_1^{(m)}\cdot\boldsymbol{p}_{2,i(1)}^{(1)-1}\\&\quad+(-1)^{i(m)}A^{(m)}(3)\cdot\overline{\delta}^{(m-1)}\cdot\boldsymbol{p}_{1,i(m)}^{(m)}\cdot\overline{\boldsymbol{m}}_2^{(m)}\cdot\boldsymbol{p}_{2,i(1)}^{(1)-1}\\ \overline{\boldsymbol{C}}^{(m)}&=(-1)^{i(m)}A^{(m)}(4)\cdot\overline{\alpha}^{(m-1)}\cdot\boldsymbol{p}_{2,i(m)}^{(m)}\cdot\overline{\boldsymbol{m}}_1^{(m)}\cdot\boldsymbol{p}_{1,i(1)}^{(1)-1}\\&\quad+A^{(m)}(3-i(m))\cdot\overline{\gamma}^{(m-1)}\cdot\boldsymbol{p}_{2,i(m)}^{(m)}\cdot\overline{\boldsymbol{m}}_2^{(m)}\cdot\boldsymbol{p}_{1,i(1)}^{(1)-1}\\ \overline{\boldsymbol{D}}^{(m)}&=(-1)^{i(m)}A^{(m)}(4)\cdot\overline{\beta}^{(m-1)}\cdot\boldsymbol{p}_{2,i(m)}^{(m)}\cdot\overline{\boldsymbol{m}}_1^{(m)}\cdot\boldsymbol{p}_{2,i(1)}^{(1)-1}\\&\quad+A^{(m)}(3-i(m))\cdot\overline{\gamma}^{(m-1)}\cdot\boldsymbol{p}_{2,i(m)}^{(m)}\cdot\overline{\boldsymbol{m}}_2^{(m)}\cdot\boldsymbol{p}_{2,i(1)}^{(1)-1}\end{aligned}\right\} \tag{6.3.79}$$

式中 $$\left.\begin{aligned}\overline{\boldsymbol{m}}_1^{(m)}&=\boldsymbol{v}\cdot\overline{\boldsymbol{e}}_{i(m)}^{(m)}\cdot\boldsymbol{v}\cdot\boldsymbol{p}_{1,i(m)}^{(m)-1}\cdot\boldsymbol{p}_{1,i(m-1)}^{(m-1)}\cdot\boldsymbol{v}\cdot\overline{\boldsymbol{e}}^{(m-1)}\cdot\overline{\boldsymbol{v}}^{(m-1)}\\ \overline{\boldsymbol{m}}_2^{(m)}&=\boldsymbol{v}\cdot\overline{\boldsymbol{e}}_{i(m)}^{(m)}\cdot\boldsymbol{v}\cdot\boldsymbol{p}_{2,i(m)}^{(m)-1}\cdot\boldsymbol{p}_{2,i(m-1)}^{(m-1)}\cdot\boldsymbol{v}\cdot\overline{\boldsymbol{e}}^{(m-1)}\cdot\overline{\boldsymbol{v}}^{(m-1)}\end{aligned}\right\} \tag{6.3.80}$$

同推导$\overline{\boldsymbol{m}}_1^{(2)}$，$\overline{\boldsymbol{m}}_2^{(2)}$一样，可以推导出$\overline{\boldsymbol{m}}_1^{(m)}$，$\overline{\boldsymbol{m}}_2^{(m)}$如下：

$$\left.\begin{aligned}\overline{\boldsymbol{m}}_1^{(m)}&=\sum_{t(m-1)=1}^{2} q^{(m)}\cdot\boldsymbol{v}\cdot\overline{\boldsymbol{e}}^{(m)}\cdot\overline{\boldsymbol{v}}^{(m)}\\ \overline{\boldsymbol{m}}_1^{(m)}&=\sum_{t(m-1)=1}^{2} r^{(m)}\cdot\boldsymbol{v}\cdot\overline{\boldsymbol{e}}^{(m)}\cdot\overline{\boldsymbol{v}}^{(m)}\end{aligned}\right\} \tag{6.3.81}$$

将式（6.3.81）代入式（6.3.78）、（6.3.79）中，并整理可得关于$\overline{\alpha}^{(m)}$，$\overline{\beta}^{(m)}$，$\overline{\gamma}^{(m)}$，$\overline{\delta}^{(m)}$

的如下联立递推关系式:

$$\left.\begin{aligned}
\overline{\alpha}^{(m)} &= A^{(m)}(i(m))\cdot q^{(m)}\cdot\overline{\alpha}^{(m-1)}+(-1)^{i(m)}A^{(m)}(3)\cdot r^{(m)}\cdot\overline{\gamma}^{(m-1)}\\
\overline{\beta}^{(m)} &= A^{(m)}(i(m))\cdot q^{(m)}\cdot\overline{\beta}^{(m-1)}+(-1)^{i(m)}A^{(m)}(3)\cdot r^{(m)}\cdot\overline{\delta}^{(m-1)}\\
\overline{\gamma}^{(m)} &= (-1)^{i(m)}A^{(m)}(4)\cdot q^{(m)}\cdot\overline{\alpha}^{(m-1)}+A^{(m)}(3-i(m))\cdot r^{(m)}\cdot\overline{\gamma}^{(m-1)}\\
\overline{\delta}^{(m)} &= (-1)^{i(m)}A^{(m)}(4)\cdot q^{(m)}\cdot\overline{\beta}^{(m-1)}+A^{(m)}(3-i(m))\cdot r^{(m)}\cdot\overline{\delta}^{(m-1)}
\end{aligned}\right\} \tag{6.3.82}$$

由(6.4.74),可得$\overline{\alpha}^{(2)}$,$\overline{\beta}^{(2)}$,$\overline{\gamma}^{(2)}$,$\overline{\delta}^{(2)}$如下:

$$\left.\begin{aligned}
\overline{\alpha}^{(2)} &= A^{(2)}(i(2))\cdot A^{(1)}(i(1))\cdot q^{(2)}+(-1)^{i(2)+i(1)}\cdot A^{(2)}(3)\cdot A^{(1)}(4)\cdot r^{(2)}\\
\overline{\beta}^{(2)} &= (-)^{i(1)}A^{(1)}(3-i(1))\cdot\overline{\alpha}^{(2)}/A^{(1)}(4)=(-)^{i(1)}\cdot A^{(1)}(3)\cdot\overline{\alpha}^{(2)}/A^{(1)}(i(1))\\
\overline{\gamma}^{(2)} &= (-)^{i(2)}A^{(2)}(3-i(2))\cdot\overline{\alpha}^{(2)}/A^{(2)}(3)=(-)^{i(2)}\cdot A^{(2)}(4)\cdot\overline{\alpha}^{(2)}/A^{(2)}(i(2))\\
\overline{\delta}^{(2)} &= \overline{\beta}^{(2)}\cdot\overline{\gamma}^{(2)}/\overline{\alpha}^{(2)}
\end{aligned}\right\} \tag{6.3.83}$$

联立式(6.3.83)与(6.3.82),并逐步递推可得式(6.3.67)~(6.3.72)在 $n=m$ 时的表达式。即如果设 $n=m-1$ 时定理3成立,则当 $n=m$ 时定理3亦成立。

(3)由数学归纳原理,当 n 为大于或等于2的任意整数时,定理3均成立。

2. 多层墙体传递矩阵的性质

多层墙体的总的传递矩阵具有如下性质:

定理4 (i)

$$|\overline{\boldsymbol{G}}^{(n)}|=1 \tag{6.3.84}$$

(ii)

$$\overline{\boldsymbol{G}}_{s\to0}^{(n)}=\begin{bmatrix}\overline{\boldsymbol{R}'}^{(n)} & 0\\ 0 & \overline{\boldsymbol{R}}^{(n)}\end{bmatrix} \tag{6.3.85}$$

其中,

$$\overline{\boldsymbol{R}'}^{(n)}=\begin{bmatrix}1 & -\sum_{i=1}^{n}R'^{(i)}\\ 0 & 1\end{bmatrix},\overline{\boldsymbol{R}}^{(n)}=\begin{bmatrix}1 & -\sum_{i=1}^{n}R^{(i)}\\ 0 & 1\end{bmatrix} \tag{6.3.86a}$$

$$R'^{(i)}=\frac{l^{(i)}}{\lambda'^{(i)}},\quad R^{(i)}=\frac{l^{(i)}}{\lambda_e^{(i)}} \tag{6.3.86b}$$

(iii)

$$\begin{aligned}
\overline{\boldsymbol{G}}^{(n)-1} &= [\boldsymbol{G}^{(n)}(l^{(n)})\cdot\boldsymbol{G}^{(n-1)}(l^{(n-1)})\cdots\boldsymbol{G}^{(1)}(l^{(1)})]^{-1}\\
&= \boldsymbol{G}^{(1)}(-l^{(1)})\cdots\boldsymbol{G}^{(n-1)}(-l^{(n-1)})\cdot\boldsymbol{G}^{(n)}(-l^{(n)})=\overset{*}{\boldsymbol{G}}^{(n)}
\end{aligned} \tag{6.3.87}$$

其中$\overset{*}{\boldsymbol{G}}^{(n)}$为颠倒传递矩阵$\overline{\boldsymbol{G}}^{(n)}$各层传递矩阵的顺序,壁厚 $l^{(k)}$($k=1$,…,n)前的正负号取反而得的矩阵。

根据定理1中的(i)和(ii)很容易证明定理4的(i)和(iii),定理4中的(ii)的证明如下:

由定理1的(ii)的式(6.3.50)有:

$$\begin{aligned}
\overline{\boldsymbol{G}}_{s\to0}^{(n)} &= \boldsymbol{G}_{s\to0}^{(n)}\cdot\boldsymbol{G}_{s\to0}^{(n-1)}\cdots\boldsymbol{G}_{s\to0}^{(1)}\\
&= \begin{bmatrix}1 & -R^{(n)} & 0 & 0\\ 0 & 1 & 0 & 0\\ 0 & 0 & 1 & -R^{(n)}\\ 0 & 0 & 0 & 1\end{bmatrix}\begin{bmatrix}1 & -R^{(n-1)} & 0 & 0\\ 0 & 1 & 0 & 0\\ 0 & 0 & 1 & -R^{(n-1)}\\ 0 & 0 & 0 & 1\end{bmatrix}\cdots\begin{bmatrix}1 & -R^{(1)} & 0 & 0\\ 0 & 1 & 0 & 0\\ 0 & 0 & 1 & -R^{(1)}\\ 0 & 0 & 0 & 1\end{bmatrix}
\end{aligned}$$

$$
= \begin{bmatrix} 1 & -(R^{(n)}+R^{(n-1)}+\cdots+R^{(1)}) & 0 & 0 \\ 0 & 1 & 0 & 0 \\ 0 & 0 & 1 & -(R^{(n)}+R^{(n-1)}+\cdots+R^{(1)}) \\ 0 & 0 & 0 & 1 \end{bmatrix}
$$

即定理 4 中的（ii）得证。

定理 3 可以进一步表示如下：

定理 3′

$$
\overline{G}^{(n)} = \left(\frac{1}{2}\right)^n \sum_{i(1)=1}^{2}\cdots\sum_{i(n)=1}^{2}\cdot\sum_{t(1)=1}^{2}\cdots\sum_{t(n-1)=1}^{2} \overline{p}^{(n)} \cdot \overline{a}^{(n)} \cdot \overline{V} \cdot \overline{E}^{(n)} \cdot \overline{V}^{(n)} \cdot \overline{p}^{(n)^{-1}} \tag{6.3.88}
$$

$$
\overline{p}^{(k)} = \begin{bmatrix} p_{1,i(k)} & 0 \\ 0 & p_{2,i(k)} \end{bmatrix} \tag{6.3.89}
$$

$$
\overline{a}^{(n)} = \begin{bmatrix} \overline{\alpha}^{(n)} \times I & \overline{\beta}^{(n)} \times I \\ \overline{\gamma}^{(n)} \times I & \overline{\delta}^{(n)} \times I \end{bmatrix} \tag{6.3.90}
$$

$$
\overline{V} = \begin{bmatrix} \nu & 0 \\ 0 & \nu \end{bmatrix} \tag{6.3.91}
$$

$$
\overline{V}^{(n)} = \begin{bmatrix} \overline{\nu}^{(n)} & 0 \\ 0 & \overline{\nu}^{(n)} \end{bmatrix} \tag{6.3.92}
$$

用矩阵相乘的方法，可得总传递矩阵$\overline{G}^{(n)}$的各元素如下：

记算子$\sum\limits_{i,t} \overset{\Delta}{=} \left(\frac{1}{2}\right)^n \sum\limits_{i(1)=1}^{2}\cdots\sum\limits_{i(n)=1}^{2}\cdot\sum\limits_{t(1)=1}^{2}\cdots\sum\limits_{t(n-1)=1}^{2}$

$$
\overline{G}^{(n)} = \begin{bmatrix} \overline{G}_{11}^{(n)} & \overline{G}_{12}^{(n)} & \overline{G}_{13}^{(n)} & \overline{G}_{14}^{(n)} \\ \overline{G}_{21}^{(n)} & \overline{G}_{22}^{(n)} & \overline{G}_{23}^{(n)} & \overline{G}_{24}^{(n)} \\ \overline{G}_{31}^{(n)} & \overline{G}_{32}^{(n)} & \overline{G}_{33}^{(n)} & \overline{G}_{34}^{(n)} \\ \overline{G}_{41}^{(n)} & \overline{G}_{42}^{(n)} & \overline{G}_{43}^{(n)} & \overline{G}_{44}^{(n)} \end{bmatrix} \tag{6.3.93}
$$

$$
\overline{G}_{11}^{(n)} = \left(\frac{1}{2}\right)^{n-1} \sum_{i,t} \overline{\alpha}^{(n)} \mathrm{ch}(\overline{\omega}^{(n)})
$$

$$
\overline{G}_{13}^{(n)} = \left(\frac{1}{2}\right)^{n-1} \sum_{i,t} \overline{\beta}^{(n)} \mathrm{ch}(\overline{\omega}^{(n)})
$$

$$
\overline{G}_{31}^{(n)} = \left(\frac{1}{2}\right)^{n-1} \sum_{i,t} \overline{\gamma}^{(n)} \mathrm{ch}(\overline{\omega}^{(n)})
$$

$$
\overline{G}_{33}^{(n)} = \left(\frac{1}{2}\right)^{n-1} \sum_{i,t} \overline{\delta}^{(n)} \mathrm{ch}(\overline{\omega}^{(n)})
$$

$$
\overline{G}_{12}^{(n)} = \left(\frac{1}{2}\right)^{n-1} \sum_{i,t} (-1)^{t(n-1)+\cdots+t(1)+1} \left(\lambda'^{(1)} \sqrt{a_{i(1)}^{(1)} s}\right)^{-1} \overline{\alpha}^{(n)} \mathrm{sh}(\overline{\omega}^{(n)})
$$

$$
\overline{G}_{14}^{(n)} = \left(\frac{1}{2}\right)^{n-1} \sum_{i,t} (-1)^{t(n-1)+\cdots+t(1)+1} \left(\lambda_{\mathrm{e}}^{(1)} \sqrt{a_{i(1)}^{(1)} s}\right)^{-1} \overline{\beta}^{(n)} \mathrm{sh}(\overline{\omega}^{(n)})
$$

$$
\overline{G}_{32}^{(n)} = \left(\frac{1}{2}\right)^{n-1} \sum_{i,t} (-1)^{t(n-1)+\cdots+t(1)+1} \left(\lambda'^{(1)} \sqrt{a_{i(1)}^{(1)} s}\right)^{-1} \overline{\gamma}^{(n)} \mathrm{sh}(\overline{\omega}^{(n)})
$$

$$
\overline{G}_{34}^{(n)} = \left(\frac{1}{2}\right)^{n-1} \sum_{i,t} (-1)^{t(n-1)+\cdots+t(1)+1} \left(\lambda_{\mathrm{e}}^{(1)} \sqrt{a_{i(1)}^{(1)} s}\right)^{-1} \overline{\delta}^{(n)} \mathrm{sh}(\overline{\omega}^{(n)})
$$

$$\overline{G_{21}^{(n)}} = \left(\frac{1}{2}\right)^{n-1}\sum_{i,t} - \lambda'^{(n)}\sqrt{a_{i(n)}^{(n)} s}\,\overline{\alpha}^{(n)}\mathrm{sh}(\overline{\omega}^{(n)})$$

$$\overline{G_{23}^{(n)}} = \left(\frac{1}{2}\right)^{n-1}\sum_{i,t} - \lambda'^{(n)}\sqrt{a_{i(n)}^{(n)} s}\,\overline{\beta}^{(n)}\mathrm{sh}(\overline{\omega}^{(n)})$$

$$\overline{G_{41}^{(n)}} = \left(\frac{1}{2}\right)^{n-1}\sum_{i,t} - \lambda_{\mathrm{e}}^{(n)}\sqrt{a_{i(n)}^{(n)} s}\,\overline{\gamma}^{(n)}\mathrm{sh}(\overline{\omega}^{(n)})$$

$$\overline{G_{43}^{(n)}} = \left(\frac{1}{2}\right)^{n-1}\sum_{i,t} - \lambda_{\mathrm{e}}^{(n)}\sqrt{a_{i(n)}^{(n)} s}\,\overline{\delta}^{(n)}\mathrm{sh}(\overline{\omega}^{(n)})$$

$$\overline{G_{22}^{(n)}} = \left(\frac{1}{2}\right)^{n-1}\sum_{i,t}(-1)^{t(n-1)+\cdots+t(1)+1}\left(\lambda'^{(1)}\sqrt{a_{i(1)}^{(1)} s}\right)^{-1}\lambda'^{(n)}\sqrt{a_{i(n)}^{(n)} s}\,\overline{\alpha}^{(n)}\mathrm{ch}(\overline{\omega}^{(n)})$$

$$\overline{G_{24}^{(n)}} = \left(\frac{1}{2}\right)^{n-1}\sum_{i,t}(-1)^{t(n-1)+\cdots+t(1)+1}\left(\lambda_{\mathrm{e}}^{(1)}\sqrt{a_{i(1)}^{(1)} s}\right)^{-1}\lambda'^{(n)}\sqrt{a_{i(n)}^{(n)} s}\,\overline{\beta}^{(n)}\mathrm{ch}(\overline{\omega}^{(n)})$$

$$\overline{G_{42}^{(n)}} = \left(\frac{1}{2}\right)^{n-1}\sum_{i,t}(-1)^{t(n-1)+\cdots+t(1)+1}\left(\lambda'^{(1)}\sqrt{a_{i(1)}^{(1)} s}\right)^{-1}\lambda_{\mathrm{e}}^{(n)}\sqrt{a_{i(n)}^{(n)} s}\,\overline{\gamma}^{(n)}\mathrm{ch}(\overline{\omega}^{(n)})$$

$$\overline{G_{44}^{(n)}} = \left(\frac{1}{2}\right)^{n-1}\sum_{i,t}(-1)^{t(n-1)+\cdots+t(1)+1}\left(\lambda_{\mathrm{e}}^{(1)}\sqrt{a_{i(1)}^{(1)} s}\right)^{-1}\lambda_{\mathrm{e}}^{(n)}\sqrt{a_{i(n)}^{(n)} s}\,\overline{\delta}^{(n)}\mathrm{ch}(\overline{\omega}^{(n)})$$

(6.3.94)

利用总传递矩阵$\overline{\boldsymbol{G}}^{(n)}$中的各元素$\overline{G}_{i,j}^{(n)}$，可求得多层墙体的总传递矩阵的显式表达式。

6.3.5 多层墙体导纳矩阵及其性质

1. 多层墙体导纳矩阵

记 $$\boldsymbol{Y}_l \overset{\Delta}{=} \boldsymbol{Y}^{(n)} = [\overline{P}\quad \overline{Q}_{\mathrm{M}}\quad \overline{T}\quad \overline{Q}_{\mathrm{H}}]^{\mathrm{T}}_{x=L_n} = [\overline{P}_l\quad \overline{Q}_{\mathrm{M}l}\quad \overline{T}_l\quad \overline{Q}_{\mathrm{H}l}]^{\mathrm{T}}$$

$$\boldsymbol{Y}_0 \overset{\Delta}{=} \boldsymbol{Y}^{(0)} = [\overline{P}\quad \overline{Q}_{\mathrm{M}}\quad \overline{T}\quad \overline{Q}_{\mathrm{H}}]^{\mathrm{T}}_{x=L_0} = [\overline{P}_0\quad \overline{Q}_{\mathrm{M}0}\quad \overline{T}_0\quad \overline{Q}_{\mathrm{H}0}]^{\mathrm{T}}$$

则由式（6.3.66）有：

$$\boldsymbol{Y}_l = \overline{\boldsymbol{G}}^{(n)}\cdot \boldsymbol{Y}_0 \tag{6.3.95}$$

由式（6.3.93）有：

$$\begin{bmatrix}\overline{P}_l\\ \overline{T}_l\\ \overline{Q}_{\mathrm{M}l}\\ \overline{Q}_{\mathrm{H}l}\end{bmatrix} = \begin{bmatrix}\overline{G_{11}^{(n)}} & \overline{G_{13}^{(n)}} & \overline{G_{12}^{(n)}} & \overline{G_{14}^{(n)}}\\ \overline{G_{31}^{(n)}} & \overline{G_{33}^{(n)}} & \overline{G_{32}^{(n)}} & \overline{G_{34}^{(n)}}\\ \overline{G_{21}^{(n)}} & \overline{G_{23}^{(n)}} & \overline{G_{22}^{(n)}} & \overline{G_{24}^{(n)}}\\ \overline{G_{41}^{(n)}} & \overline{G_{43}^{(n)}} & \overline{G_{42}^{(n)}} & \overline{G_{44}^{(n)}}\end{bmatrix}\begin{bmatrix}\overline{P}_0\\ \overline{T}_0\\ \overline{Q}_{\mathrm{M}0}\\ \overline{Q}_{\mathrm{H}0}\end{bmatrix} \tag{6.3.96}$$

用子矩阵改写式（6.3.96）如下：

$$\begin{bmatrix}{}_l\boldsymbol{Y}_{\mathrm{U}}\\ {}_l\boldsymbol{Y}_{\mathrm{Q}}\end{bmatrix} = \begin{bmatrix}\boldsymbol{A} & \boldsymbol{B}\\ \boldsymbol{C} & \boldsymbol{D}\end{bmatrix}\begin{bmatrix}{}_0\boldsymbol{Y}_{\mathrm{U}}\\ {}_0\boldsymbol{Y}_{\mathrm{Q}}\end{bmatrix} \tag{6.3.97}$$

式中

$$\left.\begin{array}{l}\boldsymbol{A} = \begin{bmatrix}\overline{G_{11}^{(n)}} & \overline{G_{13}^{(n)}}\\ \overline{G_{31}^{(n)}} & \overline{G_{33}^{(n)}}\end{bmatrix},\ \boldsymbol{B} = \begin{bmatrix}\overline{G_{12}^{(n)}} & \overline{G_{14}^{(n)}}\\ \overline{G_{32}^{(n)}} & \overline{G_{34}^{(n)}}\end{bmatrix}\\ \boldsymbol{C} = \begin{bmatrix}\overline{G_{21}^{(n)}} & \overline{G_{23}^{(n)}}\\ \overline{G_{41}^{(n)}} & \overline{G_{43}^{(n)}}\end{bmatrix},\ \boldsymbol{D} = \begin{bmatrix}\overline{G_{22}^{(n)}} & \overline{G_{24}^{(n)}}\\ \overline{G_{42}^{(n)}} & \overline{G_{44}^{(n)}}\end{bmatrix}\end{array}\right\} \tag{6.3.98}$$

$$\begin{cases}{}_l\boldsymbol{Y}_{\mathrm{U}} = [\overline{P}_l\quad \overline{T}_l]^{\mathrm{T}},\ {}_0\boldsymbol{Y}_{\mathrm{U}} = [\overline{P}_0\quad \overline{T}_0]^{\mathrm{T}}\\ {}_l\boldsymbol{Y}_{\mathrm{Q}} = [\overline{Q}_{\mathrm{M}l}\quad \overline{Q}_{\mathrm{H}l}]^{\mathrm{T}},\ {}_0\boldsymbol{Y}_{\mathrm{Q}} = [Q_{\mathrm{M}0}\quad Q_{\mathrm{H}0}]^{\mathrm{T}}\end{cases} \tag{6.3.99}$$

以墙体两侧的温度、水蒸气分压作为输入，以两侧的热流和湿流密度作为输出，对式（6.3.96）进行变换得：

$$\begin{bmatrix} {}_0\boldsymbol{Y}_{\mathrm{Q}} \\ {}_l\boldsymbol{Y}_{\mathrm{Q}} \end{bmatrix} = \begin{bmatrix} -\boldsymbol{B}^{-1}\boldsymbol{A} & \boldsymbol{B}^{-1} \\ \boldsymbol{C}-\boldsymbol{D}\boldsymbol{B}^{-1}\boldsymbol{A} & \boldsymbol{D}\boldsymbol{B}^{-1} \end{bmatrix} \begin{bmatrix} {}_0\boldsymbol{Y}_{\mathrm{U}} \\ {}_l\boldsymbol{Y}_{\mathrm{U}} \end{bmatrix} \tag{6.3.100}$$

式中 $\boldsymbol{B}^{-1}$为 $\boldsymbol{B}$ 的逆矩阵，即 $\boldsymbol{B}^{-1}\boldsymbol{B}=\boldsymbol{B}\boldsymbol{B}^{-1}=\boldsymbol{I}$，且有：

$$\boldsymbol{B}^{-1} = \frac{1}{\Delta_{\mathrm{N}}(s)} \begin{bmatrix} \overline{G}_{34}^{(n)} & -\overline{G}_{14}^{(n)} \\ -\overline{G}_{32}^{(n)} & \overline{G}_{12}^{(n)} \end{bmatrix} \tag{6.3.101}$$

$$\Delta_{\mathrm{N}}(s) = \overline{G}_{12}^{(n)}\overline{G}_{34}^{(n)} - \overline{G}_{14}^{(n)}\overline{G}_{32}^{(n)} \tag{6.3.102}$$

记

$$\boldsymbol{B}' = \begin{bmatrix} \overline{G}_{34}^{(n)} & -\overline{G}_{14}^{(n)} \\ -\overline{G}_{32}^{(n)} & \overline{G}_{12}^{(n)} \end{bmatrix} \tag{6.3.103}$$

$$\boldsymbol{B}^{-1} = \frac{1}{\Delta_{\mathrm{N}}(s)}\boldsymbol{B}' \tag{6.3.104}$$

将式(6.3.103),(6.3.104)代入(6.3.100),得：

$$\begin{bmatrix} {}_0\boldsymbol{Y}_{\mathrm{Q}} \\ {}_l\boldsymbol{Y}_{\mathrm{Q}} \end{bmatrix} = \frac{1}{\Delta_{\mathrm{N}}(s)} \begin{bmatrix} -\boldsymbol{B}'\boldsymbol{A} & \boldsymbol{B}' \\ \Delta_{\mathrm{N}}(s)\boldsymbol{C}-\boldsymbol{D}\boldsymbol{B}'\boldsymbol{A} & \boldsymbol{D}\boldsymbol{B}' \end{bmatrix} \begin{bmatrix} {}_0\boldsymbol{Y}_{\mathrm{U}} \\ {}_l\boldsymbol{Y}_{\mathrm{U}} \end{bmatrix} \tag{6.3.105}$$

记

$$\boldsymbol{Y}_{\mathrm{Q}} \overset{\Delta}{=} [{}_0\boldsymbol{Y}_{\mathrm{Q}}, {}_l\boldsymbol{Y}_{\mathrm{Q}}]^{\mathrm{T}} = [\overline{Q}_{\mathrm{M}0}, \overline{Q}_{\mathrm{H}0}, \overline{Q}_{\mathrm{M}l}, \overline{Q}_{\mathrm{H}l}]^{\mathrm{T}},$$

$$\boldsymbol{Y}_{\mathrm{U}} \overset{\Delta}{=} [{}_0\boldsymbol{Y}_{\mathrm{U}}, {}_l\boldsymbol{Y}_{\mathrm{U}}]^{\mathrm{T}} = [\overline{P}_0, \overline{T}_0, \overline{P}_l, \overline{T}_l]^{\mathrm{T}},$$

则：

$$\boldsymbol{Y}_{\mathrm{Q}} = \overline{\boldsymbol{P}}^{(n)} \cdot \boldsymbol{Y}_{\mathrm{U}} \tag{6.3.106}$$

$$\overline{\boldsymbol{P}}^{(n)} = \frac{1}{\Delta_{\mathrm{N}}(s)}\overline{\boldsymbol{M}} \tag{6.3.107}$$

$$\overline{\boldsymbol{M}} = \begin{bmatrix} -\boldsymbol{B}'\boldsymbol{A} & \boldsymbol{B}' \\ \Delta_{\mathrm{N}}(s)\boldsymbol{C}-\boldsymbol{D}\boldsymbol{B}'\boldsymbol{A} & \boldsymbol{D}\boldsymbol{B}' \end{bmatrix} \tag{6.3.108}$$

$\overline{\boldsymbol{P}}^{(n)}$就是多层墙体的导纳矩阵，各元素记为$\overline{P}_{ij}^{(n)}$，$\overline{P}_{ij}^{(n)} = \frac{1}{\Delta_{\mathrm{N}}(s)}\overline{M}_{ij}$，$\overline{M}_{ij}$为矩阵$\overline{\boldsymbol{M}}$的元素。

由矩阵乘积计算可得到$\overline{M}_{ij}$，如下：

$$\overline{M}_{11} = \overline{G}_{14}^{(n)} \cdot \overline{G}_{31}^{(n)} - \overline{G}_{11}^{(n)} \cdot \overline{G}_{34}^{(n)}$$

$$\overline{M}_{12} = \overline{G}_{14}^{(n)} \cdot \overline{G}_{33}^{(n)} - \overline{G}_{34}^{(n)} \cdot \overline{G}_{13}^{(n)}$$

$$\overline{M}_{13} = \overline{G}_{34}^{(n)}$$

$$\overline{M}_{14} = -\overline{G}_{14}^{(n)}$$

$$\overline{M}_{21} = \overline{G}_{32}^{(n)} \cdot \overline{G}_{11}^{(n)} - \overline{G}_{12}^{(n)} \cdot \overline{G}_{31}^{(n)}$$

$$\overline{M}_{22} = \overline{G}_{32}^{(n)} \cdot \overline{G}_{13}^{(n)} - \overline{G}_{12}^{(n)} \cdot \overline{G}_{33}^{(n)}$$

$$\overline{M}_{23} = -\overline{G}_{32}^{(n)}$$

$$\overline{M}_{24} = \overline{G}_{12}^{(n)}$$

$$\overline{M}_{31} = \Delta_N(s)\cdot\overline{G}_{21}^{(n)} + \overline{G}_{22}^{(n)}\cdot\overline{M}_{11} + \overline{G}_{24}^{(n)}\cdot\overline{M}_{21}$$
$$\overline{M}_{32} = \Delta_N(s)\cdot\overline{G}_{23}^{(n)} + \overline{G}_{22}^{(n)}\cdot\overline{M}_{12} + \overline{G}_{24}^{(n)}\cdot\overline{M}_{22}$$
$$\overline{M}_{33} = \overline{G}_{22}^{(n)}\cdot\overline{G}_{34}^{(n)} - \overline{G}_{24}^{(n)}\cdot\overline{G}_{32}^{(n)}$$
$$\overline{M}_{34} = \overline{G}_{24}^{(n)}\cdot\overline{G}_{12}^{(n)} - \overline{G}_{22}^{(n)}\cdot\overline{G}_{14}^{(n)}$$

$$\overline{M}_{41} = \Delta_N(s)\cdot\overline{G}_{41}^{(n)} + \overline{G}_{42}^{(n)}\cdot\overline{M}_{11} + \overline{G}_{44}^{(n)}\cdot\overline{M}_{21}$$
$$\overline{M}_{42} = \Delta_N(s)\cdot\overline{G}_{43}^{(n)} + \overline{G}_{42}^{(n)}\cdot\overline{M}_{12} + \overline{G}_{44}^{(n)}\cdot\overline{M}_{22}$$
$$\overline{M}_{43} = \overline{G}_{42}^{(n)}\cdot\overline{G}_{34}^{(n)} - \overline{G}_{44}^{(n)}\cdot\overline{G}_{32}^{(n)}$$
$$\overline{M}_{44} = \overline{G}_{44}^{(n)}\cdot\overline{G}_{12}^{(n)} - \overline{G}_{42}^{(n)}\cdot\overline{G}_{14}^{(n)} \tag{6.3.109}$$

下面求得多层墙体的导纳矩阵各元素的显式表达式。实际上，只要求得$\overline{P}_{11}^{(n)}$ ~ $\overline{P}_{24}^{(n)}$的表达式，而$\overline{P}_{31}^{(n)}$ ~ $\overline{P}_{44}^{(n)}$的表达式分别等于倒转$\overline{P}_{11}^{(n)}$ ~ $\overline{P}_{24}^{(n)}$的表达式中的墙体层号，壁厚$l^{(k)}$（$k=1, \cdots, n$）前的正负号取反而得的表达式。这是因为：
由式（6.3.95）有：

$$\boldsymbol{Y}_0 = \overset{*}{\boldsymbol{G}}^{(n)}\cdot\boldsymbol{Y}_l \tag{6.3.110}$$

按式（6.3.96）~（6.3.108）的推导过程，可得到：

$$\boldsymbol{Y}_Q^* = \overset{*}{\boldsymbol{P}}^{(n)}\cdot\boldsymbol{Y}_U^* \tag{6.3.111}$$

其中
$$\boldsymbol{Y}_Q^* \overset{\Delta}{=} [\overline{Q}_{Ml}, \overline{Q}_{Hl}, \overline{Q}_{M0}, \overline{Q}_{H0}]^T$$
$$\boldsymbol{Y}_U^* = [\overline{P}_l, \overline{T}_l, \overline{P}_0, \overline{T}_0]^T$$

记$\overset{*}{\boldsymbol{P}}^{(n)}$的元素为$\overset{*}{\boldsymbol{P}}_{ij}^{(n)}$，则$\overset{*}{\boldsymbol{P}}_{11}^{(n)}$ ~ $\overset{*}{\boldsymbol{P}}_{24}^{(n)}$分别为$\overline{P}_{33}^{(n)}$，$\overline{P}_{34}^{(n)}$，$\overline{P}_{31}^{(n)}$，$\overline{P}_{32}^{(n)}$，$\overline{P}_{43}^{(n)}$，$\overline{P}_{44}^{(n)}$，$\overline{P}_{41}^{(n)}$，$\overline{P}_{42}^{(n)}$。根据式（6.3.84）及式（6.3.106），$\overset{*}{P}_{11}^{(n)}$ ~ $\overset{*}{P}_{24}^{(n)}$分别为倒转$\overline{P}_{13}^{(n)}$，$\overline{P}_{14}^{(n)}$，$\overline{P}_{11}^{(n)}$，$\overline{P}_{12}^{(n)}$，$\overline{P}_{23}^{(n)}$，$\overline{P}_{24}^{(n)}$，$\overline{P}_{21}^{(n)}$，$\overline{P}_{22}^{(n)}$的表达式中的墙体层号的表达式中的墙体层号，壁厚$l^{(k)}$（$k=1, \cdots, n$）前的正负号取反而得的表达式。

利用6.3.4节中的多层墙体传递矩阵元素表达式（6.3.94）相乘，整理得Δ_N（s），$\overline{P}_{11}^{(n)}$ ~ $\overline{P}_{24}^{(n)}$的表达式如下：

记算子$\sum\limits_{itju} \overset{\Delta}{=} \sum\limits_{i(1)=1}^{2}\cdots\sum\limits_{i(n-1)=1}^{2}\cdot\sum\limits_{t(1)=1}^{2}\cdots\sum\limits_{t(n-1)=1}^{2}\cdot\sum\limits_{j(1)=1}^{2}\cdots\sum\limits_{j(n-1)=1}^{2}\cdot\sum\limits_{u(1)=1}^{2}\cdots\sum\limits_{u(n-1)=1}^{2}$

$$\Delta_N = \left(\frac{1}{2}\right)^{2(n-1)}(\lambda'^{(1)}\cdot\lambda_e^{(1)}\cdot\sqrt{a_1^{(1)}a_2^{(1)}}\cdot s\cdot A^{(n)}(3))^{-1}A^{(1)}(3)$$
$$\times\sum_{itju}\{(-1)^{t(n-1)+\cdots+t(1)+u(n-1)+\cdots+u(1)+j(1)}[A^{(1)}(j(1))]^{-1}\Gamma_{itju,1}\} \tag{6.3.112}$$

$$\overline{M}_{11} = -\left(\frac{1}{2}\right)^{2(n-1)}(\lambda_e^{(1)}\cdot A^{(n)}(3)\cdot\sqrt{s})^{-1}A^{(1)}(3)$$
$$\sum_{itju}\left\{(-1)^{t(n-1)+\cdots+t(1)+i(1)}\left[\sqrt{a_{i(1)}^{(1)}}A^{(1)}(i(1))\right]^{-1}\Gamma_{itju,2}\right\}$$
$$\overline{M}_{12} = -\left(\frac{1}{2}\right)^{2(n-1)}(\lambda_e^{(1)}\cdot A^{(n)}(3)\cdot\sqrt{s})^{-1}A^{(1)}(3)\times$$

$$\sum_{itju}\left\{(-1)^{t(n-1)+\cdots+t(1)+i(1)+j(1)}\left[\sqrt{a_{i(1)}^{(1)}}A^{(1)}(i(1))A^{(1)}(j(1))\right]^{-1}\Gamma_{ijtu,2}\right\}$$

$$\overline{M}_{13}=-\left(\frac{1}{2}\right)^{n-1}\sum_{it}\left\{(-1)^{t(n-1)+\cdots+t(1)}\left(\lambda_{e}^{(1)}\sqrt{a_{i(1)}^{(1)}}s\right)^{-1}\overline{\delta}^{(n)}\operatorname{sh}(\overline{\omega}^{(n)})\right\}$$

$$\overline{M}_{14}=\left(\frac{1}{2}\right)^{n-1}\sum_{it}\left\{(-1)^{t(n-1)+\cdots+t(1)}\left(\lambda_{e}^{(1)}\sqrt{a_{i(1)}^{(1)}s}\right)^{-1}\overline{\beta}^{(n)}\operatorname{sh}(\overline{\omega}^{(n)})\right\}$$

$$\overline{M}_{21}=\left(\frac{1}{2}\right)^{2(n-1)}(\lambda'^{(1)}\cdot A^{(n)}(3)\cdot\sqrt{s})^{-1}A^{(1)}(3)$$

$$\sum_{itju}\left\{(-1)^{t(n-1)+\cdots+t(1)+j(1)}\sqrt{a_{i(1)}^{(1)}}\,\Gamma_{ijtu,2}\right\}$$

$$\overline{M}_{22}=\left(\frac{1}{2}\right)^{2(n-1)}(\lambda'^{(1)}\cdot A^{(n)}(3)\cdot\sqrt{s})^{-1}A^{(1)}(3)$$

$$\sum_{itju}\left\{(-1)^{t(n-1)+\cdots+t(1)+j(1)}\left(\sqrt{a_{i(1)}^{(1)}}A^{(1)}(j(1))\right)^{-1}\Gamma_{ijtu,2}\right\}$$

$$\overline{M}_{23}=\left(\frac{1}{2}\right)^{n-1}\sum_{it}\left\{(-1)^{t(n-1)+\cdots+t(1)}\left(\lambda'^{(1)}\sqrt{a_{i(1)}^{(1)}s}\right)^{-1}\overline{\gamma}^{(n)}\operatorname{sh}(\overline{\omega}^{(n)})\right\}$$

$$\overline{M}_{24}=-\left(\frac{1}{2}\right)^{n-1}\sum_{it}\left\{(-1)^{t(n-1)+\cdots+t(1)}\left(\lambda'^{(1)}\sqrt{a_{i(1)}^{(1)}s}\right)^{-1}\overline{\beta}^{(n)}\operatorname{sh}(\overline{\omega}^{(n)})\right\}$$

(6.3.113)

其中

$$\Gamma_{ijtu,1}=\overline{\alpha}_i^{(n)}(i(n)=1)\cdot\overline{\alpha}_j^{(n)}(j(n)=2)\cdot\operatorname{sh}(\overline{\omega}_i^{(n)}(i(n)=1))\cdot\operatorname{sh}(\overline{\omega}_j^{(n)}(j(n)=2))$$
$$\overline{\alpha}_i^{(n)}(i(n)=2)\cdot\overline{\alpha}_j^{(n)}(j(n)=1)\cdot\operatorname{sh}(\overline{\omega}_i^{(n)}(i(n)=2))\cdot\operatorname{sh}(\overline{\omega}_j^{(n)}(j(n)=1))$$

(6.3.114a)

$$\Gamma_{ijtu,2}=\overline{\alpha}_i^{(n)}(i(n)=1)\cdot\overline{\alpha}_j^{(n)}(j(n)=2)\cdot\operatorname{sh}(\overline{\omega}_i^{(n)}(i(n)=1))\cdot\operatorname{ch}(\overline{\omega}_j^{(n)}(j(n)=2))$$
$$\overline{\alpha}_i^{(n)}(i(n)=2)\cdot\overline{\alpha}_j^{(n)}(j(n)=1)\cdot\operatorname{sh}(\overline{\omega}_i^{(n)}(i(n)=2))\cdot\operatorname{ch}(\overline{\omega}_j^{(n)}(j(n)=1))$$

(6.3.114b)

其中的$\overline{\alpha}_i^{(n)}(i(n)=1)$，$\overline{\alpha}_j^{(n)}(j(n)=1)$，$\overline{\omega}_i^{(n)}(i(n)=1)$，$\overline{\omega}_j^{(n)}(j(n)=1)$等项的意义如下（见式(6.3.69) ~ (6.3.72)）：

$$\left.\begin{aligned}
\overline{\alpha}_i^{(n)}(i(n)=1)&=\overline{\alpha}^{(n)}(i(1),\cdots,i(n)=1,t(1),\cdots,t(n-1))\\
\overline{\alpha}_j^{(n)}(j(n)=1)&=\overline{\alpha}^{(n)}(j(1),\cdots,j(n)=1,t(1),\cdots,t(n-1))\\
\overline{\alpha}_i^{(n)}(i(n)=2)&=\overline{\alpha}^{(n)}(i(1),\cdots,i(n)=2,t(1),\cdots,t(n-1))\\
\overline{\alpha}_j^{(n)}(j(n)=2)&=\overline{\alpha}^{(n)}(j(1),\cdots,j(n)=2,t(1),\cdots,t(n-1))\\
\overline{\omega}_i^{(n)}(i(n)=1)&=\overline{\omega}^{(n)}(i(1),\cdots,i(n)=1,t(1),\cdots,t(n-1))\\
\overline{\omega}_j^{(n)}(j(n)=1)&=\overline{\omega}^{(n)}(j(1),\cdots,j(n)=1,t(1),\cdots,t(n-1))\\
\overline{\omega}_i^{(n)}(i(n)=2)&=\overline{\omega}^{(n)}(i(1),\cdots,i(n)=2,t(1),\cdots,t(n-1))\\
\overline{\omega}_j^{(n)}(j(n)=2)&=\overline{\omega}^{(n)}(j(1),\cdots,j(n)=2,t(1),\cdots,t(n-1))
\end{aligned}\right\}\quad(6.3.115)$$

以上各式为多层墙体的导纳矩阵各元素的表达式。下面给出式（6.3.112）的 $\Delta_{\mathrm{N}}(s)$ 的推导过程，式（6.3.113）中各项的推导过程与此相同。根据式（6.3.94）可得：

$$\Delta_{\mathrm{N}}(s)=\overline{G}_{12}^{(n)}\overline{G}_{34}^{(n)}-\overline{G}_{14}^{(n)}\overline{G}_{32}^{(n)}$$

$$= \left(\frac{1}{2}\right)^{2(n-1)} \sum_{itju} \Big\{ (-1)^{t(n-1)+\cdots+t(1)+u(n-1)+\cdots+u(1)} \Big(\lambda'^{(1)} \cdot \lambda_e^{(1)} \cdot \sqrt{\alpha_{i(1)}^{(1)} \alpha_{j(1)}^{(1)}} \cdot s \Big)^{-1}$$

$$\times (\overline{\alpha}_i^{(n)} \overline{\delta}_j^{(n)} - \overline{\gamma}_i^{(n)} \overline{\beta}_j^{(n)}) \mathrm{sh}(\overline{\omega}_i^{(n)}) \mathrm{sh}(\overline{\omega}_j^{(n)}) \Big\} \tag{6.3.116}$$

式中的$\overline{\alpha}_i^{(n)}$，$\overline{\delta}_j^{(n)}$，$\overline{\gamma}_i^{(n)}$，$\overline{\beta}_j^{(n)}$ 等项的意义为：

$$\left.\begin{aligned}
\overline{\alpha}_i^{(n)} &= \overline{\alpha}^{(n)}(i(1),\cdots,i(n),t(1),\cdots,t(n-1)) \\
\overline{\delta}_j^{(n)} &= \overline{\delta}_j^{(n)}(j(1),\cdots,j(n),u(1),\cdots,u(n-1)) \\
\overline{\gamma}_i^{(n)} &= \overline{\gamma}_i^{(n)}(i(1),\cdots,i(n),t(1),\cdots,t(n-1)) \\
\overline{\beta}_j^{(n)} &= \overline{\beta}_j^{(n)}(j(1),\cdots,j(n),u(1),\cdots,u(n-1)) \\
\overline{\omega}_i^{(n)} &= \overline{\omega}^{(n)}(i(1),\cdots,i(n),t(1),\cdots,t(n-1)) \\
\overline{\omega}_j^{(n)} &= \overline{\omega}^{(n)}(j(1),\cdots,j(n),u(1),\cdots,u(n-1))
\end{aligned}\right\} \tag{6.3.117}$$

（见式（6.3.69）~（6.3.72））

利用式（6.3.69）和式（6.3.44）的关系，重新整理式（6.3.116）中$\overline{\alpha}_i^{(n)} \overline{\delta}_j^{(n)} - \overline{\gamma}_i^{(n)} \overline{\beta}_j^{(n)}$项如下：

$$\overline{\alpha}_i^{(n)} \overline{\delta}_j^{(n)} - \overline{\gamma}_i^{(n)} \overline{\beta}_j^{(n)} = (-1)^{j(n)} A^{(1)}(3)(A^{(1)}(j(1)) \cdot A^{(n)}(3))^{-1}$$

$$\times \overline{\alpha}_i^{(n)} \overline{\alpha}_j^{(n)} [(-1)^{j(n)} A^{(n)}(3-j(n)) - (-1)^{i(n)} A^{(n)}(3-i(n))] \tag{6.3.118}$$

而式中的［　］项为：

$$[(-1)^{j(n)} A^{(n)}(3-j(n)) - (-1)^{i(n)} A^{(n)}(3-i(n))]$$

$$= \begin{cases} 0 & (i(n)=j(n)) \\ 1 & (i(n)=1, j(n)=2) \\ -1 & (i(n)=2, j(n)=1) \end{cases} \tag{6.3.119}$$

当 $i(n) = j(n)$，$\Delta_N(s) = 0$，这是无物理意义的。从而可得式（6.3.112）和式（6.3.114a）所示的表达式。

另外，交换 $\Delta_N(s)$ 中的$\overline{G}_{14}^{(n)}$和$\overline{G}_{32}^{(n)}$的乘积顺序。即：

$$\Delta_N(s) = \overline{G}_{12}^{(n)} \overline{G}_{34}^{(n)} - \overline{G}_{32}^{(n)} \overline{G}_{14}^{(n)}$$

$$= \left(\frac{1}{2}\right)^{2(n-1)} \sum_{itju} \Big\{ (-1)^{t(n-1)+\cdots+t(1)+u(n-1)+\cdots+u(1)} \Big(\lambda'^{(1)} \cdot \lambda_e^{(1)} \cdot \sqrt{\alpha_{i(1)}^{(1)} \alpha_{j(1)}^{(1)}} \cdot s \Big)^{-1}$$

$$\times (\overline{\alpha}_i^{(n)} \overline{\delta}_j^{(n)} - \overline{\beta}_i^{(n)} \overline{\gamma}_j^{(n)}) \mathrm{sh}(\overline{\omega}_i^{(n)}) \mathrm{sh}(\overline{\omega}_j^{(n)}) \Big\} \tag{6.3.120}$$

而式（6.3.120）中的$\overline{\alpha}_i^{(n)} \overline{\delta}_j^{(n)} - \overline{\beta}_i^{(n)} \overline{\gamma}_j^{(n)}$ 为：

$$\overline{\alpha}_i^{(n)} \overline{\delta}_j^{(n)} - \overline{\beta}_i^{(n)} \overline{\gamma}_j^{(n)} = (-1)^{j(n)} A^{(n)}(4)(A^{(n)}(j(n)) \cdot A^{(1)}(4))^{-1}$$

$$\times \overline{\alpha}_i^{(n)} \overline{\alpha}_j^{(n)} [(-1)^{j(1)} A^{(1)}(3-j(1)) - (-1)^{i(1)} A^{(1)}(3-i(1))] \tag{6.3.121}$$

将式（6.3.44）代入上式中的［　］中，得：

$$[(-1)^{j(1)} A^{(1)}(3-j(1)) - (-1)^{i(1)} A^{(1)}(3-i(1))]$$

$$= \begin{cases} 0 & (i(1)=j(1)) \\ 1 & (i(1)=1, j(1)=2) \\ -1 & (i(1)=2, j(1)=1) \end{cases} \tag{6.3.122}$$

2. 多层墙体导纳矩阵的性质

多层墙体的导纳矩阵具有以下性质：

定理 5 除对称墙体以外，一般的多层墙体的导纳矩阵的四个 2×2 子矩阵不满足对角互易取反原则。

定理 5 的证明非常复杂，下面以两层墙体为例说明之。

对于单层墙体（k），由定理 2 其导纳矩阵的对角互易取反原则表示如下：

$$\boldsymbol{P}^{(k)}=\begin{bmatrix}\boldsymbol{P}_{\mathrm{A}}^{(k)} & \boldsymbol{P}_{\mathrm{B}}^{(k)}\\ -\boldsymbol{P}_{\mathrm{B}}^{(k)} & -\boldsymbol{P}_{\mathrm{A}}^{(k)}\end{bmatrix}\tag{6.3.123}$$

考虑两层墙的情况，则有：

$$\begin{bmatrix}\boldsymbol{Q}^{(0)}\\ \boldsymbol{Q}^{(1)}\end{bmatrix}=\begin{bmatrix}\boldsymbol{P}_{\mathrm{A}}^{(1)} & \boldsymbol{P}_{\mathrm{B}}^{(1)}\\ -\boldsymbol{P}_{\mathrm{B}}^{(1)} & -\boldsymbol{P}_{\mathrm{A}}^{(1)}\end{bmatrix}\begin{bmatrix}\boldsymbol{U}^{(0)}\\ \boldsymbol{U}^{(1)}\end{bmatrix}\tag{6.3.124}$$

$$\begin{bmatrix}\boldsymbol{Q}^{(1)}\\ \boldsymbol{Q}^{(2)}\end{bmatrix}=\begin{bmatrix}\boldsymbol{P}_{\mathrm{A}}^{(2)} & \boldsymbol{P}_{\mathrm{B}}^{(2)}\\ -\boldsymbol{P}_{\mathrm{B}}^{(2)} & -\boldsymbol{P}_{\mathrm{A}}^{(2)}\end{bmatrix}\begin{bmatrix}\boldsymbol{U}^{(1)}\\ \boldsymbol{U}^{(2)}\end{bmatrix}\tag{6.3.125}$$

式中

$$\left.\begin{aligned}\boldsymbol{Q}^{(k)}&=[\overline{Q}_{\mathrm{M},x=l_k},\ \overline{Q}_{\mathrm{H},x=l_k}]^{\mathrm{T}}\\ \boldsymbol{U}^{(k)}&=[\overline{P}_{x=l_k},\ \overline{T}_{\mathrm{M},x=l_k}]^{\mathrm{T}}\end{aligned}\right\}\tag{6.3.126}$$

从式（6.3.124）和（6.3.125）中消去 $\boldsymbol{Q}^{(1)}$，$\boldsymbol{U}^{(1)}$，则有：

$$\begin{bmatrix}\boldsymbol{Q}^{(0)}\\ \boldsymbol{Q}^{(2)}\end{bmatrix}=\begin{bmatrix}\overline{\boldsymbol{P}}_{\mathrm{A}}^{(2)} & \overline{\boldsymbol{P}}_{\mathrm{B}}^{(2)}\\ \overline{\boldsymbol{P}}_{\mathrm{C}}^{(2)} & \overline{\boldsymbol{P}}_{\mathrm{D}}^{(2)}\end{bmatrix}\begin{bmatrix}\boldsymbol{U}^{(0)}\\ \boldsymbol{U}^{(2)}\end{bmatrix}\tag{6.3.127}$$

其中

$$\left.\begin{aligned}\overline{\boldsymbol{P}}_{\mathrm{A}}^{(2)}&=\boldsymbol{P}_{\mathrm{A}}^{(1)}-\boldsymbol{P}_{\mathrm{B}}^{(1)}\ (\boldsymbol{P}_{\mathrm{A}}^{(1)}+\overline{\boldsymbol{P}}_{\mathrm{A}}^{(2)})^{-1}\boldsymbol{P}_{\mathrm{B}}^{(1)}\\ \overline{\boldsymbol{P}}_{\mathrm{B}}^{(2)}&=-\boldsymbol{P}_{\mathrm{B}}^{(1)}\ (\boldsymbol{P}_{\mathrm{A}}^{(1)}+\boldsymbol{P}_{\mathrm{A}}^{(2)})^{-1}\boldsymbol{P}_{\mathrm{B}}^{(2)}\\ \overline{\boldsymbol{P}}_{\mathrm{C}}^{(2)}&=\boldsymbol{P}_{\mathrm{B}}^{(2)}\ (\boldsymbol{P}_{\mathrm{A}}^{(1)}+\boldsymbol{P}_{\mathrm{A}}^{(2)})^{-1}\boldsymbol{P}_{\mathrm{B}}^{(1)}\\ \overline{\boldsymbol{P}}_{\mathrm{D}}^{(2)}&=-\boldsymbol{P}_{\mathrm{A}}^{(2)}+\boldsymbol{P}_{\mathrm{B}}^{(2)}\ (\boldsymbol{P}_{\mathrm{A}}^{(1)}+\boldsymbol{P}_{\mathrm{A}}^{(2)})^{-1}\boldsymbol{P}_{\mathrm{B}}^{(2)}\end{aligned}\right\}\tag{6.3.128}$$

$$\overline{\boldsymbol{P}}_{\mathrm{A}}^{(1)}\neq-\overline{\boldsymbol{P}}_{\mathrm{D}}^{(2)},\ \boldsymbol{P}_{\mathrm{B}}^{(1)}\neq-\boldsymbol{P}_{\mathrm{C}}^{(2)}$$

也就是说，对于不对称多层墙体，其导纳矩阵的四个 2×2 子矩阵不满足对角互易取反原则；而对于对称墙体，其导纳矩阵的对角互易取反原则显然成立。

6.3.6 含空气边界层的墙体传递矩阵和导纳矩阵及其性质

6.3.5 节推导了不含空气边界层和空心夹层的墙体热湿系统传递矩阵和导纳矩阵，并证明了其性质。当含空气边界层或空气夹层时，传递矩阵和导纳矩阵的各元素不象单纯的墙体那样具有规律性的表达式。下面将推导含空气边界层的墙体热湿系统的传递矩阵和导纳矩阵，并阐述其性质。

1. 含空气边界层的墙体热湿系统的传递矩阵及其性质

含空气边界层的墙体热湿系统如图 6.5 所示。空气边界层的传递矩阵可写为：

$$\boldsymbol{G}_{\mathrm{B}}=\begin{bmatrix}1 & -\dfrac{1}{\alpha'} & 0 & 0\\ 0 & 1 & 0 & 0\\ 0 & 0 & 1 & -\dfrac{1}{\alpha}\\ 0 & 0 & 0 & 0\end{bmatrix}\tag{6.3.129}$$

记 α'_i 和 α_i 分别为室内表面空气边界层的热湿交换系数；α'_e 和 α_e 分别为室外表面空气边界层的热湿交换系数，则两侧含空气边界层的传递矩阵 $_n\overline{G}$ 为：

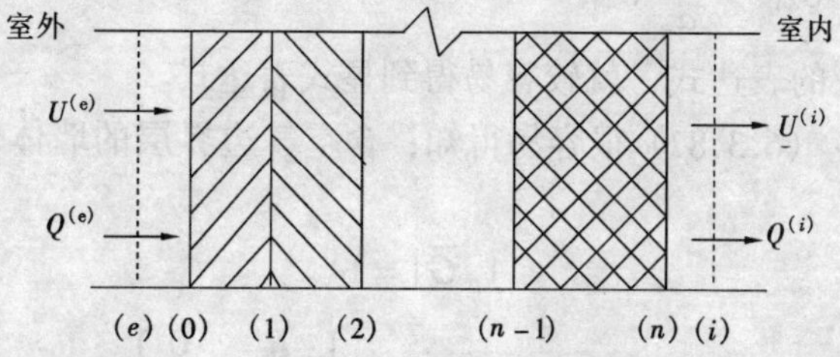

图 6.5　含空气边界层的多层墙体的热湿系统

$$_n\overline{\boldsymbol{G}} = \boldsymbol{G}_B^{(i)}\,\overline{\boldsymbol{G}}^{(n)}\,\boldsymbol{G}_B^{(e)} \tag{6.3.130}$$

记

$$\boldsymbol{Y}_i = [\overline{P}_i,\ \overline{Q}_{Mi},\ \overline{T}_i,\ \overline{Q}_{Hi}]^T$$

$$\boldsymbol{Y}_e = [\overline{P}_e,\ \overline{Q}_{Me},\ \overline{T}_e,\ \overline{Q}_{He}]^T$$

有

$$\boldsymbol{Y}_i = {}_n\overline{\boldsymbol{G}}\boldsymbol{Y}_e \tag{6.3.131}$$

由式（6.3.130）可得 $_n\overline{\boldsymbol{G}}$ 中的各元素 $_n\overline{G}_{ij}$ 为部分元素 $\overline{G}_{ij}^{(n)}$ 与 $\frac{1}{\alpha'_e}$，$\frac{1}{\alpha'_i}$，$\frac{1}{\alpha_e}$，$\frac{1}{\alpha_i}$ 等项的积之和。

$$_n\overline{G}_{11} = \overline{G}_{11}^{(n)} - \frac{1}{\alpha'_i}\overline{G}_{21}^{(n)}$$

$$_n\overline{G}_{12} = \overline{G}_{12}^{(n)} - \frac{1}{\alpha'_i}\overline{G}_{22}^{(n)} + \frac{1}{\alpha'_i\alpha'_e}\overline{G}_{21}^{(n)} - \frac{1}{\alpha'_e}\overline{G}_{11}^{(n)}$$

$$_n\overline{G}_{13} = \overline{G}_{13}^{(n)} - \frac{1}{\alpha'_i}\overline{G}_{23}^{(n)}$$

$$_n\overline{G}_{14} = \overline{G}_{14}^{(n)} - \frac{1}{\alpha'_i}\overline{G}_{24}^{(n)} + \frac{1}{\alpha'_i\alpha'_e}\overline{G}_{23}^{(n)} - \frac{1}{\alpha'_e}\overline{G}_{13}^{(n)}$$

$$_n\overline{G}_{21} = \overline{G}_{21}^{(n)}$$

$$_n\overline{G}_{22} = \overline{G}_{22}^{(n)} - \frac{1}{\alpha'_e}\overline{G}_{21}^{(n)}$$

$$_n\overline{G}_{23} = \overline{G}_{23}^{(n)}$$

$$_n\overline{G}_{24} = \overline{G}_{24}^{(n)} - \frac{1}{\alpha'_e}\overline{G}_{23}^{(n)}$$

$$_n\overline{G}_{31} = \overline{G}_{31}^{(n)} - \frac{1}{\alpha_i}\overline{G}_{41}^{(n)}$$

$$_n\overline{G}_{32} = \overline{G}_{32}^{(n)} - \frac{1}{\alpha_i}\overline{G}_{42}^{(n)} + \frac{1}{\alpha'_e\alpha_i}\overline{G}_{42}^{(n)} - \frac{1}{\alpha'_e}\overline{G}_{31}^{(n)}$$

$$_n\overline{G}_{33} = \overline{G}_{33}^{(n)} - \frac{1}{\alpha_i}\overline{G}_{43}^{(n)}$$

$$_n\overline{G}_{34} = \overline{G}_{34}^{(n)} - \frac{1}{\alpha_i}\overline{G}_{44}^{(n)} + \frac{1}{\alpha_e\alpha_i}\overline{G}_{43}^{(n)} - \frac{1}{\alpha_e}\overline{G}_{33}^{(n)}$$

$$_n\overline{G}_{41} = \overline{G}_{41}^{(n)}$$

$$_n\overline{G}_{42} = \overline{G}_{42}^{(n)} - \frac{1}{\alpha'_e}\overline{G}_{41}^{(n)}$$

$$ {}_n\overline{G}_{43} = \overline{G}_{43}^{(n)} $$

$$ {}_n\overline{G}_{44} = \overline{G}_{44}^{(n)} - \frac{1}{\alpha_e}\overline{G}_{43}^{(n)} \tag{6.3.132} $$

有了（6.3.94）的$\overline{G}_{ij}^{(n)}$的表达式，就较容易得到显式表达式。

由式（6.3.84）~（6.3.87）很容易得知：含空气边界层的墙体传递矩阵具有以下性质：

定理 6 （i）

$$ |{}_n\boldsymbol{G}| = 1 \tag{6.3.133} $$

（ii）

$$ {}_n\overline{\boldsymbol{G}}_{s\to 0} = \begin{bmatrix} {}_n\overline{\boldsymbol{R}}' & 0 \\ 0 & {}_n\overline{\boldsymbol{R}} \end{bmatrix} \tag{6.3.134} $$

$$ {}_n\overline{\boldsymbol{R}}' = \begin{bmatrix} 1 & -\frac{1}{K'} \\ 0 & 1 \end{bmatrix}, {}_n\overline{\boldsymbol{R}} = \begin{bmatrix} 1 & -\frac{1}{K} \\ 0 & 1 \end{bmatrix} \tag{6.3.134a} $$

其中

$$ K' = \left[\frac{1}{\alpha'_e} + \sum_{i=1}^{n} R'_i + \frac{1}{\alpha'_i}\right]^{-1}, K = \left[\frac{1}{\alpha_e} + \sum_{i=1}^{n} R_i + \frac{1}{\alpha_i}\right]^{-1} \tag{6.3.134b} $$

K'——墙体湿传导系数，kg/（m^2·Pa·s）；

K——墙体热传导系数，W/（m^2·K）。

$$ \begin{aligned} \text{(iii)}\ {}_n\overline{\boldsymbol{G}}^{-1} &= [\boldsymbol{G}_B^{(i)}(\alpha)\cdot\boldsymbol{G}^{(n)}(l^{(n)})\cdot\boldsymbol{G}^{(n-1)}(l^{(n-1)})\cdots\boldsymbol{G}^{(1)}(l^{(1)})\cdot\boldsymbol{G}_B^{(e)}(\alpha)]^{-1} \\ &= \boldsymbol{G}_B^{(e)}(-\alpha)\cdot\boldsymbol{G}^{(1)}(-l^{(1)})\cdots\boldsymbol{G}^{(n-1)}(-l^{(n-1)})\ \boldsymbol{G}^{(n)}(-l^{(n)})\cdot\boldsymbol{G}_B^{(i)}(-\alpha) \\ &= {}_n\overset{*}{\boldsymbol{G}} \end{aligned} \tag{6.3.135} $$

其中 α 表示 α'_i，α_i，α'_e，α_e；${}_n\overset{*}{\boldsymbol{G}}$为颠倒${}_n\overline{\boldsymbol{G}}$中包括空气边界层在内的各层传递矩阵的乘积顺序、$l^{(k)}$（$k=1, 2, \cdots, n$）及 α 前的正负号求反得到的矩阵。

定理 6 的证明与定理 4 的证明相似，不再赘述。

2. 含空气边界层的墙体热湿系统的导纳矩阵及其性质

记两侧含空气边界层的墙体热湿系统的传递矩阵为：

$$ {}_n\overline{\boldsymbol{G}} = \begin{bmatrix} {}_n\overline{G}_{11} & {}_n\overline{G}_{12} & {}_n\overline{G}_{13} & {}_n\overline{G}_{14} \\ {}_n\overline{G}_{21} & {}_n\overline{G}_{22} & {}_n\overline{G}_{23} & {}_n\overline{G}_{24} \\ {}_n\overline{G}_{31} & {}_n\overline{G}_{32} & {}_n\overline{G}_{33} & {}_n\overline{G}_{34} \\ {}_n\overline{G}_{41} & {}_n\overline{G}_{42} & {}_n\overline{G}_{43} & {}_n\overline{G}_{44} \end{bmatrix} \tag{6.3.136} $$

仿照式（6.3.97）~（6.3.109）的推导过程，可得：

$$ {}_B\boldsymbol{Y}_Q = {}_n\overline{\boldsymbol{P}}\cdot{}_B\boldsymbol{Y}_U \tag{6.3.137} $$

式中

$$ {}_B\boldsymbol{Y}_Q = [\overline{Q}_{Me}, \overline{Q}_{He}, \overline{Q}_{Mi}, \overline{Q}_{Hi}]^T, {}_B\boldsymbol{Y}_U = [\overline{P}_e, \overline{T}_e, \overline{P}_i, \overline{T}_i]^T $$

$$ {}_n\overline{\boldsymbol{P}} = \frac{1}{\Delta_B(s)}\boldsymbol{M} \tag{6.3.138} $$

$$ \boldsymbol{M} = \begin{bmatrix} -\boldsymbol{B}'_n\boldsymbol{A}_n & \boldsymbol{B}'_n \\ \Delta_B(s)\boldsymbol{C}_n - \boldsymbol{D}_n\boldsymbol{B}'_n\boldsymbol{A}_n & \boldsymbol{D}_n\boldsymbol{B}'_n \end{bmatrix} \tag{6.3.139} $$

$$ \boldsymbol{A}_n = \begin{bmatrix} {}_n\overline{G}_{11} & {}_n\overline{G}_{13} \\ {}_n\overline{G}_{31} & {}_n\overline{G}_{33} \end{bmatrix} \qquad \boldsymbol{B}_n = \begin{bmatrix} {}_n\overline{G}_{12} & {}_n\overline{G}_{14} \\ {}_n\overline{G}_{32} & {}_n\overline{G}_{34} \end{bmatrix} $$

$$C_n = \begin{bmatrix} {}_n\overline{G}_{21} & {}_n\overline{G}_{23} \\ {}_n\overline{G}_{41} & {}_n\overline{G}_{43} \end{bmatrix} \qquad D_n = \begin{bmatrix} {}_n\overline{G}_{22} & {}_n\overline{G}_{24} \\ {}_n\overline{G}_{42} & {}_n\overline{G}_{44} \end{bmatrix} \tag{6.3.140}$$

$$B'_n = \Delta_B(s) B_n^{-1} = \begin{bmatrix} {}_n\overline{G}_{34} & -{}_n\overline{G}_{14} \\ -{}_n\overline{G}_{32} & {}_n\overline{G}_{12} \end{bmatrix} \tag{6.3.141}$$

$$\Delta_B(s) = {}_n\overline{G}_{12}\,{}_n\overline{G}_{34} - {}_n\overline{G}_{14}\,{}_n\overline{G}_{32} \tag{6.3.142}$$

${}_n\overline{\boldsymbol{P}}$就是两侧含空气边界层的多层墙体的导纳矩阵，各元素为${}_n\overline{P}_{ij} = \dfrac{1}{\Delta_B\ (s)} M_{ij}$，$M_{ij}$为矩阵$\boldsymbol{M}$的元素。$M_{ij}$与式（6.3.109）相同，只要用${}_n\overline{G}_{ij}$代替式（6.3.109）的$\overline{G}_{ij}^{(n)}$即可。

含空气边界层的多层墙体的导纳矩阵${}_n\overline{\boldsymbol{P}}$与不含空气边界层的多层墙体的导纳矩阵$\overline{\boldsymbol{P}}^{(n)}$具有相似的性质，即：

定理 7 除了两侧含相同的空气边界层的对称墙体外，一般含空气边界层的多层墙体的导纳矩阵的四个 2×2 子矩阵不满足对角互易取反原则。

这一性质可以用含空气边界层的多层墙体的导纳矩阵的另一求法来说明之。墙体两侧含空气边界层的导纳矩阵可通过改写式（6.3.9）、(6.3.13）得到：

$$\begin{bmatrix} \boldsymbol{Q}^{(e)} \\ \boldsymbol{Q}^{(0)} \end{bmatrix} = \begin{bmatrix} \tilde{\boldsymbol{\alpha}}_e & -\tilde{\boldsymbol{\alpha}}_e \\ \tilde{\boldsymbol{\alpha}}_e & -\tilde{\boldsymbol{\alpha}}_e \end{bmatrix} \begin{bmatrix} \boldsymbol{U}^{(e)} \\ \boldsymbol{U}^{(0)} \end{bmatrix} \tag{6.3.143}$$

$$\begin{bmatrix} \boldsymbol{Q}^{(n)} \\ \boldsymbol{Q}^{(i)} \end{bmatrix} = \begin{bmatrix} \tilde{\boldsymbol{\alpha}}_i & -\tilde{\boldsymbol{\alpha}}_i \\ \tilde{\boldsymbol{\alpha}}_i & -\tilde{\boldsymbol{\alpha}}_i \end{bmatrix} \begin{bmatrix} \boldsymbol{U}^{(n)} \\ \boldsymbol{U}^{(i)} \end{bmatrix} \tag{6.3.144}$$

式中 $\boldsymbol{Q}^{(i)}$，$\boldsymbol{Q}^{(0)}$，$\boldsymbol{Q}^{(n)}$，$\boldsymbol{Q}^{(e)}$及 $\boldsymbol{U}^{(i)}$，$\boldsymbol{U}^{(0)}$，$\boldsymbol{U}^{(n)}$，$\boldsymbol{U}^{(e)}$如式（6.3.126）所示。另外，

$$\tilde{\boldsymbol{\alpha}}_i = \begin{bmatrix} \alpha'_i & 0 \\ 0 & \alpha_i \end{bmatrix},\ \tilde{\boldsymbol{\alpha}}_e = \begin{bmatrix} \alpha'_e & 0 \\ 0 & \alpha_e \end{bmatrix} \tag{6.3.145}$$

由式（6.3.106），有：

$$\begin{bmatrix} \boldsymbol{Q}^{(0)} \\ \boldsymbol{Q}^{(n)} \end{bmatrix} = \overline{\boldsymbol{P}}^{(n)} \begin{bmatrix} \boldsymbol{U}^{(0)} \\ \boldsymbol{U}^{(n)} \end{bmatrix} \tag{6.3.146}$$

由式（6.3.143），(6.3.144）及式（6.3.145）消去 $\boldsymbol{Q}^{(0)}$，$\boldsymbol{Q}^{(n)}$及 $\boldsymbol{U}^{(0)}$，$\boldsymbol{U}^{(n)}$可得：

$$\begin{bmatrix} \boldsymbol{Q}^{(e)} \\ \boldsymbol{Q}^{(i)} \end{bmatrix} = [\tilde{\boldsymbol{\alpha}} - \tilde{\boldsymbol{\alpha}}\ [\overline{\boldsymbol{P}}^{(n)} + \tilde{\boldsymbol{\alpha}}]^{-1} \cdot \tilde{\boldsymbol{\alpha}}] \begin{bmatrix} \boldsymbol{U}^{(e)} \\ \boldsymbol{U}^{(i)} \end{bmatrix} \tag{6.3.147}$$

式中

$$\tilde{\boldsymbol{\alpha}} = \begin{bmatrix} \tilde{\boldsymbol{\alpha}}_e & 0 \\ 0 & -\tilde{\boldsymbol{\alpha}}_i \end{bmatrix} \tag{6.3.148}$$

则：

$${}_n\overline{\boldsymbol{P}} = \tilde{\boldsymbol{\alpha}} - \tilde{\boldsymbol{\alpha}}\ [\overline{\boldsymbol{P}}^{(n)} + \tilde{\boldsymbol{\alpha}}]^{-1} \cdot \tilde{\boldsymbol{\alpha}} \tag{6.3.149}$$

只有两侧空气边界层相同的对称墙体，$\tilde{\boldsymbol{\alpha}}$满足对角互易取反原则，$\overline{\boldsymbol{P}}^{(n)}$满足对角互易取反原则。否则，由式（6.3.149）的矩阵运算可知：其导纳矩阵的四个 2×2 子矩阵不满足对角互易取反原则。因此，如果两侧空气边界层不相同或墙体不对称，则导纳矩阵的四个 2×2 子矩阵的对角互易取反原则不成立。

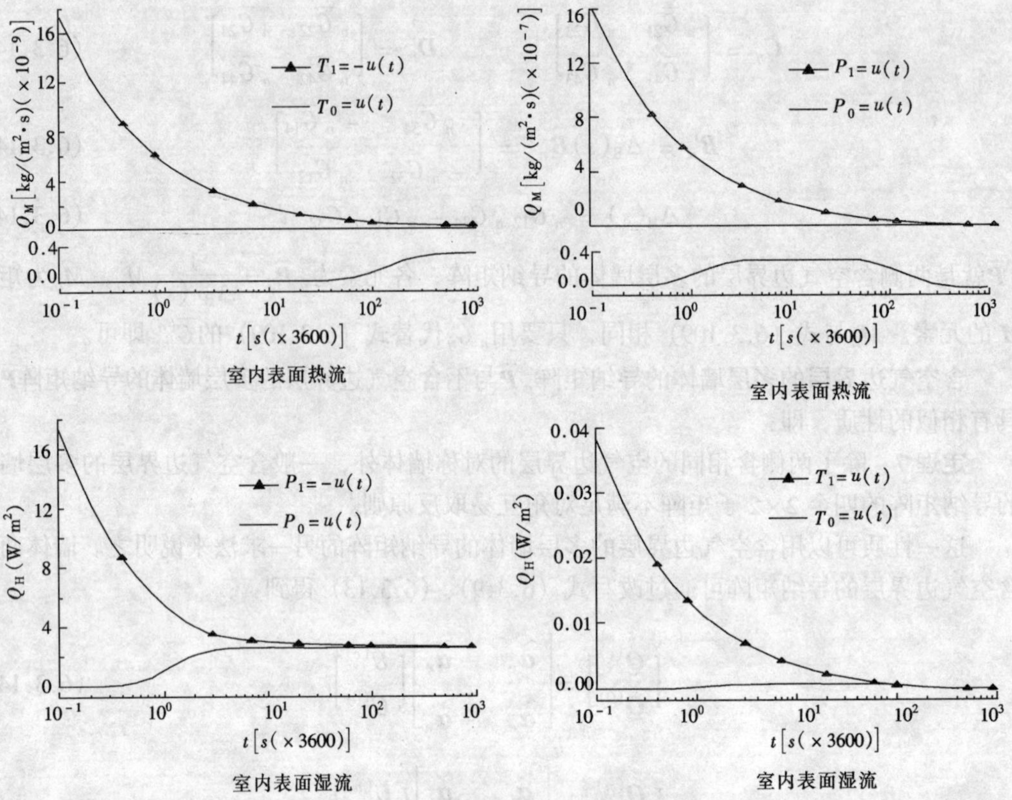

图 6.6　单层墙体的单位阶跃响应

6.3.7　应用举例

在建筑能耗和空调负荷分析中，主要是计算在室内外温湿度变化时墙体内外表面热湿流密度。式（6.3.106）是墙体表面热湿流密度在 s 域的解（即频域解）。由拉普拉斯逆变换，式（6.3.107）的 $\overline{\boldsymbol{M}}/\Delta_{\mathrm{N}}(s)$ 中各元素的时域展开式为：

$$\overline{P}_{ij}(t) = L^{-1}\frac{\overline{M}_{ij}(s)}{\Delta_{\mathrm{N}}(s)} = \sum_{k=1}^{\infty}\frac{\overline{M}_{ij}(s_{\mathrm{k}})}{d\Delta_{\mathrm{N}}(s)/\mathrm{d}s}\exp(s_{\mathrm{k}}t) \tag{6.3.150}$$

式中 s_{k}（$k=1, 2, 3, \cdots$）为 $\Delta_{\mathrm{N}}(s)=0$ 的第 k 个根，且是负实数。由于 $\Delta_{\mathrm{N}}(s)$ 是双曲正切、双曲余切的积与和的超越函数，要用 Newton – Raphson 法求它的根。

两个 s 域函数的积，在时域上为其时域函数的卷积积分。在室内外温湿度作用下，墙体内表面热流密度 Q_{H1} 和湿流密度 Q_{M1} 为：

$$Q_{\mathrm{H1}}(t) = \int_0^t \overline{P}_{41}(\tau)P_0(t-\tau)\mathrm{d}\tau + \int_0^t \overline{P}_{42}(\tau)T_0(t-\tau)\mathrm{d}\tau + \int_0^t \overline{P}_{43}(\tau)P_l(t-\tau)\mathrm{d}\tau + \int_0^t \overline{P}_{44}(\tau)T_l(t-\tau)\mathrm{d}\tau \tag{6.3.151a}$$

$$Q_{\mathrm{M1}}(t) = \int_0^t \overline{P}_{31}(\tau)P_0(t-\tau)\mathrm{d}\tau + \int_0^t \overline{P}_{32}(\tau)T_0(t-\tau)\mathrm{d}\tau + \int_0^t \overline{P}_{33}(\tau)P_l(t-\tau)\mathrm{d}\tau + \int_0^t \overline{P}_{34}(\tau)T_l(t-\tau)\mathrm{d}\tau \tag{6.3.151b}$$

墙体外表面的热湿流密度 Q_{H0}、Q_{M0} 具有与式（6.3.151）类似的表达式。在式

(6.3.151) 中，对应于$\overline{P}_{44}$ (t)、$\overline{P}_{33}$ (t) 的项为吸热、吸湿响应；对应于$\overline{P}_{42}$ (t)、$\overline{P}_{31}$ (t) 的项为穿过墙体热湿流响应。而对应于$\overline{P}_{32}$ (t)、$\overline{P}_{34}$ (t)、$\overline{P}_{41}$ (t) 及$\overline{P}_{43}$ (t) 的项表示热湿相互作用的响应。前两者为温度对湿流的作用，后两者为水蒸气分压对热流的作用。

下面给出单层墙壁的计算实例。设墙壁为10cm厚的石膏板，且不考虑两侧表面的热湿对流层。石膏板的空隙率、密度、比热、水蒸气传导率和热传导率分别取为70%，725kg/m^3，1080J/（kg·K），3.2×10^{-11}kg/（Pa·m·s）和0.262W/（m·K）。初始相对湿度和温度分别为50%，300K。用上述方法求得内表面热湿流的单位阶跃响应，各分量随时间的变化如图6.6所示（从外表面向内表面为正向）。用本文提出的方法和证明的性质求解是比较简便的。由于水分扩散系数 a_{P} 是温度扩散系数 a_{T} 的$\frac{1}{10}\sim\frac{1}{10000}$，如果用差分数值方法求解，时间步长和空间步长必须划分得很小才能收敛和达到较高的精度，因而编程繁琐，计算时间长。

6.4 建筑表面动态吸放湿过程的传递函数

6.3节讨论了在通常的室内外温湿度变化范围内建筑围护结构热湿同时传导线性方程的解法和热湿传导矩阵与导纳矩阵的性质。实际上，在变化周期低于一天的高频率范围内，由于墙体较大的渗透阻力、墙体表面的湿容量及吸放湿的交变作用，6.3节讨论热湿传导过程则表现为建筑内表面材料吸放湿过程，由室外向室内和（或）由室内向室外传送的湿量相对而言极少。于是，Kerestecioglue[134, 135]，Cunning[152]提出了吸放湿等效渗透深度理论；R. El Diasty[138]提出了建筑吸湿性材料的吸放湿过程的动量分析法来分析建筑围护结构及室内吸湿性材料的表面吸放湿过程。这里，首次提出分析建筑内表面吸放湿过程的传递函数方法。

6.4.1 理论模型

1. 假设条件

根据建筑内表面材料吸放湿过程的特点，作如下假设：

(1) 忽略吸放湿过程所吸收或释放的热量，则吸放湿过程为等温过程；

(2) 在室内湿度条件下，材料在吸湿性范围内，因而可以忽略其滞后影响；

(3) 假设水蒸气分压是惟一的驱动力；

(4) 水分扩散系数为常数；

(5) 材料吸放湿面积相对于渗透深度极大，吸放湿过程是一维的。

2. 数学模型

基于上述假设条件，材料中的动态湿扩散过程可以用下式描述：

$$\frac{\partial W}{\partial t}=a_{\mathrm{m}}\frac{\partial^2 W}{\partial x^2} \tag{6.4.1}$$

式中 W——吸放湿材料含湿量，kg/kg。

由于室内空气和材料中的含湿量不连续，故（6.4.1）式不能描述出两者之间的边界上的湿作用。材料中的湿传递方程可以用水蒸气分压表示如下：

$$\frac{\partial P_m(x,t)}{\partial t} = a_m \frac{\partial^2 P_m(x,t)}{\partial x^2} \tag{6.4.2}$$

吸放湿流量方程可由如下方程描述：

$$q_m(x,t) = -Dv\frac{\partial P_m(x,t)}{\partial x} \tag{6.4.3}$$

式中　$a_m = \frac{Dv}{\rho_m C_m}$；

P_m——吸放湿材料中的水蒸气分压，Pa；

q_m——吸放湿流量，$kg/(m^2 \cdot s)$；

ρ_m——吸放湿材料密度，kg/m^3；

C_m——吸放湿材料含湿率，$kg/(kg \cdot Pa)$；

Dv——吸放湿材料水蒸气传导率，$kg/(m \cdot s \cdot Pa)$（相当于前两节中的 λ'）；

t——时间，s；

x——材料离表面的距离，m。

初始条件：
$$P_m\Big|_{t=0} = P_m(x,0) \tag{6.4.4}$$

为分析简便见，设 $P_m(x,0) = P'_m = \text{const}$

边界条件：
$$q_m\Big|_{x=0} = -Dv\frac{\partial P_m}{\partial x}\Big|_{x=0} = h_m(P_m - P_m(0,t)) \tag{6.4.5}$$

假设在 $x = L_m$ 处，材料是不可渗透的，即：

$$q_m\Big|_{x=L_m} = 0 \tag{6.4.6}$$

式中　$h_m = \frac{h_c}{\rho_a C_a}$，$L_m = \frac{V_m}{Ae}$

P'_m——初始时刻（$t=0$）吸放湿材料中的水蒸气分压，Pa；

h_c——表面传热系数，$W/(m^2 \cdot ℃)$（相当于前两节中的 α）；

h_m——表面对流传质系数，$kg/(m^2 \cdot Pa \cdot s)$（相当于前两节中的 α'）；

Ae——外露面积，m^2；

ρ_a——空气密度，kg/m^3；

C_a——空气比热，$J/(kg \cdot ℃)$；

a_m——材料湿扩散率，m^2/s；

V_m——材料体积，m^3；

L_m——湿渗透深度，m。

如果室内表面材料很厚，可按 Cunning（1992）提出的方法计算等效湿渗透深度 L_m[152]。

6.4.2　传递函数分析方法（TFM）

1. 吸放湿过程传递函数

令 $\overline{P}_m = P_m(x,t) - P_m(x,0)$，则：

$$\frac{\partial \overline{P}_m(x,t)}{\partial t} = a_m \frac{\partial^2 \overline{P}_m(x,t)}{\partial x^2} \tag{6.4.7}$$

$$q_{\mathrm{m}}(x,t) = -Dv\frac{\partial \overline{P}_{\mathrm{m}}(x,t)}{\partial x} \tag{6.4.8}$$

$$\overline{P}_{\mathrm{m}}(x,t)\Big|_{t=0} = 0 \tag{6.4.9}$$

令

$$\overline{P}_{\mathrm{a}} = P_{\mathrm{a}} - P'_{\mathrm{m}}$$

$$q_{\mathrm{m}}\Big|_{x=0} = h_{\mathrm{m}}(P_{\mathrm{a}} - P'_{\mathrm{m}} - P_{\mathrm{m}}(0,t) + P'_{\mathrm{m}}) = h_{\mathrm{m}}(\overline{P}_{\mathrm{a}} - \overline{P}_{\mathrm{mo}}(t)) \tag{6.4.10}$$

式中　P_{a}——空气中的水蒸气分压，Pa；下标“o”表示吸湿性材料表面（$x=0$）。

对式（6.4.7），（6.4.8）和式（6.4.9）进行拉普拉斯变换，得

$$\frac{d^2\,\overline{P}_{\mathrm{m}}(x,s)}{\mathrm{d}x^2} = \frac{s}{a_{\mathrm{m}}}\overline{P}_{\mathrm{m}}(x,s) \tag{6.4.11}$$

$$q_{\mathrm{m}}(x,s) = -Dv\frac{\mathrm{d}\,\overline{P}_{\mathrm{m}}(x,s)}{\mathrm{d}x} \tag{6.4.12}$$

先设$\overline{P}_{\mathrm{m}}(x,s)\Big|_{x=0} = \overline{P}_{\mathrm{mo}}(s)$，$q_{\mathrm{m}}(x,s)\Big|_{x=0} = \overline{q}_{\mathrm{mo}}(s)$，联合式(6.4.11)、(6.4.12)得：

$$\begin{bmatrix}\overline{P}_{\mathrm{m}}(x,s)\\ \overline{q}_{\mathrm{m}}(x,s)\end{bmatrix} = \begin{bmatrix}\mathrm{ch}\left(\sqrt{\frac{s}{a_{\mathrm{m}}}}x\right) & -\frac{\mathrm{sh}\left(\sqrt{\frac{s}{a_{\mathrm{m}}}}x\right)}{Dv\sqrt{\frac{s}{a_{\mathrm{m}}}}}\\ -Dv\sqrt{\frac{s}{a_{\mathrm{m}}}}\mathrm{sh}\left(\sqrt{\frac{s}{a_{\mathrm{m}}}}x\right) & \mathrm{ch}\left(\sqrt{\frac{s}{a_{\mathrm{m}}}}x\right)\end{bmatrix}\begin{bmatrix}\overline{P}_{\mathrm{mo}}(s)\\ q_{\mathrm{mo}}(s)\end{bmatrix} \tag{6.4.13}$$

对式（6.4.10）和（6.4.9）进行拉普拉斯变换得：

$$q_{\mathrm{m}}(x,s)\Big|_{x=0} = q_{\mathrm{mo}}(s) = h_{\mathrm{m}}(\overline{P}_{\mathrm{a}}(s) - \overline{P}_{\mathrm{mo}}(s)) \tag{6.4.14}$$

$$q_{\mathrm{m}}(x,s)\Big|_{x=L_{\mathrm{m}}} = q_{\mathrm{m}}(L_{\mathrm{m}},s) = 0 \tag{6.4.15}$$

由式（6.4.13），（6.4.14），（6.4.15）得：

$$\overline{P}_{\mathrm{mo}}(s) = \frac{h_{\mathrm{m}}\mathrm{ch}\left(\sqrt{\frac{s}{a_{\mathrm{m}}}}L_{\mathrm{m}}\right)}{Dv\sqrt{\frac{s}{a_{\mathrm{m}}}}\mathrm{sh}\left(\sqrt{\frac{s}{a_{\mathrm{m}}}}L_{\mathrm{m}}\right) + h_{\mathrm{m}}\mathrm{ch}\left(\sqrt{\frac{s}{a_{\mathrm{m}}}}L_{\mathrm{m}}\right)}\overline{P}_{\mathrm{a}}(s) \tag{6.4.16}$$

从而有

$$\overline{q}_{\mathrm{mo}}(s) = \frac{-h_{\mathrm{m}}Dv\sqrt{\frac{s}{a_{\mathrm{m}}}}\mathrm{sh}\left(\sqrt{\frac{s}{a_{\mathrm{m}}}}L_{\mathrm{m}}\right)}{Dv\sqrt{\frac{s}{a_{\mathrm{m}}}}\mathrm{sh}\left(\sqrt{\frac{s}{a_{\mathrm{m}}}}L_{\mathrm{m}}\right) + h_{\mathrm{m}}\mathrm{ch}\left(\sqrt{\frac{s}{a_{\mathrm{m}}}}L_{\mathrm{m}}\right)}\overline{P}_{\mathrm{a}}(s) \tag{6.4.17}$$

将式（6.4.16），（6.4.17）代入式（6.4.13），得：

$$\frac{\overline{P}_{\mathrm{m}}(x,s)}{\overline{P}_{\mathrm{a}}(s)} = \frac{h_{\mathrm{m}}\mathrm{ch}\left[\sqrt{\frac{s}{a_{\mathrm{m}}}}(x-L_{\mathrm{m}})\right]}{Dv\sqrt{\frac{s}{a_{\mathrm{m}}}}\mathrm{sh}\left(\sqrt{\frac{s}{a_{\mathrm{m}}}}L_{\mathrm{m}}\right) + h_{\mathrm{m}}\mathrm{ch}\left(\sqrt{\frac{s}{a_{\mathrm{m}}}}L_{\mathrm{m}}\right)} \tag{6.4.18}$$

$$\frac{\overline{q}_{\mathrm{m}}(x,s)}{\overline{P}_{\mathrm{a}}(s)}=\frac{-h_{\mathrm{m}}Dv\sqrt{\frac{s}{a_{\mathrm{m}}}}\mathrm{sh}\left[\sqrt{\frac{s}{a_{\mathrm{m}}}}(x-L_{\mathrm{m}})\right]}{Dv\sqrt{\frac{s}{a_{\mathrm{m}}}}\mathrm{sh}\left(\sqrt{\frac{s}{a_{\mathrm{m}}}}L_{\mathrm{m}}\right)+h_{\mathrm{m}}\mathrm{ch}\left(\sqrt{\frac{s}{a_{\mathrm{m}}}}L_{\mathrm{m}}\right)} \tag{6.4.19}$$

式（6.4.18），（6.4.19）就是在吸放湿过程中建筑内表面材料中的水蒸气分压和吸放湿流量对室内湿度（水蒸气分压）的动态响应的传递函数。

2. 讨论

根据 R.El Daisty（1993）的定义：Biot 数 Bi 为材料的传湿阻力（V_{m}/Ae）$/Dv$ 与对流传质阻力 $1/h_{\mathrm{m}}$ 之比[138]，即：

$$Bi=\frac{h_{\mathrm{m}}V_{\mathrm{m}}/Ae}{Dv} \tag{6.4.20}$$

（1）Biot 数极大（$Bi\to\infty$）的情况

由式（6.4.18），得：

$$\overline{P}_{\mathrm{m}}(x,s)=\frac{\mathrm{ch}\left[\sqrt{\frac{s}{a_{\mathrm{m}}}}(x-L_{\mathrm{m}})\right]}{\frac{1}{L_{\mathrm{m}}Bi}\sqrt{\frac{s}{a_{\mathrm{m}}}}\mathrm{sh}\left(\sqrt{\frac{s}{a_{\mathrm{m}}}}L_{\mathrm{m}}\right)+\mathrm{ch}\left(\sqrt{\frac{s}{a_{\mathrm{m}}}}L_{\mathrm{m}}\right)}\overline{P}_{\mathrm{a}}(s)$$

当 $Bi\to\infty$ 时，有

$$\overline{P}_{\mathrm{m}}(x,s)=\frac{\mathrm{ch}\left[\sqrt{\frac{s}{a_{\mathrm{m}}}}(x-L_{\mathrm{m}})\right]}{\mathrm{ch}\left(\sqrt{\frac{s}{a_{\mathrm{m}}}}L_{\mathrm{m}}\right)}\overline{P}_{\mathrm{a}}(s) \tag{6.4.21}$$

在 $x=0$ 处，

$$\overline{P}_{\mathrm{mo}}(s)=\overline{P}_{\mathrm{a}}(s) \tag{6.4.22}$$

即：

$$P_{\mathrm{mo}}(t)=P_{\mathrm{a}}(t) \tag{6.4.23}$$

这表明当 $Bi\to\infty$ 时，材料表面蒸汽压与室内环境达到瞬态平衡，也就是说当 $Bi\to\infty$ 时，材料表面吸放湿过程为瞬态平衡过程。

（2）Biot 数极小（$Bi\to0$）的情况

由式（6.4.18）得：

$$\left.\frac{\mathrm{d}\overline{P}_{\mathrm{m}}(x,s)}{\mathrm{d}x}\right|_{Bi=0}=\left.\frac{\frac{Bi}{L_{\mathrm{m}}}\sqrt{\frac{s}{a_{\mathrm{m}}}}\mathrm{sh}\left[\sqrt{\frac{s}{a_{\mathrm{m}}}}(x-L_{\mathrm{m}})\right]}{\sqrt{\frac{s}{a_{\mathrm{m}}}}\mathrm{sh}\left(\sqrt{\frac{s}{a_{\mathrm{m}}}}L_{\mathrm{m}}\right)+\frac{Bi}{L_{\mathrm{m}}}\mathrm{ch}\left(\sqrt{\frac{s}{a_{\mathrm{m}}}}L_{\mathrm{m}}\right)}\overline{P}_{\mathrm{a}}(s)\right|_{Bi=0}\to0 \tag{6.4.24}$$

式（6.4.24）表明：当 $Bi\to0$ 时，材料中水蒸气分压（含湿量）梯度极小，即含湿量是均匀的，因而可以用集中参数模型描述，即

$$C_{\mathrm{m}}\rho_{\mathrm{m}}V_{\mathrm{m}}\frac{\mathrm{d}P_{\mathrm{m}}}{\mathrm{d}t}=-h_{\mathrm{m}}Ae\ (P_{\mathrm{m}}-P_{\mathrm{a}}) \tag{6.4.25}$$

解之得：

$$P_{\mathrm{m}}(t)=P_{\mathrm{a}}+(P'_{\mathrm{m}}-P_{\mathrm{a}})\mathrm{epx}\left(-\frac{h_{\mathrm{m}}Ae}{C_{\mathrm{m}}\rho_{\mathrm{m}}V_{\mathrm{m}}}t\right) \tag{6.4.26}$$

在［0，t］之间总吸放湿量为：

$$Q_m = C_m \rho_m V_m (P_m(t) - P'_m) \tag{6.4.27}$$

（iii）中等 Biot 数（$0 \ll Bi \ll \infty$）的情况，大多数建筑内表面材料属于这种情况。

令$\overline{P}_a(s) = \dfrac{C(s)}{D(S)}$,改写式(6.4.18),(6.4.19)得：

$$\overline{P}_m(x,s) = \frac{B(x,s)}{A(s)} \frac{C(s)}{D(s)} \tag{6.4.28}$$

$$q_m(x,s) = \frac{E(x,s)}{A(s)} \frac{C(s)}{D(s)} \tag{6.4.29}$$

式中

$$A(s) = Dv\sqrt{\frac{s}{a_m}}\mathrm{sh}\left(\sqrt{\frac{s}{a_m}}L_m\right) + h_m \mathrm{ch}\left(\sqrt{\frac{s}{a_m}}L_m\right)$$

$$B(x,s) = h_m \mathrm{ch}\left[\sqrt{\frac{s}{a_m}}(x - L_m)\right]$$

$$E(x,s) = -h_m Dv\sqrt{\frac{s}{a_m}}\mathrm{sh}\left[\sqrt{\frac{s}{a_m}}(x - L_m)\right]$$

室内空气水蒸气分压的变化$\overline{P}_a$可以用阶跃函数、指数函数、斜坡函数、延迟函数、正弦函数等表示，或是这几种函数的组合形式表示，所以 D（s）可能有重根。但可以证明A（s）有无穷个负实数单重根，第 k 个根 s_k 的值所在区间为：$\left(-\dfrac{a_m\ (k-0.5)^2\pi^2}{L_m^2},\ -\dfrac{a_m\ (k-1)^2\pi^2}{L_m^2}\right)$（$k=1$，2，……）（其证明见 6.4.3 节）。

下面应用拉普拉斯逆变换的海维赛德（Heaviside）展开定理给出$D(s)$的根为单重根时，$P_m(x,t)$，$q_m(x,t)$的一般表达式。$D(s)$有重根的情况，请参照有关的拉普拉斯逆变换。

$$P_m(x,s) = P'_m + \sum_{i=1}^{n}\frac{B(x,s_i)C(s_i)}{A(s_i)\dot{D}(s_i)}\exp(s_i t) + \sum_{k=1}^{\infty}\frac{B(x,s_k)C(s_k)}{\overset{*}{A}(s_k)D(s_k)}\exp(s_k t) \tag{6.4.30}$$

$$q_m(x,s) = \sum_{i=1}^{n}\frac{E(x,s_i)C(s_i)}{A(s_i)\dot{D}(s_i)}\exp(s_i t) + \sum_{k=1}^{\infty}\frac{E(x,s_k)C(s_k)}{\dot{A}(s_k)D(s_k)}\exp(s_k t) \tag{6.4.31}$$

式中 $\dot{D}(s_i) = \left.\dfrac{\mathrm{d}D(s)}{\mathrm{d}s}\right|_{s=s_i}$，$s_i$ 为$D(s)$的第 i 个根，n 为$D(s)$的根的个数；

$\dot{A}(s_k) = \left.\dfrac{\mathrm{d}A(s)}{\mathrm{d}s}\right|_{s=s_k}$，$s_k$ 为$A(s)$的第 k 个根。因$A(s)$为超越方程，s_k 可用牛顿迭代法求解。式（6.4.30），（6.4.31）表明：该方法可以求出任意时刻 t 材料中 x 处的水蒸气分压和湿流量。如：室内环境相对湿度从 ϕ_1 突变到 ϕ_2，可视为阶跃函数，其传递函数为：

$$\overline{P}_a(s) = \frac{P_B(\phi_2 - \phi_1)}{s} \tag{6.4.32}$$

式中 P_B——空气饱和水蒸气分压，Pa。

由式（6.4.30），（6.4.31）可得：

$$P_m(x,t) = P_B\phi_1 + P_B(\phi_2 - \phi_1)\sum_{i=1}^{\infty}K_{Pi}\exp(-s_i t) \tag{6.4.33}$$

$$q_{\mathrm{m}}(x,t) = P_{\mathrm{B}}(\phi_2 - \phi_1)\sum_{i=1}^{\infty} K_{\mathrm{q}i}\exp(-s_i t) \tag{6.4.34}$$

式中 $$K_{\mathrm{p}i} = \frac{2a_{\mathrm{m}}h_{\mathrm{m}}\cos\left[\sqrt{\frac{s_i}{a_{\mathrm{m}}}}\ (x - L_{\mathrm{m}})\right]}{\sqrt{s_i}\left[\sqrt{a_{\mathrm{m}}}\ (Dv + h_{\mathrm{m}}L_{\mathrm{m}})\ \sin\left(\sqrt{\frac{s_i}{a_{\mathrm{m}}}}L_{\mathrm{m}}\right) + DvL_{\mathrm{m}}\sqrt{s_i}\cos\left(\sqrt{\frac{s_i}{a_{\mathrm{m}}}}L_{\mathrm{m}}\right)\right]}$$

$$K_{\mathrm{q}i} = \frac{2\sqrt{a_{\mathrm{m}}}h_{\mathrm{m}}Dv\sin\left[\sqrt{\frac{s_i}{a_{\mathrm{m}}}}\ (x - L_{\mathrm{m}})\right]}{\sqrt{a_{\mathrm{m}}}\ (Dv + h_{\mathrm{m}}L_{\mathrm{m}})\ \sin\left(\sqrt{\frac{s_i}{a_{\mathrm{m}}}}L_{\mathrm{m}}\right) + DvL_{\mathrm{m}}\sqrt{s_i}\cos\left(\sqrt{\frac{s_i}{a_{\mathrm{m}}}}L_{\mathrm{m}}\right)}$$

上式中，s_i 为$A(s)$的第 i 个根的绝对值。在求解过程中，一般取$A(s)=0$的前 10 个根，式（6.4.33）和（6.4.34）就可以达到足够的准确度。

在［0，t］之间总的吸放湿量为：

$$Q_{\mathrm{m}} = \int_0^t Aeq_{\mathrm{m}}(0,t)\mathrm{d}t \tag{6.4.35}$$

在定常初始条件下，对于室内空气湿度的复杂变化，总可以求得建筑内表面材料吸放湿总量为：

$$Q_{\mathrm{mt}} = \sum_{i=1}^{r} Q_{\mathrm{m}i} \tag{6.4.36}$$

式中 r——建筑内表面材料种数。

6.4.3 传递函数特征方程$A(s)=0$的性质与证明

令 $$A(s) = Dv\sqrt{\frac{s}{a_{\mathrm{m}}}}\mathrm{sh}\left(\sqrt{\frac{s}{a_{\mathrm{m}}}}L_{\mathrm{m}}\right) + h_{\mathrm{m}}\mathrm{ch}\left(\sqrt{\frac{s}{a_{\mathrm{m}}}}L_{\mathrm{m}}\right) \tag{6.4.37}$$

当 $s=0$ 时，$A(s)=h_{\mathrm{m}}\neq 0$，故 $s=0$ 不是方程$A(s)$的根。

令 $$\sqrt{\frac{s}{a_{\mathrm{m}}}}L_{\mathrm{m}} = m + jn \tag{6.4.38}$$

其中，m 和 n 为实数。将（6.4.37）代入（6.4.38）整理得：

$$-(\mathrm{sh}m\mathrm{ch}m - j\sin n\cos n) = (\mathrm{ch}^2 m - \cos^2 n)[M(m+jn)]$$

其中 $$M = \frac{Dv}{L_{\mathrm{m}}h_{\mathrm{m}}} > 0。$$

由复数的实部和虚部分别相等，得：

$$-\frac{\mathrm{sh}m\mathrm{ch}m}{m} = M(\mathrm{ch}^2 m - \cos^2 n) \tag{6.4.39}$$

$$-\frac{\sin n\cos n}{n} = M(\mathrm{ch}^2 m - \cos^2 n) \tag{6.4.40}$$

（6.4.39）+（6.4.40）得：

$$-\frac{\mathrm{sh}2m}{2m} + \frac{\sin 2n}{2n} = 2M(\mathrm{ch}^2 m - \cos^2 n) \tag{6.4.41}$$

将 $\mathrm{ch}^2 m = \frac{\mathrm{ch}2m + 1}{2}$，$\cos^2 n = \frac{\cos 2n + 1}{2}$代入（6.4.41）得：

$$\frac{\mathrm{sh}2m}{2m} + M\mathrm{ch}2m = \frac{\sin 2n}{2n} + M\cos 2n \tag{6.4.42}$$

因$\frac{\sin 2n}{2n}\leqslant 1$，$M\cos 2n\leqslant M$ 故，

$$\frac{\sin 2n}{2n}+M\cos 2n\leqslant 1+M \tag{6.4.43}$$

另因$\frac{\mathrm{sh}2m}{2m}\geqslant 1$，$M\mathrm{ch}2m\geqslant M$，故

$$\frac{\mathrm{sh}2m}{2m}+M\mathrm{ch}2m\geqslant 1+M \tag{6.4.44}$$

由（6.4.42），（6.4.43），（6.4.44）可知：式（6.4.42）两边必须都等于 $1+M$，因$\frac{\mathrm{sh}2m}{2m}+M\mathrm{ch}2m$ 只有在 $m=0$ 时有极小值 $1+M$，所以由（6.4.38）得：

$$s=-\frac{n^2}{L_{\mathrm{m}}^2}a_{\mathrm{m}}<0 \tag{6.4.45}$$

故$A(s)=0$的根为负实数。

令 $s=-z$（$z>0$），由式（6.4.37）得：

$$\mathrm{ctg}\sqrt{\frac{z}{a_{\mathrm{m}}}}L_{\mathrm{m}}=\frac{Dv}{h_{\mathrm{m}}}\sqrt{\frac{z}{a_{\mathrm{m}}}} \tag{6.4.46}$$

再令 $Z=\sqrt{\frac{z}{a_{\mathrm{m}}}}L_{\mathrm{m}}$（$Z>0$），则

$$\mathrm{ctg}Z=MZ \tag{6.4.47}$$

由图 6.7 可知：$y=MZ$ 在（0，∞）内是单调递增的，而 $y=\mathrm{ctg}Z$ 在每个周期内为单调函数且是 Z 的单值函数，故$A(s)=0$的根是单重根。

令$f(Z)=\mathrm{ctg}Z-MZ$，因 $y=\mathrm{ctg}Z$ 在区间［（$k-1$）π，$k\pi$］（$k=1$，2……）与 $y=MZ$ 仅有一个交点，又因 $y=MZ>0$，故 f（Z）$=0$ 的解必在区间$[(k-1)\pi,(k-0.5)\pi]$内，即

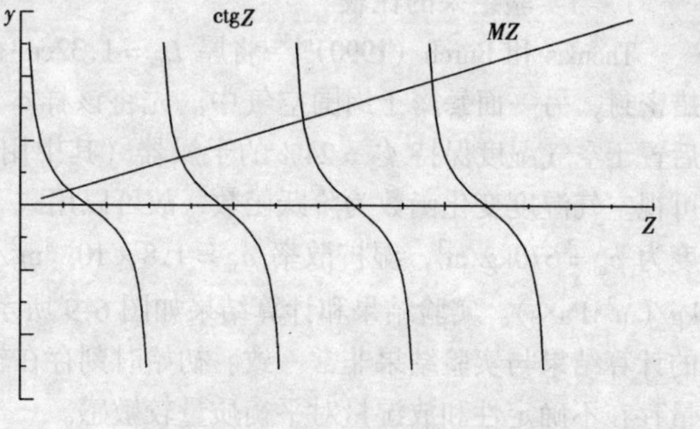

图 6.7　传递函数特征方程的图解

$$(k-1)\pi<\sqrt{\frac{z}{a_{\mathrm{m}}}}L_{\mathrm{m}}<(k-0.5)\pi(k=1,2,\cdots\cdots) \tag{6.4.48}$$

$$\frac{a_{\mathrm{m}}(k-1)^2\pi^2}{L_{\mathrm{m}}^2}<z_{\mathrm{k}}<\frac{a_{\mathrm{m}}(k-0.5)^2\pi^2}{L_{\mathrm{m}}^2} \tag{6.4.49}$$

即

$$-\frac{a_{\mathrm{m}}(k-0.5)^2\pi^2}{L_{\mathrm{m}}^2}<s_{\mathrm{k}}<-\frac{a_{\mathrm{m}}(k-1)^2\pi^2}{L_{\mathrm{m}}^2} \tag{6.4.50}$$

6.4.4　实例比较与讨论

下面以石膏板材料为例，将提出的传递函数方法的分析结果与国外学者的实验结果和数值解进行比较。石膏板的等温吸放湿曲线如图 6.8 所示，其平衡含湿量 *We* 与空气相对

湿度ϕ的关系为[153]：

$$We(\phi) = 0.0726\phi^{0.3972} + 0.0078\phi^{1.1706} \tag{6.4.51}$$

材料的平均含湿率$\overline{C}_m$的计算公式为：

$$\overline{C}_m = \frac{We(\phi_2) - We(\phi_1)}{(\phi_2 - \phi_1) P_B} \tag{6.4.52}$$

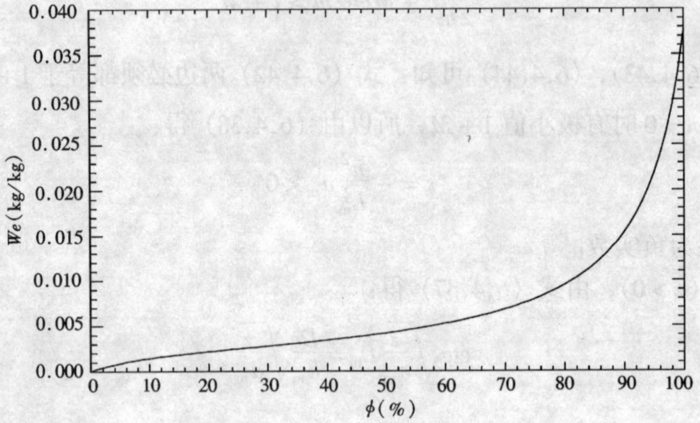

图6.8 石膏板等温吸湿曲线

1. 与实验结果的比较

Thomas和Burch（1990）[136]将厚$L_m = 1.32$cm石膏板（直径0.18m）的一面和四周用石蜡密封，另一面暴露于周围空气中。先将该样本置于$\phi_1 = 74\%$的空气中达到湿平衡，然后置于空气湿度保持$\phi_2 = 24\%$的干燥器（其中用盐溶液维持相对湿度稳定）中。该过程可视空气湿度变化函数为阶跃函数，故可以用式（6.4.34）计算其放湿流量。石膏板的密度为$\rho_m = 670\text{kg/m}^3$，湿扩散率$a_m = 1.8 \times 10^{-8}\text{m}^2/\text{s}$，表面对流传质系数为$h_m = 3.2 \times 10^{-8}$ kg/(m^2·Pa·s)。实验结果和计算结果如图6.9所示。该图表明：除了初始时刻外，该方法的计算结果与实验结果非常一致。初始时刻存在较大的差异的原因是在实验初始时刻的测量存在不确定性和放湿量对平衡质量较敏感。

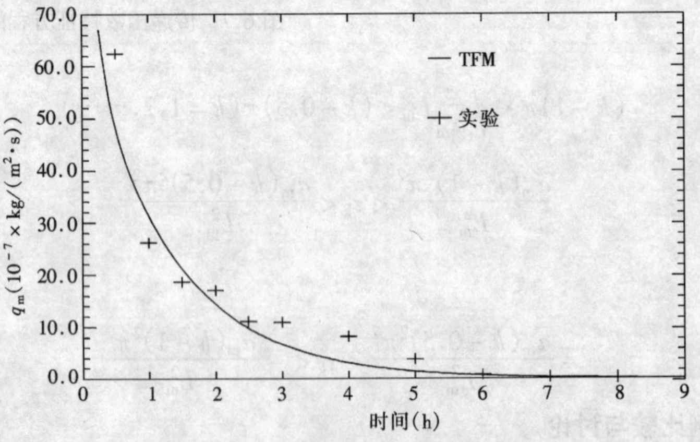

图6.9 放湿流量的TFM结果与实验的比较

2. 与数值解的比较

Keresteciogluе 和 Gu 提出蒸发与凝结理论[153]，根据该理论建立了一组建筑内壁材料热湿同时传输微分方程，并用有限元方法（FEM）求解。他们假设在初温和水蒸气密度分别为 26.85℃和 0.012kg/m^3 时达到湿平衡的石膏板（厚 $L_m = 10$cm）放入对流传质系数 $h_m =$ 0.005m/s（3.6×10^{-8}kg/(m^2·Pa·s)），水蒸气密度为 0.015kg/m^3 的空气中，并假设石膏板的一面是绝热不透湿的，用该理论和方法计算了石膏板中的水蒸气分压随时间变化的曲线。上述空气条件分别对应于相对湿度 $\phi_1 = 46\%$ 和 $\phi_2 = 57\%$，该条件可视为对石膏板的阶跃输入，故可用式（6.4.33）计算其中的水蒸气分压。在 $x = 0$，$x = \frac{1}{3}L_m$ 处样本中水蒸气分压用 TFM 和 FEM 计算结果如图 6.10、图 6.11 所示。图 6.10 和图 6.11 表明：TFM 和 FEM 的计算结果非常一致。

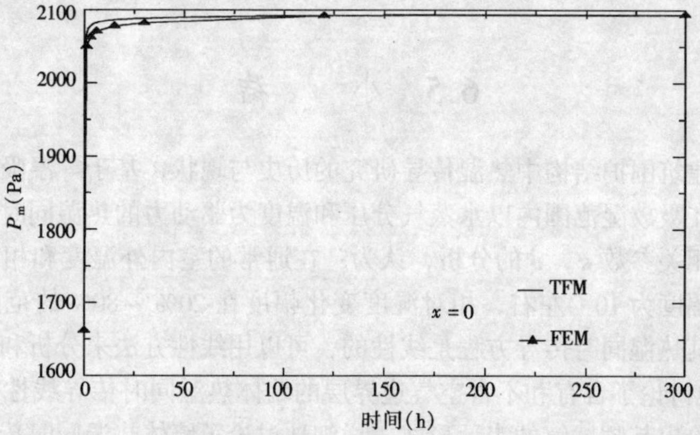

图 6.10　水蒸气分压（$x = 0$）的 TFM 和 FEM 计算结果的比较

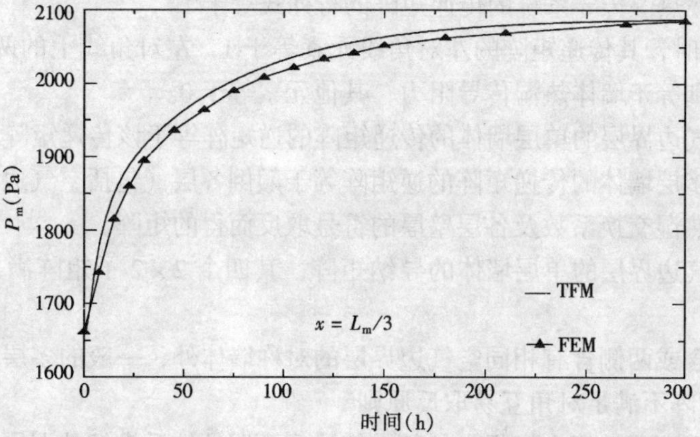

图 6.11　水蒸气分压（$x = L_m/3$）的 TFM 和 FEM 计算结果的比较

3. 讨论

（1）TFM 结果与实验结果非常一致，说明提出的描述建筑表面材料吸放湿过程的数学模型和传递函数方法可以较准确地计算建筑内表面材料的吸放湿流量对室内空气湿度变化的响应。

(2) TFM结果与数值解非常一致，说明TFM可以较准确地计算建筑内表面材料中任意位置（$0 \leqslant x \leqslant L_m$）的水蒸气分压对室内空气湿度变化的响应。

(3) 通过上述比较同时说明了本文对建筑内表面材料吸放湿过程的假设条件和数学模型较准确地反映了在吸湿性范围内建筑内表面材料的吸放湿过程。该模型和方法具有简单清晰的特点，并且不需要大量数值计算，便于工程中推广应用。

(4) 本文的理论模型和求解过程所用到的材料含湿率（C_m）和材料的湿扩散率 a_m 假定为常数。实际上，他们是随材料含湿量的变化而改变的。根据平衡吸放湿曲线可知：材料的含湿量是随平衡相对湿度而改变的。但是，注意到一般的空调建筑内的空气相对湿度变化范围不大，在该范围内材料平衡吸放湿曲线的斜率较小，因而可以认为 C_m 和 a_m 是常数。上述比较结果表明：在分析建筑内表面材料吸放湿特性过程中假设 C_m 和 a_m 为常数是可行的。

6.5 小　　结

本章回顾了建筑围护结构中热湿传导研究的历史与现状，基于等温吸放湿曲线建立了多孔体围护结构在吸放湿范围内以水蒸气分压和温度为驱动力的热湿同时传导过程的基本方程。通过对湿相关参数 κ，v 的分析，认为：在通常的室内外温度和相对湿度的变化范围，即日温变化幅度为10℃左右，相对湿度变化幅度在20%～80%的范围，围护结构在吸放湿范围内，其热湿同时传导方程是线性的，可以用线性方法来分析和求解。

6.3节详细地讨论了含有和不含空气边界层的墙体热湿同时传导线性方程的拉普拉斯变换求解方法，给出其频域解的表示形式。详细地讨论了墙体热湿同时传导线性系统的传递矩阵和导纳矩阵的求法及其性质：

(1) 墙体线性热湿传导系统的传递矩阵的行列式等于1。

(2) 当 $s \to 0$ 时，其传递矩阵的左对角线元素等于1，左对角线上的两个 2×2 子矩阵的右上角元素分别等于墙体热湿传导阻力，其他元素等于0。

(3) 不含空气边界层的单层墙体的传递矩阵的逆矩阵等于该传递矩阵的空间变量的符号取反的矩阵；多层墙体的传递矩阵的逆矩阵等于颠倒各层（包括空气边界层）的传递矩阵的乘积顺序，热湿交换系数及各层壁厚的符号取反而得的矩阵。

(4) 不含空气边界层的单层墙体的导纳矩阵，其四个 2×2 子矩阵满足对角互易取反原则。

(5) 除了不含或两侧含有相同空气边界层的对称墙体外，一般的多层墙体的导纳矩阵的四个 2×2 子矩阵不满足对角互易取反原则。

通过实例计算证明：用本章提出的频率解法和证明的性质求解热湿同时传导线性方程比较简便易行。

6.4节提出了分析墙体表面吸放湿过程的传递函数方法。用传递函数方法证明了当材料的Biot数极大时，其表面对空气环境的湿响应瞬时达到平衡状态；当材料的Biot数极小时，可用集中参数模型分析其表面的吸放湿过程。在材料的Biot数介于两者之间（$0 \ll Bi \ll \infty$）时，通过与实验结果和数值解比较表明：可用传递函数及其解法很准确地计算在吸湿性范围内建筑内表面材料中任意处的吸放湿流量及水蒸气分压对室内空气相对湿度的复杂变化的响应。

本章的分析表明：建筑墙体在吸放湿范围内的湿特性是动态的，可以用传递函数形式的动态数学模型表示；在一般建筑室内温湿度范围内，墙体表面吸放湿特性可以传递函数的动态数学模型表示。那么，当我们进行建筑围护结构和墙体表面的动态湿特性的系统辨识研究时，就可用离散系统的动态数学模型（如 z 传递函数等）来描述这类系统。

第7章 建筑表面动态吸放湿特性辨识初步

7.1 概　述

建筑围护结构湿特性的研究，主要是在适当的假设和简化条件下，由热湿传递方程、能量平衡方程等对湿过程进行理论分析和建模求解。对于影响因素多、机理复杂的湿过程，离开一定的假设和简化，基本就无法利用现有的数学工具求解。另外，对理论分析计算结果也没有较为准确的实验验证方法，因而其实际应用也受到很大的局限。

对于建筑表面动态吸放湿特性，除了理论分析建模外，另一条途径就是通过设计一定的试验，对在一定范围内变化的外部条件作用下的建筑材料对象进行测试，由从试验中获得的一组输入输出观测数据来估计出对象的数学模型，即系统辨识方法。

由于初次尝试用系统辨识方法来研究建筑表面吸放湿特性，其研究内容主要是围绕辨识的要求展开，主要内容有理论分析辨识的依据与可行性，辨识试验，辨识求解建模等。

第6章的分析表明：室内相对湿度在短周期内变化时，建筑围护结构的含湿量变化主要发生在表面的一个很薄的薄层内，表现为建筑内表面薄层的吸放湿过程，而且已经证明了其传递函数是存在的。这就使我们有可能通过建筑材料表面的吸放湿特性实测研究来间接地得出建筑围护结构动态湿特性，进而研究其对空调热湿负荷的影响。本章运用系统理论与现代控制理论基本原理，提出和采用了系统辨识方法进行建筑表面材料的动态吸放湿特性研究，展示出建筑表面吸放湿动态特性研究领域的一个新的研究方法。

7.2 建筑表面动态吸放湿特性辨识的数学模型及实验系统设计

7.2.1 数学模型

在系统辨识中，采样系统可将连续系统的信息在时间上离散，因而用离散时间模型来描述建筑表面动态吸放湿过程。虽然建筑表面动态吸放湿过程实际上是一个非线性的分布参数系统，但在一定的条件下，我们可以用线性集中参数模型来描述。同时认为其模型参数不随时间而变化，即认为是时不变系统。以材料表面空气相对湿度为输入，材料表面含湿量为输出，采用单输入单输出系统离散差分方程模型，即广义回归模型（ARMAX）来描述这一系统。考虑输入、输出分别具有不同的阶次，并且有纯时滞阶次 n_k。

设材料表面空气相对湿度为 ϕ（%），材料含湿量为 We（kg/kg），采样周期 $\Delta\tau$ 采样得到N组输入输出数据。令 $u \overset{\Delta}{=} \phi$，$y \overset{\Delta}{=} We$；$Y=[y(1),y(2),\cdots,y(N)]$，$U=[u(1),u(2),\cdots,u(N)]$则建筑表面动态吸放湿过程数学模型为：

$$y(k) = -\sum_{i=1}^{n_a} a_i y(k-i) + \sum_{i=0}^{n_b} b_i u(k-n_k-i) + \xi(k) \tag{7.1}$$

引入单位时延算子 z^{-1}，并定义 $z^{-1}y(k)=y(k-1)$，定义

$$A(z^{-1})=1+a_1z^{-1}+a_2z^{-2}+\cdots+a_{n_a}z^{-n_a} \tag{7.2}$$

$$B(z^{-1})=b_0+b_1z^{-1}+b_2z^{-2}+\cdots+b_{n_b}z^{-n_b} \tag{7.3}$$

方程（7.1）可写成下列形式

$$A(z^{-1})y(k)=z^{-n_k}B(z^{-1})u(k)+\xi(k) \tag{7.4}$$

式中 $y(k)$——k 时刻系统的输出；

$u(k)$——k 时刻系统的输入；

$\xi(k)$——k 时刻系统的干扰噪声，$k=1, 2, \cdots, N$；

a_i、b_i——待辨识的模型参数；

n_a——模型自回归部分的阶次；

n_b——模型外部输入的阶次；

n_k——纯时滞阶次。

为了考虑其他因素对吸放湿过程的影响，采用多输入多输出系统离散差分方程模型描述系统，即多变量 ARMAX 模型：

$$\boldsymbol{Y}(k)+\sum_{j=1}^{n}\boldsymbol{A}_j\boldsymbol{Y}(k-j)=\sum_{j=0}^{n}\boldsymbol{B}_j\boldsymbol{U}(k-j)+\boldsymbol{\xi}(k) \tag{7.5}$$

式中 $\boldsymbol{U}(k)=[u_1(k),\cdots,u_m(k)]$；

$\boldsymbol{Y}(k)=[y_1(k),\cdots,y_r(k)]$。

以材料表面空气相对湿度 ϕ（%）和温度 T（℃）为输入，材料含湿量 We（kg/kg）为输出，令 $u_1\overset{\Delta}{=}\phi$，$u_2\overset{\Delta}{=}T$，$y\overset{\Delta}{=}We$。由试验得到采样时间间隔为 $\Delta\tau$ 的 N 组输入输出数据：

$$y(k)=[y(1),y(2),\cdots,y(N)]$$

$$u_1=[u_1(1),u_1(2),\cdots,u_1(N)]$$

$$u_2=[u_2(1),u_2(2),\cdots,u_2(N)]$$

则建筑表面动态吸放湿过程双输入单输出动态特性数学模型为：

$$y(k)=-\sum_{i=1}^{n_a}a_iy(k-i)+\sum_{i=0}^{n_{b_1}}b_{1i}u_1(k-n_{k_1}-i)+\sum_{i=0}^{n_{b_2}}b_{2i}u_2(k-n_{k_2}-i)+\xi(k) \tag{7.6}$$

式中各符号意义如前所述。

$$A(z^{-1})y(k)=z^{-n_{k_1}}B_1(z^{-1})u_1(k)+z^{-n_{k_2}}B_2(z^{-1})u_2(k)+\xi(k) \tag{7.7}$$

$$A(z^{-1})=1+a_1z^{-1}+a_2z^{-2}+\cdots+a_{n_a}z^{-n_a} \tag{7.8}$$

$$B_1(z^{-1})=b_{10}+b_{11}z^{-1}+b_{12}z^{-2}+\cdots+b_{1n_{b_1}}z^{-n_b} \tag{7.9}$$

$$B_2(z^{-1})=b_{20}+b_{21}z^{-1}+b_{22}z^{-2}+\cdots+b_{2n_{b_2}}z^{-n_b} \tag{7.10}$$

方程（7.1）描述的建筑表面材料动态吸放湿过程的 z 传递函数如下：

$$\frac{Y(z)}{U(z)}=H(z)=\frac{z^{-n_k}(b_0+b_1z^{-1}+\cdots+b_{n_b}z^{-n_b})}{1+a_1z^{-1}+\cdots+a_{n_a}z^{-n_a}}=\frac{z^{n_k}B(z^{-1})}{A(z^{-1})} \tag{7.11}$$

式中 $Y(z)$、$U(z)$——$y(k)$、$u(k)$ 的 z 变换；

$A(z^{-1})$、$B(z^{-1})$—— 由式(7.2)和(7.3)定义的多项式；

$H(z)$—— 系统或过程的 z 传递函数。

对于式（7.6）描述的建筑表面材料动态吸放湿过程的双输入单输出模型，同样有

$$Y(z) = H_1(z)U_1(z) + H_2(z)U_2(z) + \xi(z) \tag{7.12}$$

式中 $H_1(z) = \dfrac{z^{-n_{k_1}}B_1(z^{-1})}{A(z^{-1})}$

$H_2(z) = \dfrac{z^{-n_{k_2}}B_2(z^{-1})}{A(z^{-1})}$

其中，$B_i(z^{-1})(i = 1,2)$——z^{-1} 的矩阵多项式，$B_i(z^{-1}) = \sum_{j=0}^{n_{b_i}} b_{ij}z^{-j}$；

$A(z^{-1})$——z^{-1} 的多项式，$A(z^{-1}) = 1 + \sum_{i=1}^{n_a} a_i z^{-1}$；

$H_1(z)$、$H_2(z)$—— 相应输入变量的 z 传递函数。

7.2.2 实验测试系统设计

建筑表面动态吸放湿过程辨识试验的第一步是输入输出变量的选择。输入输出变量可根据不同的使用目的进行选择。输入输出变量在能表达系统过程的主要特征的原则上，在试验上还要求输入变量是可控的和可测量的，输出变量必须是可测量的。根据这一要求，我们在建筑表面吸放湿特性辨识中将环境空气相对湿度作为输入变量，将材料含湿量作为输出变量。

输入信号的类别和形式影响着辨识算法的选用，也影响着辨识的精度。为了获得较理想的输入信号，加之阶跃信号比较简单，其响应能反映出系统动态特征的主要信息，开始我们采用阶跃激励信号对试验样本进行系统测试采样。为了对试验样本产生一个阶跃激励，设计了两个净空尺寸为380mm×320mm×600mm的六面保温的密闭小室。为了创造并保持小室为恒温与恒湿的环境，小室内敷设加热板，由加热恒温控制系统控制加热器开闭，使小室温度保持在25±1℃。小室下部放置饱和盐水溶液，用饱和盐水溶液来保持密闭空间的湿度恒定。两个小室中的饱和盐水溶液浓度不同，使它们具有不同的恒定相对湿度。试验时，先让测试样本在一个小室中达到湿平衡，再移至另一个小室中，这样就形成了对试验样本的阶跃激励。然后，按照一定的采样时间间隔记录测试样本在激励条件下的重量的变化。

由于试验的吸放湿过程有较大的时滞，具有一定空间体积的试验环境空间的相对湿度在放入测试样本时，小室的温湿度受干扰较大，需要很长的时间才能达到稳定相对湿度。阶跃信号的过渡过程较长，实验表明一般需要0.5~1d才能稳定，因此，阶跃信号无法实现和应用。由于建筑表面动态吸放湿过程中，如果采用人工输入信号，其信号的产生与控制具有一定的难度，而自然信号不存在控制问题，测量也较方便。另一方面，系统在自然信号下响应状态实际上是系统正常的状态，也接近于实际应用情况，具有较好的实际应用意义。所以，我们确定在实际使用条件下采用自然信号来进行建筑表面吸放湿动态过程辨识试验。采用自然信号的突出问题是其能否持续激励系统，使响应能反映出系统的动态特征。这也正是试验测试中所需要回答的问题。

辨识试验的采样速度的选择，原则上要考虑到被辨识系统的动态特性和干扰特性，但

实际上选择采样时间主要取决于系统辨识结果应用上的要求及所建模型精度要求。考虑自然信号作用下的辨识模型主要用于建筑表面吸放湿特性对空调负荷的瞬时动态影响。在系统的短周期特性辨识中，连续采样三天，每小时采样一次，即采样时间间隔为 1h。而为了分析有季节变化时，材料长期的吸放湿特点及进行全年空调负荷分析，我们也以 1d 为采样周期，进行了一个半月的试验，每天在同一时间采样二次，取其平均作为一次采样值。

在短周期特性试验中，测试样本在一个空气温度相对稳定、相对湿度随室外条件变化有所变化的空间进行试验。在长周期特性试验中，测试样本在一个空气温湿度随室外条件变化都有较大变化的空间进行试验。试验环境空间的温湿度采用通风干湿球湿度计测量，材料含湿量用电子天平称量得到。试验测试的建筑室内表面吸放湿材料为石膏板，尺寸 150mm × 150mm × 8mm 的板型试块。该石膏板由深圳某装饰材料厂生产，普遍用于房屋顶棚吊顶和房间隔断面板。下面用图形给出试验观测得到的数据。以 1h 为采样周期的输入数据如图 7.1 所示，其输出数据如图 7.2 所示；以 1d 为周期的输入数据如图 7.3 和图 7.4 所示，输出数据如图 7.5 所示。

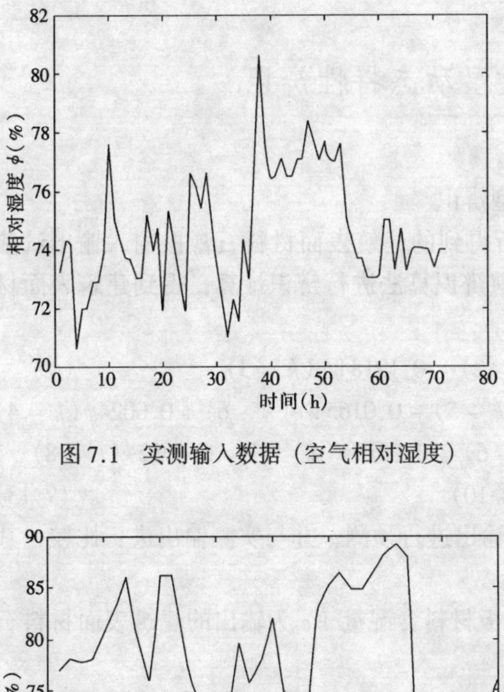

图 7.1 实测输入数据（空气相对湿度）

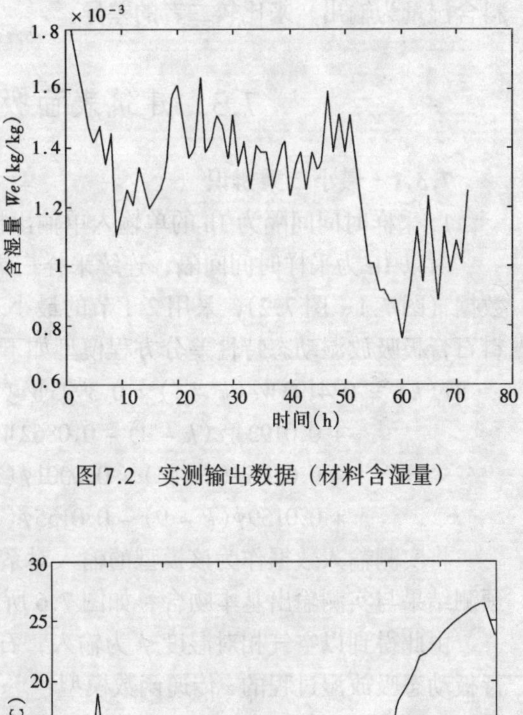

图 7.2 实测输出数据（材料含湿量）

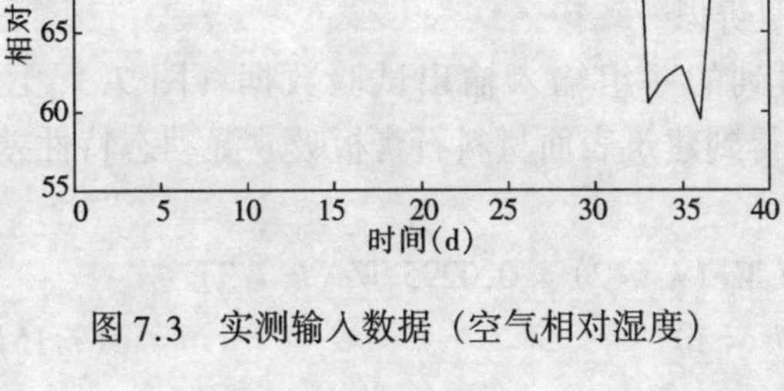

图 7.3 实测输入数据（空气相对湿度）

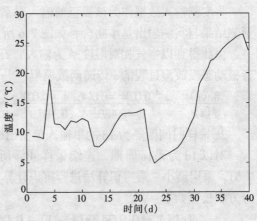

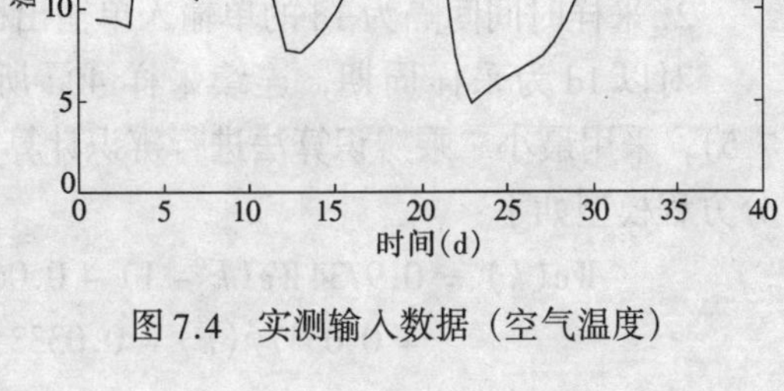

图 7.4 实测输入数据（空气温度）

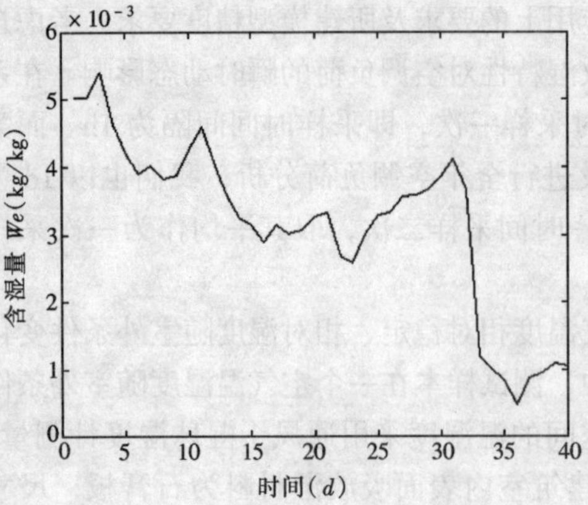

图 7.5　实测输出数据（材料含湿量）

7.2.3　输入输出试验数据分析

在以 1h 为采样时间间隔，测试三天得到的输入输出数据中，环境空间相对湿度的变化不具有明显的周期特性。同时发现，空气相对湿度变化极不稳定，经常发生振荡现象。而输出数据中，数据的振荡更加明显。从辨识角度来讲，输入信号的急剧变化是一种有效激励，对辨识过程是有利的。在试验期间空气温度变化不大，可基本上认为是恒温状态。

在以 1d 为采样时间间隔的输入输出数据中，空气相对湿度不具有周期变化的特点。另外，空气湿度变化也较大，这时不再适宜作等温假设。为了分析比较温度对系统反应的影响，辨识中同时采用单输入单输出模型（空气湿度为输入，材料含湿量为输出）和双输入单输出模型（空气湿度和空气温度为输入，材料含湿量为输出）来比较二者的差异。

7.3　建筑表面吸放湿动态特性辨识

7.3.1　最小二乘辨识

1. 采样时间间隔为 1h 的单输入单输出模型辨识

对以 1h 为采样时间间隔，连续采样三天所得到的建筑表面材料石膏板输入输出试验数据（图 7.1、图 7.2），采用 2.1 节的最小二乘辨识算法进行辨识计算，得到建筑表面材料石膏板吸放湿动态特性差分方程模型如下：

$$\begin{aligned} We(k) = {} & 0.4193\,We(k-1) + 0.3995\,We(k-2) + 0.1218\,We(k-3) \\ & + 0.0193\,We(k-4) - 0.0862\,We(k-5) - 0.0165\,We(k-6) + 0.0024\phi(k-4) \\ & - 0.0146\phi(k-5) + 0.0001\phi(k-6) - 0.0015\phi(k-7) - 0.0052\phi(k-8) \\ & + 0.0159\phi(k-9) - 0.0155\phi(k-10) \end{aligned} \tag{7.13}$$

将实测输入数据作为该模型的输入对系统输出进行预测，并与实测输出进行比较，其预测结果与实测输出基本吻合，如图 7.6 所示。

由此得到以空气相对湿度 ϕ 为输入，石膏板材料含湿量 We 为输出的建筑表面材料石膏板动态吸放湿过程的 z 传递函数模型：

$$\frac{We(z)}{\phi(z)} = \frac{z^{-4}(0.0024 - 0.0146z^{-1} + 0.0001z^{-2} - 0.0015z^{-3} - 0.0052z^{-4} - 0.0159z^{-5} - 0.0155z^{-6})}{1 - 0.4193z^{-1} - 0.3995z^{-2} - 0.1218z^{-3} - 0.0193z^{-4} + 0.0862z^{-5} + 0.0165z^{-6}} \tag{7.14}$$

2. 采样时间间隔为 1d 的单输入单输出模型辨识

对以 1d 为采样周期，连续采样 40d 所得到的一组输入输出试验数据（图 7.3、图 7.5），采用最小二乘辨识算法进行辨识计算，得到建筑表面材料石膏板吸放湿动态特性差分方程模型如下：

$$\begin{aligned} We(k) = {} & 0.9734\,We(k-1) - 0.0627\,We(k-2) - 0.0295\,We(k-3) \\ & + 0.0547\phi(k) - 0.0333\phi(k-1) \end{aligned} \tag{7.15}$$

将实测输入数据作为该模型的输入，对过程输出进行预测，并与实测输出进行比较，其预测结果与实测输出吻合良好，如图 7.7 所示。

同样，以空气相对湿度 ϕ 为输入、材料石膏板含湿量 We 为输出的建筑表面材料石膏板动态吸放湿过程的 z 传递函数为：

$$\frac{W(z)}{\phi(z)} = \frac{0.0547 - 0.0333z^{-1}}{1 - 0.9374z^{-1} + 0.0627z^{-2} + 0.0295z^{-3}} \tag{7.16}$$

3. 采样时间间隔为 1d 的双输入单输出模型辨识

对在 40d 的采样过程中，环境空气温度变化比较大（图 7.4），此时不宜将过程看做等温过程。为了考虑此时温度对吸放湿过程的影响，我们采用空气相对湿度和空气温度为输入、材料含湿量为输出的双输入单输出模型，对以 1d 为采样时间间隔，连续采样 40d 所得到的一组输入输出数据（图 7.3、图 7.4、图 7.5），采用最小二乘辨识算法进行辨识计算，得到建筑表面材料石膏板吸放湿动态特性差分方程模型如下：

$$\begin{aligned} We(k) = {} & 0.8345We(k-1) + 0.0185We(k-2) - 0.069We(k-3) + 0.0502\phi(k) \\ & - 0.0282\phi(k-1) - 0.0053\phi(k-2) - 0.0071T(k) - 0.011T(k-1) \end{aligned} \tag{7.17}$$

将实测输入数据作为该模型的输入对过程输出进行预测，并与实测输出进行比较，其预测结果与实测输出吻合尚好，如图 7.8 所示。

同样可以得到以空气相对湿度和空气温度为输入，石膏板材料含湿量为输出的建筑表面材料石膏板吸放湿动态过程的 z 传递函数：

$$W(z) = \frac{B(z^{-1})}{A(z^{-1})} \cdot U(z) \tag{7.18}$$

式中 $W(z)$—— 输出变量含湿量的 Z 变换；

$U(z)$—— 输入变量空气相对湿度、空气温度的 Z 变换矩阵，$U(z) = [U_1(z), U_2(z)]^{\mathrm{T}}$；

$B(z^{-1})$——z^{-1} 的矩阵多项式，$B(z^{-1}) = [B_1(z^{-1}), B_2(z^{-1})]$；

$A(z^{-1})$——z^{-1} 的多项式。

其中 $B_1(z^{-1}) = 0.0502 - 0.0282z^{-1} - 0.0053z^{-2}$

$B_2(z^{-1}) = -0.0071 - 0.011z^{-1}$

$A(z^{-1}) = 1 - 0.8345z^{-1} - 0.0185z^{-2} + 0.069z^{-3}$

4. 最小二乘辨识结果分析

由于最小二乘辨识方法不能有效地处理有色噪声，对含有色噪声的过程，其估计是有偏差的。因此，这里用最小二乘辨识方法得到的模型实际上隐含噪声干扰为白噪声的假设。由于噪声不易测量，一般很难了解噪声的特性。实际噪声特性如何，其假设为白噪声是否合理，我们将在下一节采用能处理有色噪声的辅助变量法辨识系统模型，通过预测输出与实测输出的比较，分析比较模型的精度，同时，间接地了解噪声过程的特性。

对于以 1d 为采样时间间隔的空气相对湿度、材料含湿量的单输入单输出模型和空气相对湿度、空气温度、材料含湿量的双输入单输出模型辨识结果进行比较，如图 7.7 和图

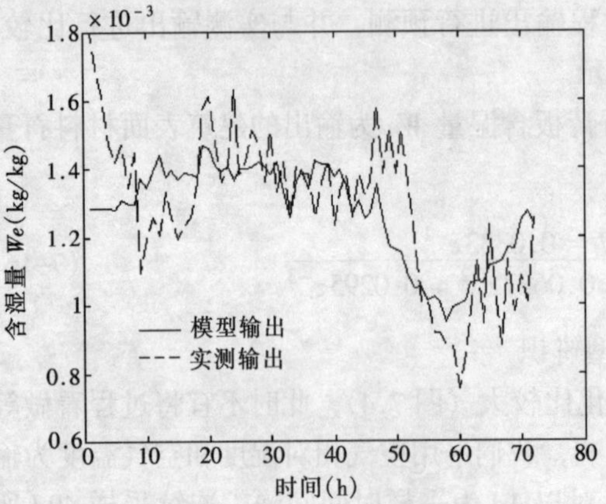

图 7.6　模型预测输出与实测输出的比较

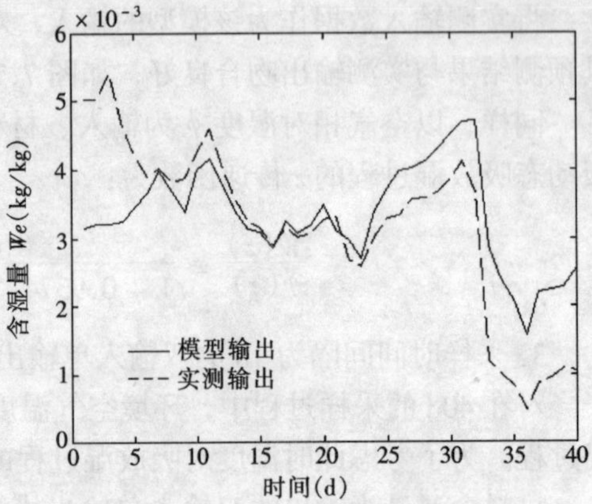

图 7.7　模型预测输出与实测输出的比较

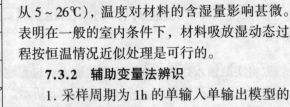

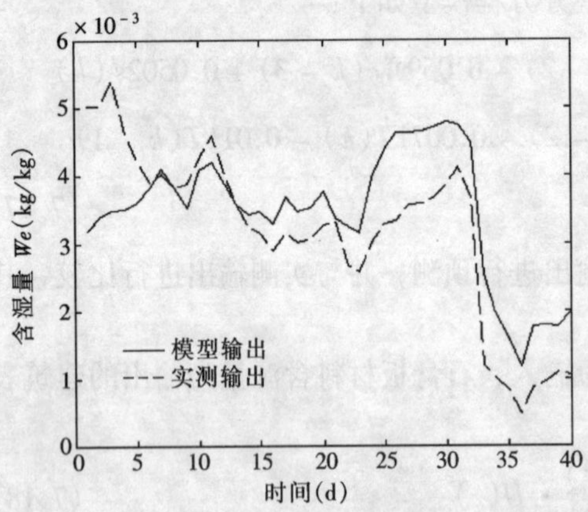

图 7.8　模型预测输出与实测输出的比较

7.8 所示。发现二者拟合程度都很好，说明在一定的温度变化范围内（这里，温度变化范围从 5～26℃），温度对材料的含湿量影响甚微。表明在一般的室内条件下，材料吸放湿动态过程按恒温情况近似处理是可行的。

7.3.2　辅助变量法辨识

1. 采样周期为 1h 的单输入单输出模型的辅助变量法辨识

对以 1h 为采样时间间隔，连续采样三天所得到的建筑表面材料石膏板的输入输出实验数据（图 7.1、图 7.2），采用辅助变量（Ⅳ）方法进行辨识计算，得到石膏板吸放湿动态特性差分方程模型如下：

$$\begin{aligned} We(k) = {} & 1.399We(k-1) - 0.0368We(k-2) - 0.4107We(k-3) + 0.0008\phi(k-4) \\ & - 0.0057\phi(k-5) + 0.0065\phi(k-6) - 0.0102\phi(k-7) - 0.002\phi(k-8) + 0.0248\phi(k-9) \\ & - 0.0228\phi(k-10) \end{aligned} \tag{7.19}$$

将实测输入数据作为该模型的输入对过程输出进行预测，并与实测输出进行比较，其预测结果与实测输出基本吻合，如图 7.9 所示。

以空气相对湿度为输入，材料含湿量为输出的石膏板吸放湿过程的 z 传递函数为：

$$\frac{We(z)}{\phi(z)} = \frac{z^{-4}(0.0008 - 0.0057z^{-1} + 0.0065z^{-2} - 0.0102z^{-3} + 0.002z^{-4} + 0.0248z^{-5} - 0.0228z^{-6})}{1 - 1.399z^{-1} + 0.0368z^{-2} + 0.4107z^{-3}} \tag{7.20}$$

2. 采样时间间隔为 1d 的单输入单输出模型的辅助变量法辨识

对以 1d 为采样周期，连续采样 40d 所得到的一组建筑表面材料石膏板的输入输出试验数据（图 7.3、图 7.5），采用辅助变量辨识方法进行辨识计算，得到石膏板吸放湿动态特性差分方程模型如下：

$$We(k) = 0.3655We(k-1) + 0.1449We(k-2) + 0.0559\phi(k) \tag{7.21}$$

将实测输入数据作为该模型的输入，对过程输出进行预测，并与实测输出进行比较，其预测结果与实测输出吻合良好，如图7.10所示。

同样可以得到以空气相对湿度为输入、石膏板材料含湿量为输出的吸放湿特性的 z 传递函数：

$$\frac{We(z)}{\phi(z)}=\frac{0.0559}{1-0.3655z^{-1}-0.1449z^{-2}} \tag{7.22}$$

3. 辅助变量辨识结果分析

对相同的输入输出实测数据的最小二乘辨识算法（LS法）辨识结果和辅助变量法（IV法）辨识结果进行比较，见图7.6与图7.9、图7.7与图7.10。辅助变量法（IV）的辨识精度一般比最小二乘法（LS）高，但二者相差并不太大。在同精度情况下一般IV法的系统阶次要比LS法的低。

一般认为吸放湿过程具有较大的时滞，但从辨识结果来看，在短采样时间间隔中，系统具有一定的时滞，在以1天为周期时，过程已基本不再有时滞现象。实际上在短采样时间间隔中，输入输出均有频繁的波动，过程输出反应显著。根据不同的使用目的选择的采样周期是恰当的。

比较单输入单输出模型和双输入单输出模型的辨识结果，单输入模型的预测输出与实测输出的吻合情况已非常好，辨识精度与双输入模型接近，表明建筑表面材料吸放湿过程主要受空气相对湿度的影响。在较小的温度变化范围内，空气温度对其影响不大。因此，在一般的室内条件下，将建筑表面吸放湿过程假设为等温过程是适当的。

研究表明辅助变量法及其递推算法能对建筑表面材料吸放湿动态特性差分方程及 z 传递函数模型进行有效辨识，其具有良好的抗干扰作用和去噪的能力。辅助变量法辨识得到的建筑表面材料动态吸放湿特性模型比最小二乘法得到的模型更接近于实际系统。模型的预测结果与实测输出吻合良好。辨识精度与准确性有所提高。在同样条件下，辅助变量法辨识得到的吸放湿过程模型比最小二乘法得到的吸放湿过程模型具有较低的模型阶次。

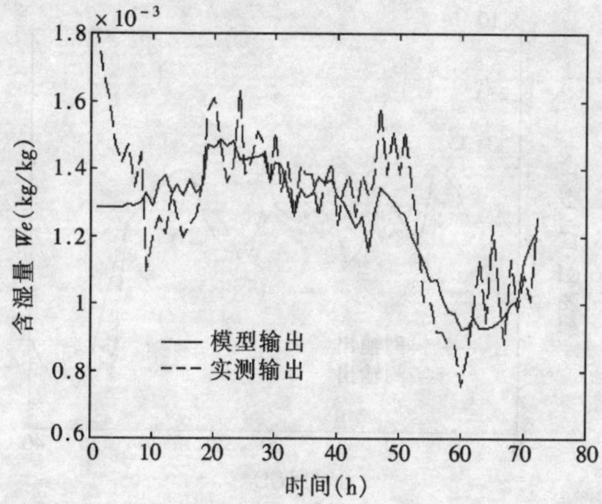

图7.9 模型输出与实测输出的比较

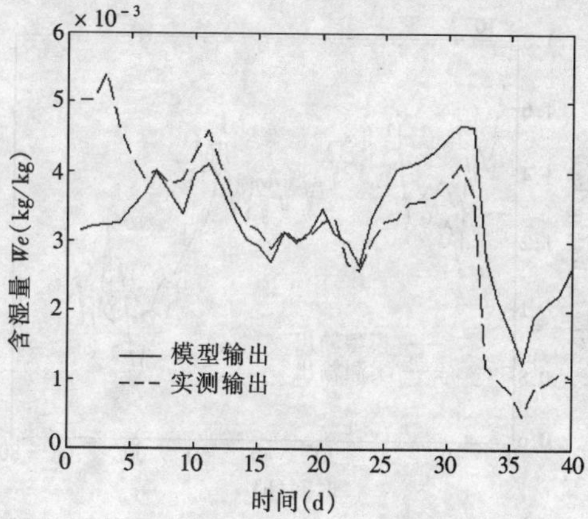

图7.10 模型输出与实测输出的比较

7.3.3 预测误差方法辨识

1. 采样时间间隔为1h的单输入单输出模型辨识

对以1h为采样时间间隔，连续采样三天所得到的石膏板吸放湿输入输出试验数据

(图 7.1，图 7.2)，采用预测误差辨识算法进行辨识计算，得到由过程模型和噪声模型两部分组成的以空气相对湿度为输入，材料含湿量为输出，包含有噪声模型的建筑表面材料石膏板吸放湿动态特性 z 传递函数模型：

$$W(z)=\frac{B(z^{-1})}{A(z^{-1})}\phi(z)+\frac{C(z^{-1})}{A(z^{-1})}\varepsilon(z) \tag{7.23}$$

其中 $G_1(z)=\frac{B(z^{-1})}{A(z^{-1})}$ 为过程模型的 z 传递函数

$$G_1(z)=\frac{B(z^{-1})}{A(z^{-1})}=\frac{z^{-4}(0.0056-0.0154z^{-1}+0.0095z^{-2}-0.0053z^{-3}-0.0017z^{-4}-0.0205z^{-5}-0.0191z^{-6}}{1-1.4485z^{-1}+0.5018z^{-2}+0.1036z^{-3}-0.2636z^{-4}+0.0567z^{-5}+0.0948z^{-6}}$$

$G_2(z)=\frac{C(z^{-1})}{A(z^{-1})}$ 为噪声模型传递函数

$$G_2(z)=\frac{C(z^{-1})}{A(z^{-1})}=\frac{1-1.1493z^{-1}+0.4188z^{-2}+0.031z^{-3}-0.2998z^{-4}}{1-1.4485z^{-1}+0.5018z^{-2}+0.1036z^{-3}-0.2636z^{-4}+0.0567z^{-5}+0.0948z^{-6}}$$

将实测输入数据作为该模型的输入对吸放湿模型进行预测，预测结果与实测输出进行比较，其输出与实测输出基本吻合（图 7.11），辨识精度比 LS 法和 IV 法有所提高。

2. 采样时间间隔为 1d 的单输入单输出模型辨识

对以 1d 为采样时间间隔，连续采样 40d 所得到的一组石膏板吸放湿输入输出试验数据（图 7.3、图 7.5），采用预测误差辨识方法进行辨识计算，得到由过程模型和噪声模型组成的以空气相对湿度为输入，材料含湿量为输出，包含有噪声干扰的石膏板动态吸放湿特性 z 传递函数模型。

$$W(z)=\frac{0.0531-0.0418z^{-1}}{1-1.1538z^{-1}+0.2305z^{-2}}\phi(z)+\frac{1-0.1817z^{-1}}{1-1.1538z^{-1}+0.2305z^{-2}}\varepsilon(z) \tag{7.24}$$

将实测输入数据作为该模型的输入对系统模型进行预测，预测结果与实测输出进行比较，其输出与实测输出吻合良好（图 7.12），预测误差方法的辨识精度比 LS 法和 IV 法有较大提高。

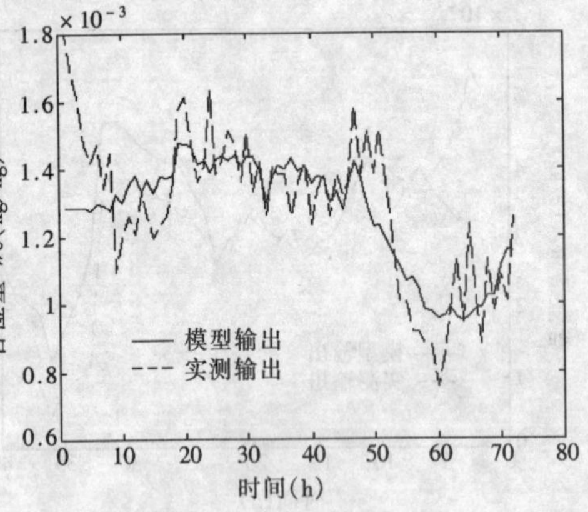

图 7.11 模型输出与实测输出的比较

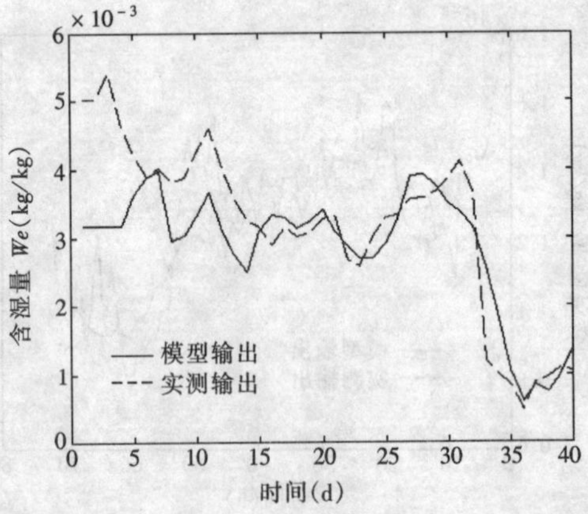

图 7.12 模型输出与实测输出的比较

用预测误差辨识方法及其最优化算法对建筑表面动态吸放湿过程进行辨识研究表明，该方法能对建筑表面材料动态吸放湿特性进行有效辨识。在辨识出吸放湿过程模型的同时，还辨识出过程的噪声模型，可以了解系统的噪声特性。预测误差辨识法的辨识精度比最小二乘辨识法和辅助变量法要高，预测误差辨识法得到的包含系统过程模型和噪声模型的建筑表面材料吸放湿动态特性模型更接近于实际系统和实际过程。另一方面，这也说明在我们获得的实验测试输入输出数据中含有一定的有色噪声。因此，如果想要采用较简单的辨识算法获得较高辨识精度的结果，就要提高测试手段，减少测试过程中的噪声，否则，就要采用较复杂的辨识算法来剔除测量过程中的噪声，以提高辨识获得的模型的准确性。

7.4 小　结

本章提出了建筑表面动态吸放湿特性辨识的线性差分数学模型。根据系统辨识的目的和要求，设计了建筑表面材料的辨识实验系统。采用了最小二乘辨识方法辨识得到了系统不同采样时间间隔的单输入单输出和双输入单输出的差分模型和 z 传递函数。辨识过程及结果具有计算简单，容易理解的特点，但不能处理有色噪声。采用辅助变量辨识方法使辨识计算与最小二乘方法一样的简单，而又有较好的去噪抗干扰的特性，辨识精度也有所提高。对于系统模型和参数估计更一般的形式，采用预测误差模型和预测误差估计方法，辨识出不同采样间隔下单输入单输出系统过程模型和噪声模型。辨识精度比最小二乘辨识法和辅助变量辨识法高，但辨识时间增长。辨识研究结果表明：采用系统辨识研究方法研究建筑表面吸放湿动态特性是完全可行的。

采用系统辨识方法进行建筑表面动态吸放湿特性研究在国内外尚属首次，这项研究工作仅仅只是动态吸放湿过程辨识研究中的一个开端。在湿过程动态特性辨识方法上，尚可继续研究非线性系统的辨识问题，分析非线性的真实系统简化为线性系统的可行性及对计算结果的影响。

本章仅对一种建筑表面材料进行了辨识研究。在空调建筑能耗分析和室内湿度模拟分析模型中使用，要有所有的建筑表面材料的动态吸放湿特性 z 传递函数，以便准确分析建筑能耗和室内湿度，并充分利用吸放湿材料对室内湿度的调节作用来节省建筑能耗，还必须用系统辨识方法对大量的建筑表面材料进行测试和辨识研究，以确定所有建筑表面材料的吸放湿动态特性 z 传递函数。另外，在实验测试中，还需要对测试和环境控制仪器进行改进，以提高测试精度和辨识出模型的准确性；并形成一种建筑表面材料动态吸放湿特性测试规范及其 z 传递函数的标准，为建筑吸放湿过程分析、建筑能耗分析及计算提供必要的模型数据库。

参 考 文 献

1 Zadeh L A. From circuit theory to system theory Proc. IRE, 1962, 50 (5): 856 - 865
2 Eykhoff P. System Identification - Parameter and State Estimation. John Wiley & Sons, Inc., London, 1974.
3 Ljung L. Convergence analysis of parametric identification method. IEEE Transactions on Automatic Control, 1978, 23: 770 - 783.
4 Eykhoff P. Trends and Progress in System Identification. Pergamon Press, Oxford, 1981.
5 Soderstrom T, Stoica P. Instrumental variable methods for system identification. Lecture Note in control and information sciences, Springer - Verlag, New York. 1983
6 Cramer H. Mathematical methods of statistics. Princeton University Press, Princeton, New Jersey, 1946
7 Rao C R. Linear statistical inference and its application. Wiley, New York, 1973
8 Ljung L. System identification: Theory for the user. Prentice - Hall Inc., Englewood Cliffs, New Jersey, 1987
9 Kailath T. Linear Systems. Prentice - Hall Inc., Englewood Cliffs, New Jersey, 1980.
10 Minh P, Lucas G H, Juang J N, Longman RW. Linear system identification via an asymptotically stable observer. Proceeding of AIAA Guidance, Navigation and Control Conference, 1991: 1180 - 1194
11 Bialasiewicz J T, Soloway D. Neural network modeling of dynamic systems. IEEE Proceeding of International Symposium on Intelligent Control (New York: IEEE) 1990: 500 - 505
12 Juang J N, Pappa R S. An eigensystem realization algorithm for model parameter identification and model reduction. Journal of Guidance, Control and Dynamic, 1985; 8 (5): 620 - 627
13 Rumelhart R P, McClelland J L. Parallel distributed processing. MIT Press, Boston, 1986
14 孙增圻. 袁曾任. 控制系统的计算机辅助设计. 北京：清华大学出版社，1988
15 Holland J H. Adaptation in natural and artificial system. Ann Arbor, The University of Michigan Press, 1975
16 Hsia T C (美). 系统辨识与应用. 长沙：中南工业大学出版社，1986
17 戴冠中等. 现代控制理论导论. 北京：国防工业出版社，1989
18 徐南荣. 系统辨识导论. 北京：电子工业出版社，1986
19 吴广玉等. 系统辨识与自适应控制. 哈尔滨：哈尔滨工业大学出版社，1987
20 方崇智，肖德云. 过程辨识. 北京：清华大学出版社，1990
21 王耀南. 智能控制系统，长沙：湖南大学出版社，1996
22 相良节夫，秋月影雄，中沟高好，片山哲着，萧德云，何镇湖，马润津译. 系统辨识. 北京：化学工业出版社，1988
23 焦李成. 神经网络系统理论. 西安：西安电子科技大学出版社，1992
24 史忠植. 神经计算. 北京：电子工业出版社，1993
25 何明一. 神经计算. 西安：西安电子科技大学出版社，1992
26 李红星. 用遗传算法进行系统辨识，电气自动化，1998，3 (18)：12 - 14。
27 王小东. 用遗传算法模拟传感器的输出特性，仪器仪表学报，1997，18 (4)：354 - 357
28 单寄平主编. 空调负荷实用计算法. 北京：中国建筑工业出版社，1989
29 Mackey C O, Wright LT. Periodic heat flow - composite walls and roofs. ASHVE Transactions, 1946, 52: 283 ~ 296

30 Шкловер А М. Теплопередача периодических тепловых воздействий, Госэнергоиздат, Москва, 1952
31 Stephenson DG, Mitalas GP. Cooling load calculation by thermal response factors method. ASHRAE Transactions, 1967, 73（2）: Ⅲ. 2.1 – 2.10
32 Stephenson D G, Mitalas G P. Calculation of heat conduction transfer function for multi – layer slabs. ASHRAE Transactions, 1971, 77: 117 – 126
33 Kusuda T. Thermal response factors for multilayer structures of various heat conduction system. ASHRAE Transactions, 1969, 75: 246 ~ 271
34 Ceylan H T, Myers G E. Long – time solutions to heat conduction transients with time – dependent inputs. ASME Journal of Heat Transfer, 1980, 102（1）: 115 – 120
35 邓建伟，陈在康. 周期性传热过程的广义谐波法，湖南大学学报，1988，15（2）：148 – 151
36 Jiang Y. State – space method for the calculation of air – conditioning loads and the simulation of thermal behavior of the room. ASHRAE Transactions, 1982, 88（2）: 122 – 138
37 龙惟定. 用状态空间法计算墙体反应系数. 制冷学报，（4），1991
38 Ouyang K, Haghighat F. A procedure for calculating thermal response factors of multilayer walls – state – space method. Building and Environment, 1991, 26（2）: 173 – 177
39 Pedersen C O, Mouen E D. Application of system identification techniques to the determination of thermal response factors from experimentation data. ASHRAE Transactions, 1973, 79（2）: 127 – 135
40 Sherman M H, Sonderegger R C, Adams J W. The Determination of the Dynamic Performance of Walls. ASHRAE Transactions, 1982, 88（1）: 689
41 Barakat S A. Experimental determination of the Z – transfer function coefficients for house. ASHRAE Transactions, 1987, 93（1）: 146 – 160
42 Stephenson D G, Ouyang K, Brown W C. A procedure for deriving thermal transfer functions for walls from hot – box test results. National Research Council Canada, Internal report No. 568, 1988
43 Haighight F, Sander D M, Liang H. An experimental procedure for deriving z – transfer function coefficients of a building envelope. ASHRAE Transaction, 1991, 97（2）: 90 – 98
44 陈沛霖. 用阶跃扰量测试墙体热工性能的探讨. 制冷学报，1982
45 黄晨等. 非均质平壁不稳定传热热工性能测试方法的研究和数值计算方法应用的探讨. 制冷学报，1988
46 朱业樵. 建筑围护结构动态热特性识别及能耗分析. 哈尔滨建筑工程学院博士学位论文，1990
47 朱业樵，郭骏. 一种确定建筑围护结构动态热特性的新方法及其在能耗预报中的应用. 暖通空调，1993，23（2）：18 – 23
48 Chen Z K, Zhang G Q. Dynamic heat flux determination in dynamic thermal characteristic study on building envelope. International Conference on Building Envelope System and Technology, Singapore, 1994
49 张国强. 建筑围护结构动态热特性实用条件下辨识方法的研究. 湖南大学博士学位论文，1995
50 Wiley J, Sons J. Programs for digital signal processing, IEEE Press, New York, 1979
51 Chen Y M, Chen Z K. A neural – network – based identification method to determine the state space model of dynamic thermal behavior of building envelope. Journal of Base Science and Engineering, 1997, 5（4）: 387 – 394
52 张国强，陈在康，娄长或，陈友明. 围护结构热参数的计算机测试及动态热流分析. 湖南大学学报，1996，23（5）：52 – 55
53 Chen Y M, Chen Z K. A Neural – Network – Based Experimental Technique for Determining Z – Transfer Function Coefficients of a Building Envelope. Building and Environment, 2000, 35（2）: 181 – 189
54 陈友明，张国强，陈在康. 建筑围护结构动态热特性辨识及其系统. 湖南大学学报，1999，28（5）：91 – 95

55 Wijeysundera N E, Chou S K, Jayamaha S E G. Heat flow though walls under transfent rain conditions. Journal of Thermal Insulation and Building Envelopes, 1993, 17: 118 – 141
56 罗森诺等主编，谢力译，蒋章焰校．传热学应用手册。北京：科学出版社，1992
57 Nusselt W. Das Crundgesetz des Warmeubergangs Ges. – Ing. 38, 1915
58 ASHRAE. ASHRAE Handbook of Fundamentals. Atlanta: American Society of Heating, Refrigerating, and Air Conditioning Engineering, Inc. 1981
59 ASHRAE. Procedure for determining heating and cooling 1oads for computerizing energy calculation algorithms for building heat transfer subroutines. Energy Calculations (ASHRAE Task Group on Energy Requirements for Heating and Cooling of Bui1dings), Atlanta: American Society of Heating, Refrigerating, and Air – Conditioning Engineers, Inc. 1985
60 ASHRAE. ASHRAE Handbook of Fundamentals. Atlanta: American Society of Heating, Refrigerating & and Air – Conditioning Engineers, Inc. 1985
61 Sparrow E M, Tien K. Forced convection heat transfer at an inclined and yawed square plat – application to solar collectors. ASME Journal of Heat Transfer, 1977, 99: 507 – 512
62 Sparrow E M, Ramsey J W, Mass E A. Effect of finite width on heat transfer and fluid flow about an inclined rectangular plat. ASME Journal of Heat Transfer, 1979, 99: 507 – 512
63 Sparrow E M, Nelson J S, Lau S C. Wind – related heat transfer coefficients for leeward facing so1ar collectors. ASHRAE Transactions, 1981, 87 (1). 70 – 79
64. Sparrow E M, Nelson J S, Tao W Q. Effect of leeward orientation adiabatic framing surfaces and eaves on solar – collector – related heat transfer coefficients. Solar Energy, 1982, 29 (1): 33 – 41
65 钱以明．高层建筑空调与节能．上海：同济大学出版社，1992
66 中华人民共和国建设部主编．民用建筑热工设计规范（GB50176193）．北京：中国计划出版社，1993
67 陆耀庆主编．实用供热空调设计手册．北京：中国建筑工业出版社，1993
68 山田雅士著，景贵琴译．建筑绝热。北京：中国建筑出版社，1987
69 Rohsenow W M, Harnett J P, Ganic'c' E N. Handbook of Heat Transfer Fundamentals. McGrawo – Hill, New York, 1985
70 Delaforce S R, Hitchin E R, Waston D MT. Convective heat transfer at internal surfaces. Building and Environment 1993, 28 (2): 211 – 220
71 Spitler J D, Pedersen C O, Fisher D E, Menne P F, Cantmo J. An experimental facility for investigation of interior convective heat transfer. ASHRAE Transactions 97 (1): 497 – 504, 1991
72 Kahwali G, Burns P J, Winn C B. Convective heat transfer coefficients from a full – scale test in the REPEAT facility. ASME Journal of Solar Energy Engineering 1989, III: 132 – 137
73 Rowley F B, Eckley W A. Surface coefficients as affected by wind direction. ASHRAE Transactions 38: 33 – 46, 1932
74 Yazdanian M, Klems J H. Measurement of the exterior convective film coefficient for windows in low – rise buildings. ASHRAE Transactions 100 (1): 1087 – 1096, 1994
75 Sato A, Ito N, Oka J, eta1. Research on the wind variation in the urban area and its effects in environmental engineering No. 7 and N. 8 – study on the convective heat transfer on exterior surface of buildings. Transactions of Architectural institute of Japan, No. 191, 1972
76 Ito N, Kimura K, Oka J. A field experimental study on the convective heat transfer coefficient on exterior surface of a building, ASHRAE Transactions, 1972, 78 (1)
77 Kimura K. Scientific Basis of Air Conditioning. Applied Science Publishers Ltd, London, 1977
78 Kehlbeck F. Einfluβ der Sonnenstrahlung bei Brückenbauwerken. Werner Verlag, Düsseldorf, 1975

79 Jayamaha S E G, Wijeysundera N E, Chou S K. Measurement of the heat transfer coefficient for walls. Building and Environment, 31 (5): 399 - 407, 1996
80 ASHRAE. ASHRAE Handbook of Fundamentals. New York: American Society of Heating, Refrigerating, and Air - Conditioning Engineers, Inc., 1977
81 陈友明，陈在康．一种确定墙体表面换热系数的实验方法．湖南大学学报，1996，23（5）：44~47
82 Chen Y M, Deng N H, Zhang L. Determining Heat Transfer Coefficient of the Wall Surface by Genetic Algorithm. Proceeding of the 3rd International Symposium on Heating, Ventilation and Air Conditioning, Shenzhen, China, November, 1999: 318 - 324
83 张冷，陈友明．建筑围护结构表面换热过程辨识数学模型．建筑热能通风空调，2001，20（6）：22 - 24
84 Mitalas, G P, Stephenson D G. Room thermal response factors. ASHRAE Transactions, 1967, 73 (2), III. 1.1 - 1.7
85 Mitalas G P. Calculation of transient heat flux through wall and roofs. ASHRAE Transactions, 1968, 74: 182 - 188
86 Klein S A, Beckman W A, Mitchell J W, et al, TRNSYS—A Transient System Simulation Program, Solar Energy Laboratory, University of Wisconsin - Madison, Madison, USA, July 1994
87 Park C, Clark D R, Kelly G E. HVACSIM + Building Systems and Equipment Simulation Program: Building Loads Calculation, NBSIR 86 - 3331, National Bureau of Standards, February 1986
88 Spitler J D, Fisher D E. Development of periodic response factors for use with the radiant time series method. ASHRAE Transactions, 1999, 105 (2): 491 ~ 502
89 Hittle D C, Bishop R. An Improved Root - Finding Procedure for Use in Calculating Transient Heat Flow through Multilayer Slabs. Int. J. Heat Mass Transfer, 1983, 26 (1): 1685 - 93
90 丁国良等．状态空间法计算 Z - 传递函数．暖通空调，1997，27（2）：15 ~ 17
91 Davies M G. Wall Transient Heat Flow Using Time - Domain Analysis, Building and Environment, 1997, 32 (5): 427 - 46
92 陈友明，王盛卫．建筑围护结构非稳定传热分析新方法．北京：科学出版社，1994
93 Chen Y M, Chen Z K. A Neural - Network - Based Experimental Technique for Determining Z - transfer Function Coefficients of a Building Envelope, Building and Environment, 2000, 35 (3): 181 - 189
94 Harris S M, McQuiston F C. A study to categorize walls and roofs on the basis of thermal response. ASHRAE Transactions, 1988, 94 (2): 688 - 715
95 ASHRAE, Handbook of Fundamentals, American Society of Heating, Refrigerating and Air - Conditioning Engineers, Inc., Atlanta, USA, 1997
96 Wang S W, Chen Y M. Transient heat flow calculation for multilayer constructions using frequency - domain regression method, Building and Environment, 2003, 38 (1): 45 - 61
97 Chen Y M, Wang S W. Frequency domain regression method for estimating CTF model of building multilayer walls, Applied Mathematical Modeling, 2001, 25 (7): 579 - 592
98 Wang S W, Chen Y M. A novel and simple building load calculation model for building and system dynamic simulation. Applied Thermal Engineering, 2000, 21 (6): 683 - 702
99 Chen Y M, Wang S W. A simple procedure for calculating thermal response factors and conduction transfer functions of multilayer walls, Applied Thermal Engineering, 2002, 22 (3): 333 - 338
100 Chen Y M, Wang S W, Zuo Z. An approach to calculate transient heat flow though multilayer spherical structures. International Journal of Thermal Sciences, 2003, 42 (8): 805 - 812
101 Chen Y M, Wang S W. A procedure for calculating transient thermal load through multilayer cylindrical struc-

tures. Applied Thermal Engineering, 2003, 23 (16): 2133 - 2145
102 陈友明，王盛卫．用频域回归方法计算多层墙体响应系数．湖南大学学报，2000，9（5）：71－77
103 陈友明，左政．用频域回归方法计算圆柱形墙体的瞬时热流，湖南大学学报，2001，28（3）：104－108
104 陈友明，王盛卫．多层墙体瞬时热负荷计算新模型．上海理工大学学报，2001，23（3）：225－228
105 陈友明，左政．用频域回归方法计算球形墙体的瞬时传热．建筑热能通风空调，2001，20（6）：1－4
106 陈友明，周娟，左政．用频域回归方法计算墙体周期反应系数．建筑热能通风空调，2003，22（1）：8－10
107 American Hotel and motel Association. Mold and mildew in hotel and motel guest rooms in hot and humid climates. Washington, DC: Hospitality Lodging 111 & Travel Research Foundation, 1991
108 Kusuda T. Indoor humidity Calculation. ASHRAE Transactions, 1983 89 (2): 728 - 738
109 Martin T, Verschoor J. Cyclical moisture desorption/absorption by building construction and furnishing materials. Symposium on Air Infiltration, Ventilation and Moisture transfer, Building Thermal Envelope Coordinating Council, FortWorth, Texas, 1986
110 Cummings J B, Kamel A A. Whole - building moisture experiments and data analysis. Contract Report DOE/SF/16305 - 1, UC - 59, Florida Solar Energy Center, 1988
111 Luikov A V. Heat and mass transfer in capillary - porous bodies. Oxford: Pergamon Press, 1966
112 Philip J R, DeVries D R. Moisture movement in porous media under temperature gradients. Transactions of America. Geophysical Union, 1957, 38 (2): 222 - 232
113 Devries D A. Simultaneous transfer of heat and moisture in porous media. Transactions of America Geophysical. Union, 1958, 39 (5): 909 - 916
114 Barringer, C.; McGugan, C. Development of a dynamic model for simulating indoor temperature and humidity. ASHRAE Transactions, 1989, 95: 449 - 460
115 Groot S R. Thermodynamics of irreversible processes. 2nd edition, New York: Wiley, 1951
116 Groot SR. On the thermodynamics of irreversible heat and mass transfer. Internatrional Journal of Heat and Mass Transfer, 1961, 4: 63 - 70
117 Groot S R, Mazur P. Non - equilibrium thermodynamics. Amsterdam North Holland, 1962
118 Fitts D D. Non - equilibrium thermodynamics. New York McGraw - Hill, 1962
119 Luikov A V. Heat and mass transfer in capillary porous bodies. Advances in Heat Transfer, Vol. 1, New York: Academic Press, 1964
120 Luikov A V. System of differential equation of heat and mass transfer in capillary porous bodies (review). International Journal of Heat and Mass Transfer, 1975, 18: 1 - 14
121 Cary J W, Taylor S A. The interaction of simultaneous diffusion of heat and water vapor. Journal of Soil Science Society Of America Proceedings, 1962, 26: 413 - 416
122 Taylor S A, Cary J W. Linear equation for the simultaneous flow matter and energy in continuous soil system. Journal of Soil Science Society Of America Proceedings, 1964, 28: 167 - 172
123 Valchar J. Heat and moisture transfer capillary porous materials from the point of view of the thermodynamics of irreversible processes. Third International Heat Transfer Conference, Chicago, 1966, Vol. 1: 409 - 418
124 Roques M A, Cornish A R H. Phenomenological coefficients for heat and mass transfer equations in wet porous media. In drying' 80, Vol. 2, edited by Mujumdar, A. S., New York: Hemisphere Publishing Co., 1980
125 Fortes M, Okos M R. A non - equilibrium thermodynamics approach to transport phenomena in capillary porous media. Proceedings of the First International Symposium on Drying. McGill University. Montreal, 1978: 100 -

109
126 Fortes M, Okos M R. Drying theories: their bases and limitations as applied to food and grains. Advances in Drying. Vol. 1. edited by Mujumdar, A. S. New York: Hemisphere Publishing Co., 1980
127 Harmathy T Z. Simultaneous moisture and heat transfer in porous systems with particular reference to drying. Industrial and Engineering Chemistry Fundamentals, 1969, 8 (1): 92 – 103
128 Berger D, Pei D C T. Drying of hygroscopic capillary porous solids – a theoretical approach. International Journal of Heat Mass Transfer, 1973, 16: 293 – 302
129 Kusuda T. Indoor humidity Calculation. ASHRAE Transactions, 1983, 89 (2): 728 – 738
130 Kusuda T, Miki M. Measurement of moisture for building interior surfaces moisture and humidity 1985: measurement and control in science and industry. Proceedings of the 1985 International Symposium: pp. 297 – 311
131 Franssen P, Koppen C. The influence of moisture absorption and desorption in buildings material on the heating load of houses. Solar World Congress, Proceedings of the 8th Biennial Congress of the International Solar Energy Society, Perth, 1983, Vol. 1: 466 – 470
132 Miller J. Development and validation of a moisture mass balance model for prediction residential cooling energy consumption. ASHRAE Transactions, 1984, 90 (2): 275 – 292
133 Fairey P, Kerestecioglue A. Dynamic modelling of combined thermal and moisture transport in buildings: effect on cooling loads and space conditions. ASHRAE Transactions, 1985, 91 (2): 461 – 472
134 Kerestecioglue A, Fairey P, Chandra S. Algorithms to predict detailed moisture effects in buildings. Thermal Performance of the Exterior Envelopes of Buildings iii, Proceedings of the ASHRAE/DOE/BTECC Conference, Florida, 1985: 606 – 19
135 Kerestecioglue A, Swami M, Kamel A. Theoretical and computational investigation of simultaneous heat and moisture transfer in buildings: effective penetration depth theory. ASHRAE Transactions, 1990, 96 (1): 447 – 454
136 Thomas W C, Burch D M. Experimental validation of a mathematical model for predicting water vapor sorption at interior building surfaces. ASHRAE Transactions, 1990, 96 (1): 487 – 496
137 Isetti C, Laurenti L, Ponticlello A. Predicting vapor content of the indoor air and latent loads for air – condictioned environments: effect of moisture storage capacity of the walls. Energy and buildings, 1989, 12: 141 – 148
138 El Diasty R, Fazio P, Budoiwi I. Dynamic modelling of moisture absorption and desorption in buildings. Building and Environment, 1993, 18 (1): 21 – 32
139 Cunningham M J. A new analytical approach to the long term behavior of moisture concentration in building cavities – I. Non – condensing cavity. Building Environment, 1983, 18: 109 – 116
140 Cunningham M J. Further analytical study of cavity moisture concentration. Building and Environment, 1984, 19: 21 – 29
141 Cunningham M J. The moisture performance of framed structures – a mathematical model. Building and Environment, 1988, 23 (2): 123 – 135
142. 松本·卫. 壁の吸放湿性を考虑した室温湿度变动および热·水分负荷の解析, 空气调和·卫生工学, 1988, 62 (10): 867 – 77
143 ASHRAE. ASHRAE Handbook of Fundamental. New York: American Society of Heating, Refrigeration, and Air – Conditioning Engineers, Inc. 1977.
144 Kieper D M, Caemmerer W, Wagner A. A new diagram to evaluate the performance of building constructions with a view to water vapor diffusion. Counseil International du Batiment, C. I. B. W40 working group, Washington., 1976
145 Sherwood G E, TenWolde A. Movement and management of moisture in light – frame structures. Proceedings of the FPRS Conference on Wall and Floor Systems: Design and Performance of Light – Frame Structures, Denver,

Co., September. 1981
146 TenWolde A. The Kieper and MOISTWALL moisture analysis methods for walls. Proceedings of the ASHRAE - DOE Conference on Thermal Performance of the Exterior Envelopes of Buildings II, Las Vegas, NV., December, 1982
147 TenWolde A. Steady - state one - dimensional water vapor movement by diffusion and convection in multilayered wall. ASHRAE Transactions, 1985, 91 (1): 322 - 341
148 Burch D M, TenWolde A. A computer analysis of moisture accumulation the walls of manufactured housing. ASHRAE Transactions, 1993, 99 (2): 977 - 990
149 Pierce D A, Benner S M. Thermally induced hygroscopic mass transfer in a fibrous medium. International Journal of Heat and Mass Transfer, 1986, 29 (11): 1683 - 1694
150 Sherwood T K, Pigford R L. Absorption and extraction. New York: McGraw - Hill Co., 1952
151 Kerestecioglu A, Swami M, Dabir R, Razzaq N, Fairey P. Theoretical and computational investigation of algorithms for simultaneous heat and moisture transport in buildings. Final report to US DOE contract # DE - FC03 - 865F16305 and GRI contract # 5087 - 243 - 1515, FSEC - CR - 191 - 88. 1988
152 Cunning M J, Effective penetration depth and effective resistance in moisture transfer. Building and Environment, 1992, 27: 397 - 386
153 Keresteciogluе A, Gu L. Theoretical and computational investigation of simultaneous heat and moisture transfer in buildings: ’evaporation and condensation’ theory. ASHRAE Transactions, 1990, 96: 455 - 464
154 陈友明，陈在康. 多孔体围护结构热湿同时传导基本方程及其线性化. 应用基础与工程科学学报，1997，5 (2)：166 - 171
155 陈友明，陈在康. 建筑围护结构线性热湿同时传导方程的频域解法. 应用基础与工程科学学报，1998，6 (4)：367 - 382
156 Chen YM, Wang SW, Transfer function model and frequency domain validation of moisture sorption in air - conditioned buildings. Building and Environment, 2001, 36 (6): 579 - 588
157 Chen Y M, Chen Z K. Transfer function method to calculate moisture absorption and desorption in buildings, Building and Environment, 1998, 33 (4): 201 - 207
158 Chen Y M, Chen Z K. Calculation of moisture absorption and desorption transfer function in buildings. Proceedings of the 2nd International Symposium on Heating, Ventilation and Air Conditioning, Beijing, China, Oct. 1995: 208 ~ 213
159 Chen Y M, Wang SW. Calculation Models and Frequency Analysis of Moisture Transfer in Air - Conditioning Buildings. Proceeding of the 3rd International Symposium on Heating, Ventilation and Air Conditioning, Shenzhen, China, November, 1999: 1050 - 1058
160 陈友明，陈在康. 建筑内表面吸放湿过程对室内环境及空调负荷影响的仿真研究. 暖通空调，1999，29 (5)：5 - 9
161 陈友明，陈在康. 考虑吸放湿的室内环境及空调负荷模拟分析. 湖南大学学报，1998，25 (6)：70 - 74

作 者 简 介

陈友明：博士，教授，博士生导师。1966年6月生，湖南祁东县人。1988年获工学学士学位，1991年获工学硕士学位，1996年获工学博士学位。1998年晋升为副教授。1999年赴香港理工大学进行博士后研究。2003年晋升为教授。湖南大学首届拔尖人才培养计划（"撷英计划"）入选者（2002年）。现任湖南大学土木工程学院建筑环境与设备工程系副主任，《建筑热能通风空调》编审委员会委员，《Building and Environment》、《Applied Thermal Engineering》和《暖通空调》等国内外学术刊物论文的评审专家。

一直致力于建筑热湿过程、建筑设备自动化、建筑节能技术等方面的教学与科研工作，特别是在建筑热湿特性分析与实验研究、暖通空调系统控制策略及故障诊断研究方面颇有造诣，负责2项国家自然科学基金项目、1项国家教委科学基金项目，参加3项国家自然科学基金项目、1项国家"十五"科技攻关项目、2项国家教委科学基金项目，负责或参与10多项地方政府和横向科学研究项目。在香港理工大学进行博士后研究和访问研究期间，参加国际能源组织（IEA）Annex 34（建筑故障诊断技术及应用）项目及2项香港政府科研资助委员会（RGC）项目的科学研究。获得1项国际优秀自然科学论文奖、2项湖南省优秀自然科学论文奖。已在国际学术期刊发表论文20篇，共发表科研论文100余篇，被国际三大检索收录论文50余篇次，其中SCI收录20篇、EI收录22篇，出版专著2部，参编教材1部。

主要研究方向有：建筑能源及设备系统控制与模拟、建筑热湿过程分析与实验研究、建筑节能新技术研究、智能建筑与建筑设备自动化。

王盛卫：博士，现任香港理工大学屋宇设备工程学系副系主任，副教授。1963 年生于湖北宜昌，1979 年进入华中理工大学（现华中科技大学）动力工程系学习，并先后于 1983 年及 1986 年获得学士及硕士学位（制冷空调），随后留校于该系制冷教研室任教。1987 年赴德国科隆进修，1989 年赴比利时列日大学机械工程系攻读博士学位。并于 1993 年获得该校 HVAC 及 BMS 博士学位。同年受聘于香港理工大学，负责智能建筑，建筑节能，及建筑自动化等学科的教学工作，先后指导六名博士研究生及三十余名硕士研究生。曾获香港理工大学“2001 年校长（研究及学术活动）杰出成就奖”。

现为美国采暖制冷与空调工程师学会（ASHRAE）会员，英国屋宇设备工程师特许协会（CIBSE）会员，香港工程师学会（HKIE）会员，香港注册工程师（RPE），英国特许工程师（CEng），中国电工技术学会第四届电气节能专业委员会理事，西安交通大学能源与动力工程学院及湖南大学土木工程学院客座教授，《建筑热能通风空调》、《暖通空调新技术》编委。

先后参加国际能源组织（IEA）建筑及社区系统节能国际合作研究系列项目：Annex17（建筑仿真及建筑管理系统的评估）、Annex 30（建筑模拟及应用）、Annex 34（建筑故障诊断技术及应用）及 Annex 40（空调系统监测与调试）。他参加四本专著的编写，发表各类研究论文百余篇，其中英文期刊论文六十余篇（其中 SCI 检索近四十篇）。

长期致力于建筑系统仿真、空调系统故障诊断、智能建筑技术、空调系统的优化控制、建筑节能等方面的研究，先后取得香港政府科研资助委员会、大学以及其他方面研究与技术开发课题约二十项。